Axel Rachow (Hrsg.) – Spielbar III

managerSeminare Verlags GmbH – Edition Training aktuell

Axel Rachow (Hrsg.)
**Spielbar III**
62 Trainer präsentieren 83 frische Top-Spiele aus ihrer Seminarpraxis


4. Auflage 2016
Endenicher Str. 41, D-53115 Bonn
Tel: 0228-977910, Fax: 0228-616164
info@managerseminare.de
www.managerseminare.de/shop



ISBN: 978-3-936075-88-5

Herausgeber der Edition Training aktuell:
Ralf Muskatewitz, Jürgen Graf, Nicole Bußmann

Lektorat und Layout: Jürgen Graf
Cover: Silke Kowalewski
Druck: Kösel GmbH & Co. KG, Krugzell

Axel Rachow (Hrsg.)

# Spielbar III

## 62 Trainer präsentieren 83 frische Top-Spiele aus ihrer Seminarpraxis

managerSeminare Verlags GmbH – Edition Training aktuell

**Axel Rachow**

... Dipl.-Sozialpädagoge, zert. Erwachsenenbildner, Jahrgang 1961, entwickelte 1995 die DART-Idee für engagierte Personal- und Unternehmensentwicklung.

Als Trainer, Moderator und Autor hat er sich einen Namen gemacht. Seine Bücher zählen längst zur Standardliteratur: allen voran seine Visualisierungsbestseller „Der Flipchart-Coach" und „sichtbar" sowie die erfolgreiche „spielbar-Reihe". Sein Markenzeichen sind praxisnahe Handreichungen mit vielfältigen Anregungen für die lebendige Gestaltung von Lernsituationen, Präsentationen und (Groß-)Veranstaltungen. Für interaktiv gestaltete Trainingsmaßnahmen erhielt er 1998 und 2014 den Deutschen Trainingspreis und 2000 ein Certificate of Excellence des BDVT.

2005 neu firmiert in der DART Consulting GmbH, begleitet er Veränderungsprozesse mit den Schwerpunkten Kommunikation und Innovation.

▸ DART | CONSULTING

Axel Rachow
Achterstraße 73
50678 Köln
07 00 / 20 72 24 69
Rachow@DART-Consulting.de
www.DART-Consulting.de

# Vorwort

Die Karte wurde erweitert ...

Im Jahr 2000 haben wir die erste **Spielbar** eröffnet. Seitdem haben sich viele Besucher an unseren kulinarischen Empfehlungen erfreut und die angebotenen Kreationen genossen. Im Gästebuch von **Spielbar** und **Spielbar II** finden sich so viele positive Rückmeldungen, dass wir zur Eröffnung einer dritten Dependance bewogen wurden.

Und inzwischen schicken Stammgäste schon unaufgefordert weitere Kreationen, die zu unserer **Spielbar**-Leitidee passen:

- **Spielbar** = erprobt, brauchbar, nützlich, von Trainingspraktikern beschrieben
- **Spielbar** = Spiele im Ausschank, à la carte wählbar, zuträglich und nicht belastend

**Spielbar III** heißt die aktuelle Filiale und wir waren verführt, ihr einen Untertitel zu geben. Denn in dieser **Spielbar** gibt es einen Schwerpunkt auf gelungene Anfangssituationen, Energizer, Effekte und Metaphern. Und auch **Spielbar III** ist ein Spiegel dessen, was in Bildungsveranstaltungen machbar ist, denn die Autoren/-innen sind allesamt auch Anwender, die ihre Übungen regelmäßig in Seminaren und Trainings einsetzen, reflektieren und weiterentwickeln.

Alle, die uns ihre „Best-of"-Ideen geschickt haben, nutzen diese kreativen Vorgehensweisen, um die Inhalte ihrer Veranstaltungen zu verdichten, aufzulockern und zu motivieren. Und sie sind damit in bester Gesellschaft mit den neuesten Erkenntnissen der (Neuro-)Didaktik:

Da sprechen die Forscher z. B. von Erregungsmustern und der Bedeutung der Emotionalität für das Lernen. Die Neurodidaktiker betrachten Bewegungsimpulse und Beweglichkeit in der Methodik, untersuchen die Bedeutung des Muster- und Modelllernens und stellen damit auch viele kritische Fragen an Lernformen, wie sie immer noch größtenteils vorherrschen. Die aktuellen technischen Verfahren haben in den vergangenen Jahren in der Gehirnforschung viele neue Erkenntnisse gebracht und die Bildungsszene darf sich hier noch auf spannende Entdeckungen gefasst machen.

Ganz sicher werden spielerisch stimulierende, im Kontext passende Übungen und Spiele à la **Spielbar** oben mitschwimmen. Und als Bildungsprofi werden Sie auch in Zukunft gefragt sein, wenn Sie über ein ausgewogenes und anregendes Methodenrepertoire verfügen.

Nehmen Sie also Platz in unserer dritten **Spielbar** – wir freuen uns, Ihnen eine illustrierte Karte anbieten zu können, die mit Grillhähnchen, Fisch im Haifischbecken, Überraschungseiern und vielen weiteren Häppchen garantiert Ihre Zustimmung findet.

Damit nicht zu viel Zeit für die passende Bestellung verloren geht, bieten wir Ihnen verschiedene Navigationshilfen:

1. **Die Inhaltsverzeichnisse der Kapitel**
   Die Autorinnen und Autoren haben thematische Schwerpunkte bestimmt, nach denen die Spiele sechs Kapiteln zugeordnet wurden. Diese Oberthemen helfen Ihnen, für Ihre Seminarsituationen die passenden Spiele zu finden.

   Aber: Nur ganz wenige Spiele lassen sich ausschließlich zuordnen, mit einer anderen Form der Anmoderation, Veränderungen im Spielverlauf oder in der Reflexion werden sie vielseitig und passen dann auch noch in ganz andere Zusammenhänge.

2. **Die Einleitungen der Kapitel**
   Hier erhalten Sie einen kurzen inhaltlichen Überblick zu den Spielen. Dadurch erfahren Sie etwas zum Inhalt und können dann gezielt die Beschreibung des entsprechenden Spiels heraussuchen.

3. **Die Spielekategorien**
   Hier sind die Spiele nach Aktivitäten/Aktionsformen geordnet.

   Ein Beispiel: Sie suchen ein Spiel, das den Körper in Bewegung bringt? In diesem Register finden Sie 13 Spiele mit dem Schwerpunkt „Bewegung", die in sich nochmals nach dem zur Durchführung erforderlichen Aufwand gegliedert sind. Die ersten sieben Spiele lassen sich ohne Vorbereitungsaufwand spielen, die Spiele 8 bis 13 können im Seminar vorbereitet werden und für das letzte Spiel müssen schon vor dem Seminar entsprechende Materialien produziert oder organisiert werden.

4. **Die Spielziele**
   In dieser Übersicht finden Sie die Spiele sortiert nach möglichen Zielen, die sowohl Spiel- als auch Trainingsziele sein können.

Doch bleiben Sie nicht allein beim Genießen: Probieren Sie die Rezepte selbst aus, sammeln und diskutieren Sie Erfahrungen und entwickeln Sie die Ideen weiter. Es lohnt sich, denn gute Spiele motivieren nicht nur die Teilnehmer!

Viel Spaß und Erfolg,

Axel Rachow

# Inhalt

Spielkategorien und Spielziele ........................... Seite 11

## Effekte einsetzen

1 **80–120 Bit, die Kapazität unseres Kurzzeitgedächtnisses**
Tobias Büser ........................... Seite 33

2 **Das Grillhähnchen**
Amelie Funcke ........................... Seite 37

3 **Das Ziel-Pfeil-Phänomen**
Gert Schilling ........................... Seite 39

4 **Die Deckenuhr**
Gabriele M. Murry ........................... Seite 41

5 **Für-Wahr-Nehmen**
Claudia Simmerl ........................... Seite 43

6 **Nichts ist unmöglich**
Michèle Minelli ........................... Seite 47

7 **Oloid**
Cornelia Topf ........................... Seite 49

8 **Schlagwortpräsentation als bewegtes Schattentheater**
Anette Schöberl ........................... Seite 51

9 **Stern der Wahrheit**
Angelika Höcker ........................... Seite 55

10 **Teampuzzle**
Gert Schilling ........................... Seite 57

11 **Wertschätzendes HANDeln**
Sabine Heß ........................... Seite 59

12 **Zeigen, was in einem steckt**
Michèle Minelli ........................... Seite 61

## Mit Metaphern verdeutlichen

1 **Das ganze Jahr ist Karneval**
Zamyat M. Klein ........................... Seite 65

2 **Das Rad des Neandertalers**
Adelheid Frost ........................... Seite 69

3 **Das Überraschungsei**
Rainer Herlt ........................... Seite 71

4 **Der Fisch im Haifischbecken**
Eva Sladek ........................... Seite 73

5 **Der weise Rabbiner**
Thorsten Wolf ........................... Seite 75

6 **Draußen ist es eh anders**
Eva-Maria Schumacher .................................. Seite 77

7 **Freecard-Feedback**
Susanne-Christina Enders .............................. Seite 79

8 **Konfliktpyramide**
Sabine Kranz-Thien ..................................... Seite 81

9 **Mit Elefanten argumentieren**
Silke Riesner ............................................ Seite 83

10 **Tischtennisball-Schnipps-Übung**
Bernd Höcker ............................................. Seite 85

11 **Was könnte man alles?**
Irmengard Funken ........................................ Seite 87

12 **Zeitmanagement-Quickie**
Eva-Maria Schumacher .................................. Seite 89

13 **Zum Quadrat**
Ingrid Hödl ............................................... Seite 91

## Gruppen aktivieren

1 **Auf die Reise**
Karin Glattes ............................................ Seite 95

2 **Ball im Takt**
Gabriele Braemer ........................................ Seite 97

3 **Bilder einer Ausstellung**
Bernhard Kaschek ....................................... Seite 101

4 **Findet mich das Glück?**
Martin Niederhauser ..................................... Seite 105

5 **Führen und Folgen**
Verena Pung .............................................. Seite 107

6 **Gassenhauer**
Ulrich Balde .............................................. Seite 109

7 **Heute werde ich ...**
Tobias Linke .............................................. Seite 111

8 **Master to Jack**
Gesa Heiten ............................................... Seite 113

9 **Mörderspiel**
Dietmar Prudix ........................................... Seite 115

10 **Partnerinterview**
Thomas Eckardt .......................................... Seite 117

11 **Quiztime**
Gert Schilling ............................................. Seite 121

12 **Sich die Bälle zuspielen**
Rudolf A. Schnappauf ................................... Seite 125

13 **Speed-Dating**
Martina Blotzki ........................................... Seite 127

14 **Voldemorts Fluch**
Erich Ziegler .............................................. Seite 129

15 **Zip Zap Boing**
Gabriele Braemer ........................................ Seite 131

## Teams fordern


1 **Blinde Bildbeschreibung im Team**
Stefanie Große Boes ..... Seite 135

2 **Bottle-Sounds**
Hinnerick Broeskamp ..... Seite 139

3 **Bottle-Symphony**
Hinnerick Broeskamp ..... Seite 141

4 **Der Eier-Zielwurf**
Werner Simmerl ..... Seite 145

5 **Die schnellen Bälle**
Hans-Heinrich Reinhardt ..... Seite 147

6 **Erfinderbörse**
Johannes Sauer ..... Seite 149

7 **Führung mit Kugelschreibern: Wer übernimmt den Lead?**
Matthias Zurfluh ..... Seite 153

8 **Kaskade**
Guenter Kamb ..... Seite 157

9 **Kerzenproblem**
Adelheid Frost ..... Seite 161

10 **Logistik**
Guenter Kamb ..... Seite 163

11 **Mikado light**
Sabine Kranz-Thien ..... Seite 165

12 **Team & Stifte**
Miriam Potratz (geb. Breitsameter) ..... Seite 167

13 **Wer ist der beste Dompteur?**
Dorothea Driever-Fehl ..... Seite 169

## Zum Thema arbeiten


1 **Appreciative Getting Together**
Bernhard Kaschek ..... Seite 175

2 **Brücke der Verbesserung**
Matthias Zurfluh, Eric Scherer ..... Seite 177

3 **Customer Satisfaction**
Thomas Dorsheimer ..... Seite 181

4 **Das 3 x 3 gegen das Mittagstief**
Svetla Todorova ..... Seite 183

5 **Das Hemd meiner Nachbarin**
Ulrich Nijhuis ..... Seite 185

6 **Entscheidung zwischen den Stühlen**
Ursula Kraemer ..... Seite 187

7 **Fünf-Stühle-Rotation**
Andreas Väth ..... Seite 189

8 **Haufenweise**
Barbara Schäfer-Ernst ..... Seite 191

9 **IPC – Go west**
Michael Luther ..... Seite 193

10 **Murmel-Feedback**
Tobias Linke ........ Seite 197

11 **Rollenwechsel**
Matthias Eisenhuth ........ Seite 199

12 **Schnapp den Hut**
Gabriele Braemer ........ Seite 201

13 **Spitfire**
Gabriele Braemer ........ Seite 203

14 **Tool Repeater**
Silke Riesner ........ Seite 205

15 **Yes or No?**
Silke Riesner ........ Seite 209

## Zwischendurch auflockern

1 **30 Quadrate**
Carsten Steinert ........ Seite 215

2 **A, B, C, D-Aufgabenmix**
Harald Groß ........ Seite 217

3 **Bei den Kannibalen**
Anja Juhr ........ Seite 221

4 **Der Dreifach-Energizer**
Bernd Scherer ........ Seite 223

5 **Dreiecke**
Dietmar Prudix ........ Seite 225

6 **Es werde Licht**
Anja Juhr ........ Seite 227

7 **Gruerzi**
Michael Luther ........ Seite 229

8 **Gruppenknobeln**
Donald Harbich ........ Seite 231

9 **Kreuz-Schnitt**
Dietmar Prudix ........ Seite 233

10 **Oben, unten, rechts, links**
Helgo Bretschneider ........ Seite 235

11 **Rätselhafte Dreiecke**
Armin Rohm ........ Seite 239

12 **Sit 'n' Move**
Christian Hohlweck ........ Seite 241

13 **Verflixter Groschen**
Johannes Sauer ........ Seite 243

14 **Vokalfrei**
Miriam Potratz (geb. Breitsameter) ........ Seite 245

15 **Wecker fürs Gehirn**
Monika Kalnins ........ Seite 247

**Verzeichnis der Autorinnen und Autoren** ........ Seite 249

# Spielkategorien und -ziele

Angebotene Spielkategorien finden Sie hier:


1 Wahrnehmungsspiele Seite 13

2 Mal- und Zeichenspiele Seite 13

3 Interaktionsspiele Seite 14

4 Ulk-, Theken- und Partyspiele Seite 14

5 Gruppendynamische Übungen Seite 15

6 Darstellende Spiele Seite 15

7 Sprach-, Schreib- und Diskussionsspiele Seite 16

8 Outdoor-Übungen Seite 17

9 Ratespiele, Quizformen Seite 17

10 Spiele zur Wissensvermittlung Seite 18

11 Rollen- und Entscheidungsspiele Seite 18

12 Bewegungsspiele Seite 19


Angebotene Spielziele finden Sie hier:


1 Kontakte aufbauen Seite 20

2 Kommunikation verbessern Seite 20

3 Kreative Prozesse anregen Seite 21

4 Empathisch vorgehen Seite 22

5 Spontan handeln Seite 23

6 Kooperation einüben Seite 24

7 Strukturiert vorgehen Seite 25

8 Vertrauen entwickeln Seite 25

9 Sich selbst entdecken Seite 26

10 Harmonisierung und Ruhe Seite 27

11 Themen klären Seite 27

12 Konflikte verdeutlichen Seite 27

13 Standpunkte vertreten Seite 28

14 Aktivieren und Energien freisetzen Seite 29

15 An ein Thema heranführen Seite 30

**Spieltempo**

| | | |
|---|---|---|
| ■ | = | ruhig |
| ■ ■ | = | lebhaft |
| ■ ■ ■ | = | aktiv |

**Vorbereitungsintensität**

| | | |
|---|---|---|
| ● | = | keine Vorbereitung |
| ●● | = | wenig Vorbereitung (kann im Seminar geschehen) |
| ●●● | = | vorbereitungsintensiv (muss vor dem Seminar vorbereitet werden) |
| ●●○ | = | einmalige intensive Vorbereitung oder Kauf (muss einmal aufwendig vor dem ersten Seminar vorbereitet oder gekauft werden) |

## Wahrnehmungsspiele

| Spiel | Autor | Rubrik | Seite | Tempo | Vorbereitung |
|---|---|---|---|---|---|
| Die Deckenuhr | Gabriele M. Murry | Effekte einsetzen | 41 | ■ | ● |
| Wertschätzendes HANDeln | Sabine Heß | Effekte einsetzen | 59 | ■ | ● |
| Wer ist der beste Dompteur? | Dorothea Driever-Fehl | Teams fordern | 169 | ■ | ● |
| Appreciative Getting Together | Bernhard Kaschek | Zum Thema arbeiten | 175 | ■ | ● |
| Der Dreifach-Energizer | Bernd Scherer | Zwischendurch auflockern | 223 | ■ ■ | ● |
| Bilder einer Ausstellung | Bernhard Kaschek | Gruppen aktivieren | 101 | ■ | ●● |
| Führen und Folgen | Verena Pung | Gruppen aktivieren | 107 | ■ ■ | ●● |
| Mörderspiel | Dietmar Prudix | Gruppen aktivieren | 115 | ■ | ●● |
| Verflixter Groschen | Johannes Sauer | Zwischendurch auflockern | 243 | ■ ■ | ●● |
| Für-Wahr-Nehmen | Claudia Simmerl | Effekte einsetzen | 43 | ■ | ●●○ |
| Oloid | Cornelia Topf | Effekte einsetzen | 49 | ■ | ●●○ |
| Zeigen, was in einem steckt | Michèle Minelli | Effekte einsetzen | 61 | ■ ■ | ●●○ |
| Das Rad des Neandertalers | Adelheid Frost | Mit Metaphern verdeutlichen | 69 | ■ | ●●○ |
| Der weise Rabbiner | Thorsten Wolf | Mit Metaphern verdeutlichen | 75 | ■ | ●●○ |

## Mal- und Zeichenspiele

| Spiel | Autor | Rubrik | Seite | Tempo | Vorbereitung |
|---|---|---|---|---|---|
| Zum Quadrat | Ingrid Hödl | Mit Metaphern verdeutlichen | 91 | ■ | ●● |
| Bilder einer Ausstellung | Bernhard Kaschek | Gruppen aktivieren | 101 | ■ | ●● |
| Das 3 x 3 gegen das Mittagstief | Svetla Todorova | Zum Thema arbeiten | 183 | ■ | ●● |
| Stern der Wahrheit | Angelika Höcker | Effekte einsetzen | 55 | ■ | ●●○ |

## Interaktionsspiele

| Spiel | Autor | Rubrik | Seite | Tempo | Vorbereitung |
|---|---|---|---|---|---|
| Auf die Reise | Karin Glattes | Gruppen aktivieren | 95 | ■ ■ | ● |
| Master to Jack | Gesa Heiten | Gruppen aktivieren | 113 | ■ ■ | ● |
| Voldemorts Fluch | Erich Ziegler | Gruppen aktivieren | 129 | ■ ■ ■ | ● |
| Zip Zap Boing | Gabriele Braemer | Gruppen aktivieren | 131 | ■ ■ | ● |
| Sich die Bälle zuspielen | Rudolf A. Schnappauf | Gruppen aktivieren | 125 | ■ ■ | ●● |
| Die schnellen Bälle | Hans-Heinrich Reinhardt | Teams fordern | 147 | ■ ■ | ●● |
| Oben, unten, rechts, links | Helgo Bretschneider | Zwischendurch auflockern | 235 | ■ ■ ■ | ●● |
| Sit 'n' Move | Christian Hohlweck | Zwischendurch auflockern | 241 | ■ ■ | ●● |
| Heute werde ich ... | Tobias Linke | Gruppen aktivieren | 111 | ■ ■ | ●●● |
| Bottle-Symphony | Hinnerick Broeskamp | Teams fordern | 141 | ■ ■ | ●●○ |
| Mikado light | Sabine Kranz-Thien | Teams fordern | 165 | ■ ■ | ●●○ |
| Schnapp den Hut | Gabriele Braemer | Zum Thema arbeiten | 201 | ■ ■ | ●●○ |
| A, B, C, D-Aufgabenmix | Harald Groß | Zwischendurch auflockern | 217 | ■ ■ | ●●○ |

## Ulk-, Theken- und Partyspiele

| Spiel | Autor | Rubrik | Seite | Tempo | Vorbereitung |
|---|---|---|---|---|---|
| Es werde Licht | Anja Juhr | Zwischendurch auflockern | 227 | ■ | ● |
| Tischtennisball-Schnipps-Übung | Bernd Höcker | Mit Metaphern verdeutlichen | 85 | ■ ■ | ●● |
| Mörderspiel | Dietmar Prudix | Gruppen aktivieren | 115 | ■ | ●● |
| Bei den Kannibalen | Anja Juhr | Zwischendurch auflockern | 221 | ■ | ●● |
| Verflixter Groschen | Johannes Sauer | Zwischendurch auflockern | 243 | ■ ■ | ●● |
| Das Grillhähnchen | Amelie Funcke | Effekte einsetzen | 37 | ■ | ●●○ |
| Teampuzzle | Gert Schilling | Effekte einsetzen | 57 | ■ | ●●○ |
| Was könnte man alles? | Irmengard Funken | Mit Metaphern verdeutlichen | 87 | ■ ■ | ●●○ |
| Findet mich das Glück? | Martin Niederhauser | Gruppen aktivieren | 105 | ■ | ●●○ |

## Gruppendynamische Übungen

| Spiel | Autor | Rubrik | Seite | Tempo | Vorbereitung |
|---|---|---|---|---|---|
| Gassenhauer | Ulrich Balde | Gruppen aktivieren | 109 | ■ ■ ■ | ● |
| Appreciative Getting Together | Bernhard Kaschek | Zum Thema arbeiten | 175 | ■ | ● |
| Führen und Folgen | Verena Pung | Gruppen aktivieren | 107 | ■ ■ | ●● |
| Blinde Bildbeschreibung im Team | Stefanie Große Boes | Teams fordern | 135 | ■ | ●● |
| Die schnellen Bälle | Hans-Heinrich Reinhardt | Teams fordern | 147 | ■ ■ | ●● |
| Kreuz-Schnitt | Dietmar Prudix | Zwischendurch auflockern | 233 | ■ | ●● |
| Heute werde ich ... | Tobias Linke | Gruppen aktivieren | 111 | ■ ■ | ●●● |
| Brücke der Verbesserung | M. Zurfluh, E. Scherer | Zum Thema arbeiten | 177 | ■ | ●●○ |
| Murmel-Feedback | Tobias Linke | Zum Thema arbeiten | 197 | ■ | ●●○ |
| Bottle-Sounds | Hinnerick Broeskamp | Teams fordern | 139 | ■ ■ | ●●○ |
| Bottle-Symphony | Hinnerick Broeskamp | Teams fordern | 141 | ■ ■ | ●●○ |
| Der Eier-Zielwurf | Werner Simmerl | Teams fordern | 145 | ■ ■ | ●●○ |
| Erfinderbörse | Johannes Sauer | Teams fordern | 149 | ■ ■ | ●●○ |
| Führung mit Kugelschreibern: Wer übernimmt den Lead? | Matthias Zurfluh | Teams fordern | 153 | ■ ■ | ●●○ |
| Kaskade | Guenter Kamb | Teams fordern | 157 | ■ ■ | ●●○ |
| Kerzenproblem | Adelheid Frost | Teams fordern | 161 | ■ ■ | ●●○ |
| Mikado light | Sabine Kranz-Thien | Teams fordern | 165 | ■ ■ | ●●○ |
| Team & Stifte | Miriam Breitsameter | Teams fordern | 167 | ■ ■ | ●●○ |
| Logistik | Guenter Kamb | Teams fordern | 163 | ■ ■ ■ | ●●○ |

## Darstellende Spiele

| Spiel | Autor | Rubrik | Seite | Tempo | Vorbereitung |
|---|---|---|---|---|---|
| Schlagwortpräsentation als bewegtes Schattentheater | Anette Schöberl | Effekte einsetzen | 51 | ■ ■ | ●●● |
| Das ganze Jahr ist Karneval | Zamyat M. Klein | Mit Metaphern verdeutlichen | 65 | ■ | ●●● |
| Bottle-Symphony | Hinnerick Broeskamp | Teams fordern | 141 | ■ ■ | ●●○ |

## Sprach-, Schreib- und Diskussionsspiele

| Spiel | Autor | Rubrik | Seite | Tempo | Vorbereitung |
|---|---|---|---|---|---|
| Der Fisch im Haifischbecken | Eva Sladek | Mit Metaphern verdeutlichen | 73 | ■ | ●● |
| Partnerinterview | Thomas Eckardt | Gruppen aktivieren | 117 | ■ | ●● |
| Speed-Dating | Martina Blotzki | Gruppen aktivieren | 127 | ■ ■ | ●● |
| Blinde Bildbeschreibung im Team | Stefanie Große Boes | Teams fordern | 135 | ■ | ●● |
| Das Hemd meiner Nachbarin | Ulrich Nijhuis | Zum Thema arbeiten | 185 | ■ ■ | ●● |
| Entscheidung zwischen den Stühlen | Ursula Kraemer | Zum Thema arbeiten | 187 | ■ ■ | ●● |
| Fünf-Stühle-Rotation | Andreas Väth | Zum Thema arbeiten | 189 | ■ ■ | ●● |
| IPC – Go west | Michael Luther | Zum Thema arbeiten | 193 | ■ | ●● |
| Spitfire | Gabriele Braemer | Zum Thema arbeiten | 203 | ■ | ●● |
| Tool Repeater | Silke Riesner | Zum Thema arbeiten | 205 | ■ ■ | ●● |
| Vokalfrei | Miriam Breitsameter | Zwischendurch auflockern | 245 | ■ | ●● |
| Nichts ist unmöglich | Michèle Minelli | Effekte einsetzen | 47 | ■ | ●●○ |
| Oloid | Cornelia Topf | Effekte einsetzen | 49 | ■ | ●●○ |
| Freecard-Feedback | Susanne-Christina Enders | Mit Metaphern verdeutlichen | 79 | ■ | ●●○ |
| Mit Elefanten argumentieren | Silke Riesner | Mit Metaphern verdeutlichen | 83 | ■ | ●●○ |
| Was könnte man alles? | Irmengard Funken | Mit Metaphern verdeutlichen | 87 | ■ ■ | ●●○ |
| Findet mich das Glück? | Martin Niederhauser | Gruppen aktivieren | 105 | ■ | ●●○ |
| Customer Satisfaction | Thomas Dorsheimer | Zum Thema arbeiten | 181 | ■ ■ | ●●○ |
| Haufenweise | Barbara Schäfer-Ernst | Zum Thema arbeiten | 191 | ■ | ●●○ |
| Rollenwechsel | Matthias Eisenhuth | Zum Thema arbeiten | 199 | ■ | ●●○ |
| Yes or No? | Silke Riesner | Zum Thema arbeiten | 209 | ■ ■ | ●●○ |

## Outdoor-Übungen

| Spiel | Autor | Rubrik | Seite | Tempo | Vorbereitung |
|---|---|---|---|---|---|
| Gassenhauer | Ulrich Balde | Gruppen aktivieren | 109 | ■■■ | ● |
| Voldemorts Fluch | Erich Ziegler | Gruppen aktivieren | 129 | ■■■ | ● |
| Führen und Folgen | Verena Pung | Gruppen aktivieren | 107 | ■■ | ●● |
| Kaskade | Guenter Kamb | Teams fordern | 157 | ■■ | ●●○ |
| Logistik | Guenter Kamb | Teams fordern | 163 | ■■■ | ●●○ |

## Ratespiele, Quizformen

| Spiel | Autor | Rubrik | Seite | Tempo | Vorbereitung |
|---|---|---|---|---|---|
| Es werde Licht | Anja Juhr | Zwischendurch auflockern | 227 | ■ | ● |
| Zum Quadrat | Ingrid Hödl | Mit Metaphern verdeutlichen | 91 | ■ | ●● |
| Quiztime | Gert Schilling | Gruppen aktivieren | 121 | ■■■ | ●● |
| 30 Quadrate | Carsten Steinert | Zwischendurch auflockern | 215 | ■ | ●● |
| Bei den Kannibalen | Anja Juhr | Zwischendurch auflockern | 221 | ■ | ●● |
| Kreuz-Schnitt | Dietmar Prudix | Zwischendurch auflockern | 233 | ■ | ●● |
| Verflixter Groschen | Johannes Sauer | Zwischendurch auflockern | 243 | ■■ | ●● |
| Vokalfrei | Miriam Breitsameter | Zwischendurch auflockern | 245 | ■ | ●● |
| Das Ziel-Pfeil-Phänomen | Gert Schilling | Effekte einsetzen | 39 | ■ | ●●○ |
| Nichts ist unmöglich | Michèle Minelli | Effekte einsetzen | 47 | ■ | ●●○ |
| Teampuzzle | Gert Schilling | Effekte einsetzen | 57 | ■ | ●●○ |
| Das Rad des Neandertalers | Adelheid Frost | Mit Metaphern verdeutlichen | 69 | ■ | ●●○ |
| Dreiecke | Dietmar Prudix | Zwischendurch auflockern | 225 | ■ | ●●○ |
| Rätselhafte Dreiecke | Armin Rohm | Zwischendurch auflockern | 239 | ■ | ●●○ |

## Spiele zur Wissensvermittlung

| Spiel | Autor | Rubrik | Seite | Tempo | Vorbereitung |
|---|---|---|---|---|---|
| Die Deckenuhr | Gabriele M. Murry | Effekte einsetzen | 41 | ■ | ● |
| 80–120 Bit, die Kapazität unseres Kurzzeitgedächtnisses | Tobias Büser | Effekte einsetzen | 33 | ■ | ●● |
| Zeitmanagement-Quickie | Eva-Maria Schumacher | Mit Metaphern verdeutlichen | 89 | ■ | ●● |
| Quiztime | Gert Schilling | Gruppen aktivieren | 121 | ■ ■ ■ | ●● |
| Das 3 x 3 gegen das Mittagstief | Svetla Todorova | Zum Thema arbeiten | 183 | ■ | ●● |
| Spitfire | Gabriele Braemer | Zum Thema arbeiten | 203 | ■ | ●● |
| Tool Repeater | Silke Riesner | Zum Thema arbeiten | 205 | ■ ■ | ●● |
| Vokalfrei | Miriam Breitsameter | Zwischendurch auflockern | 245 | ■ | ●● |
| Das Ziel-Pfeil-Phänomen | Gert Schilling | Effekte einsetzen | 39 | ■ | ●●○ |
| Für-Wahr-Nehmen | Claudia Simmerl | Effekte einsetzen | 43 | ■ | ●●○ |
| Nichts ist unmöglich | Michèle Minelli | Effekte einsetzen | 47 | ■ | ●●○ |
| Oloid | Cornelia Topf | Effekte einsetzen | 49 | ■ | ●●○ |
| Das ganze Jahr ist Karneval | Zamyat M. Klein | Mit Metaphern verdeutlichen | 65 | ■ | ●●● |
| Das Rad des Neandertalers | Adelheid Frost | Mit Metaphern verdeutlichen | 69 | ■ | ●●○ |
| Konfliktpyramide | Sabine Kranz-Thien | Mit Metaphern verdeutlichen | 81 | ■ | ●●○ |
| Brücke der Verbesserung | M. Zurfluh, E. Scherer | Zum Thema arbeiten | 177 | ■ | ●●○ |
| Customer Satisfaction | Thomas Dorsheimer | Zum Thema arbeiten | 181 | ■ ■ | ●●○ |

## Rollen- und Entscheidungsspiele

| Spiel | Autor | Rubrik | Seite | Tempo | Vorbereitung |
|---|---|---|---|---|---|
| Wer ist der beste Dompteur? | Dorothea Driever-Fehl | Teams fordern | 169 | ■ | ● |
| Mörderspiel | Dietmar Prudix | Gruppen aktivieren | 115 | ■ | ●● |
| Mit Elefanten argumentieren | Silke Riesner | Mit Metaphern verdeutlichen | 83 | ■ | ●●○ |
| Der Eier-Zielwurf | Werner Simmerl | Teams fordern | 145 | ■ ■ | ●●○ |
| Erfinderbörse | Johannes Sauer | Teams fordern | 149 | ■ ■ | ●●○ |

| | | | | | |
|---|---|---|---|---|---|
| Führung mit Kugelschreibern: Wer übernimmt den Lead? | Matthias Zurfluh | Teams fordern | 153 | ■■ | ●●○ |
| Kaskade | Guenter Kamb | Teams fordern | 157 | ■■ | ●●○ |
| Mikado light | Sabine Kranz-Thien | Teams fordern | 165 | ■■ | ●●○ |
| Team & Stifte | Miriam Breitsameter | Teams fordern | 167 | ■■ | ●●○ |

## Bewegungsspiele

| Spiel | Autor | Rubrik | Seite | Tempo | Vorbereitung |
|---|---|---|---|---|---|
| Auf die Reise | Karin Glattes | Gruppen aktivieren | 95 | ■■ | ● |
| Voldemorts Fluch | Erich Ziegler | Gruppen aktivieren | 129 | ■■■ | ● |
| Zip Zap Boing | Gabriele Braemer | Gruppen aktivieren | 131 | ■■ | ● |
| Master to Jack | Gesa Heiten | Gruppen aktivieren | 113 | ■■ | ● |
| Gruerzi | Michael Luther | Zwischendurch auflockern | 229 | ■■ | ● |
| Gruppenknobeln | Donald Harbich | Zwischendurch auflockern | 231 | ■■■ | ● |
| Wecker fürs Gehirn | Monika Kalnins | Zwischendurch auflockern | 247 | ■■ | ● |
| Ball im Takt | Gabriele Braemer | Gruppen aktivieren | 97 | ■■ | ●● |
| Tischtennisball-Schnipps-Übung | Bernd Höcker | Mit Metaphern verdeutlichen | 85 | ■■ | ●● |
| Sich die Bälle zuspielen | Rudolf A. Schnappauf | Gruppen aktivieren | 125 | ■■ | ●● |
| Oben, unten, rechts, links | Helgo Bretschneider | Zwischendurch auflockern | 235 | ■■■ | ●● |
| Sit 'n' Move | Christian Hohlweck | Zwischendurch auflockern | 241 | ■■ | ●● |
| Schnapp den Hut | Gabriele Braemer | Zum Thema arbeiten | 201 | ■■ | ●●○ |

# Spielziele

## Kontakte aufbauen

| Spiel | Autor | Rubrik | Seite | Tempo | Vorbereitung |
|---|---|---|---|---|---|
| Appreciative Getting Together | Bernhard Kaschek | Zum Thema arbeiten | 175 | ■ | ● |
| Gruerzi | Michael Luther | Zwischendurch auflockern | 229 | ■ ■ | ● |
| Bilder einer Ausstellung | Bernhard Kaschek | Gruppen aktivieren | 101 | ■ | ●● |
| Führen und Folgen | Verena Pung | Gruppen aktivieren | 107 | ■ ■ | ●● |
| Partnerinterview | Thomas Eckardt | Gruppen aktivieren | 117 | ■ | ●● |
| Speed-Dating | Martina Blotzki | Gruppen aktivieren | 127 | ■ ■ | ●● |
| Freecard-Feedback | Susanne-Christina Enders | Mit Metaphern verdeutlichen | 79 | ■ | ●●○ |
| Haufenweise | Barbara Schäfer-Ernst | Zum Thema arbeiten | 191 | ■ | ●●○ |
| Schnapp den Hut | Gabriele Braemer | Zum Thema arbeiten | 201 | ■ ■ | ●●○ |

## Kommunikation verbessern

| Spiel | Autor | Rubrik | Seite | Tempo | Vorbereitung |
|---|---|---|---|---|---|
| Wer ist der beste Dompteur? | Dorothea Driever-Fehl | Teams fordern | 169 | ■ | ● |
| Appreciative Getting Together | Bernhard Kaschek | Zum Thema arbeiten | 175 | ■ | ● |
| Blinde Bildbeschreibung im Team | Stefanie Große Boes | Teams fordern | 135 | ■ | ●● |
| Entscheidung zwischen den Stühlen | Ursula Kraemer | Zum Thema arbeiten | 187 | ■ ■ | ●● |
| Fünf-Stühle-Rotation | Andreas Väth | Zum Thema arbeiten | 189 | ■ ■ | ●● |
| Spitfire | Gabriele Braemer | Zum Thema arbeiten | 203 | ■ | ●● |
| Tool Repeater | Silke Riesner | Zum Thema arbeiten | 205 | ■ ■ | ●● |
| Nichts ist unmöglich | Michèle Minelli | Effekte einsetzen | 47 | ■ | ●●○ |
| Oloid | Cornelia Topf | Effekte einsetzen | 49 | ■ | ●●○ |

| | | | | | |
|---|---|---|---|---|---|
| Das Rad des Neandertalers | Adelheid Frost | Mit Metaphern verdeutlichen | 69 | ■ | ●●○ |
| Mit Elefanten argumentieren | Silke Riesner | Mit Metaphern verdeutlichen | 83 | ■ | ●●○ |
| Bottle-Symphony | Hinnerick Broeskamp | Teams fordern | 141 | ■ ■ | ●●○ |
| Der Eier-Zielwurf | Werner Simmerl | Teams fordern | 145 | ■ ■ | ●●○ |
| Führung mit Kugelschreibern: Wer übernimmt den Lead? | Matthias Zurfluh | Teams fordern | 153 | ■ ■ | ●●○ |
| Kaskade | Guenter Kamb | Teams fordern | 157 | ■ ■ | ●●○ |
| Kerzenproblem | Adelheid Frost | Teams fordern | 161 | ■ ■ | ●●○ |
| Team & Stifte | Miriam Breitsameter | Teams fordern | 167 | ■ ■ | ●●○ |
| Brücke der Verbesserung | M. Zurfluh, E. Scherer | Zum Thema arbeiten | 177 | ■ | ●●○ |
| Customer Satisfaction | Thomas Dorsheimer | Zum Thema arbeiten | 181 | ■ ■ | ●●○ |

## Kreative Prozesse anregen

| Spiel | Autor | Rubrik | Seite | Tempo | Vorbereitung |
|---|---|---|---|---|---|
| Es werde Licht | Anja Juhr | Zwischendurch auflockern | 227 | ■ | ● |
| Der Fisch im Haifischbecken | Eva Sladek | Mit Metaphern verdeutlichen | 73 | ■ | ●● |
| Zum Quadrat | Ingrid Hödl | Mit Metaphern verdeutlichen | 91 | ■ | ●● |
| Die schnellen Bälle | Hans-Heinrich Reinhardt | Teams fordern | 147 | ■ ■ | ●● |
| IPC – Go west | Michael Luther | Zum Thema arbeiten | 193 | ■ | ●● |
| Spitfire | Gabriele Braemer | Zum Thema arbeiten | 203 | ■ | ●● |
| Tool Repeater | Silke Riesner | Zum Thema arbeiten | 205 | ■ ■ | ●● |
| Bei den Kannibalen | Anja Juhr | Zwischendurch auflockern | 221 | ■ | ●● |
| Kreuz-Schnitt | Dietmar Prudix | Zwischendurch auflockern | 233 | ■ | ●● |
| Für-Wahr-Nehmen | Claudia Simmerl | Effekte einsetzen | 43 | ■ | ●●○ |
| Nichts ist unmöglich | Michèle Minelli | Effekte einsetzen | 47 | ■ | ●●○ |
| Oloid | Cornelia Topf | Effekte einsetzen | 49 | ■ | ●●○ |
| Stern der Wahrheit | Angelika Höcker | Effekte einsetzen | 55 | ■ | ●●○ |
| Teampuzzle | Gert Schilling | Effekte einsetzen | 57 | ■ | ●●○ |
| Das Rad des Neandertalers | Adelheid Frost | Mit Metaphern verdeutlichen | 69 | ■ | ●●○ |

| Spiel | Autor | Rubrik | Seite | Tempo | Vorbereitung |
|---|---|---|---|---|---|
| Das Überraschungsei | Rainer Herlt | Mit Metaphern verdeutlichen | 71 | ■ | ●●○ |
| Freecard-Feedback | Susanne-Christina Enders | Mit Metaphern verdeutlichen | 79 | ■ | ●●○ |
| Was könnte man alles? | Irmengard Funken | Mit Metaphern verdeutlichen | 87 | ■ ■ | ●●○ |
| Findet mich das Glück? | Martin Niederhauser | Gruppen aktivieren | 105 | ■ | ●●○ |
| Bottle-Sounds | Hinnerick Broeskamp | Teams fordern | 139 | ■ ■ | ●●○ |
| Bottle-Symphony | Hinnerick Broeskamp | Teams fordern | 141 | ■ ■ | ●●○ |
| Der Eier-Zielwurf | Werner Simmerl | Teams fordern | 145 | ■ ■ | ●●○ |
| Erfinderbörse | Johannes Sauer | Teams fordern | 149 | ■ ■ | ●●○ |
| Kerzenproblem | Adelheid Frost | Teams fordern | 161 | ■ ■ | ●●○ |
| Logistik | Guenter Kamb | Teams fordern | 163 | ■ ■ ■ | ●●○ |
| Mikado light | Sabine Kranz-Thien | Teams fordern | 165 | ■ ■ | ●●○ |
| Team & Stifte | Miriam Breitsameter | Teams fordern | 167 | ■ ■ | ●●○ |
| Rollenwechsel | Matthias Eisenhuth | Zum Thema arbeiten | 199 | ■ | ●●○ |
| Dreiecke | Dietmar Prudix | Zwischendurch auflockern | 225 | ■ | ●●○ |
| Der weise Rabbiner | Thorsten Wolf | Mit Metaphern verdeutlichen | 75 | ■ | ●●○ |

## Empathisch vorgehen

| Spiel | Autor | Rubrik | Seite | Tempo | Vorbereitung |
|---|---|---|---|---|---|
| Wertschätzendes HANDeln | Sabine Heß | Effekte einsetzen | 59 | ■ | ● |
| Gassenhauer | Ulrich Balde | Gruppen aktivieren | 109 | ■ ■ ■ | ● |
| Wer ist der beste Dompteur? | Dorothea Driever-Fehl | Teams fordern | 169 | ■ | ● |
| Appreciative Getting Together | Bernhard Kaschek | Zum Thema arbeiten | 175 | ■ | ● |
| Der Fisch im Haifischbecken | Eva Sladek | Mit Metaphern verdeutlichen | 73 | ■ | ●● |
| Bilder einer Ausstellung | Bernhard Kaschek | Gruppen aktivieren | 101 | ■ | ●● |
| Führen und Folgen | Verena Pung | Gruppen aktivieren | 107 | ■ ■ | ●● |
| Mörderspiel | Dietmar Prudix | Gruppen aktivieren | 115 | ■ | ●● |
| Partnerinterview | Thomas Eckardt | Gruppen aktivieren | 117 | ■ | ●● |
| Speed-Dating | Martina Blotzki | Gruppen aktivieren | 127 | ■ ■ | ●● |

| Spiel | Autor | Rubrik | Seite | Tempo | Vorbereitung |
|---|---|---|---|---|---|
| Blinde Bildbeschreibung im Team | Stefanie Große Boes | Teams fordern | 135 | ■ | ●● |
| Das Hemd meiner Nachbarin | Ulrich Nijhuis | Zum Thema arbeiten | 185 | ■ ■ | ●● |
| Entscheidung zwischen den Stühlen | Ursula Kraemer | Zum Thema arbeiten | 187 | ■ ■ | ●● |
| Fünf-Stühle-Rotation | Andreas Väth | Zum Thema arbeiten | 189 | ■ ■ | ●● |
| Verflixter Groschen | Johannes Sauer | Zwischendurch auflockern | 243 | ■ ■ | ●● |
| Zeigen, was in einem steckt | Michèle Minelli | Effekte einsetzen | 61 | ■ ■ | ●●○ |
| Das Überraschungsei | Rainer Herlt | Mit Metaphern verdeutlichen | 71 | ■ | ●●○ |
| Heute werde ich ... | Tobias Linke | Gruppen aktivieren | 111 | ■ ■ | ●●● |
| Bottle-Symphony | Hinnerick Broeskamp | Teams fordern | 141 | ■ ■ | ●●○ |
| Kaskade | Guenter Kamb | Teams fordern | 157 | ■ ■ | ●●○ |
| Mikado light | Sabine Kranz-Thien | Teams fordern | 165 | ■ ■ | ●●○ |
| Team & Stifte | Miriam Breitsameter | Teams fordern | 167 | ■ ■ | ●●○ |
| Customer Satisfaction | Thomas Dorsheimer | Zum Thema arbeiten | 181 | ■ ■ | ●●○ |
| Murmel-Feedback | Tobias Linke | Zum Thema arbeiten | 197 | ■ | ●●○ |
| Rollenwechsel | Matthias Eisenhuth | Zum Thema arbeiten | 199 | ■ | ●●○ |
| Schnapp den Hut | Gabriele Braemer | Zum Thema arbeiten | 201 | ■ ■ | ●●○ |
| Rätselhafte Dreiecke | Armin Rohm | Zwischendurch auflockern | 239 | ■ | ●●○ |

## Spontan handeln

| Spiel | Autor | Rubrik | Seite | Tempo | Vorbereitung |
|---|---|---|---|---|---|
| Mörderspiel | Dietmar Prudix | Gruppen aktivieren | 115 | ■ | ●● |
| Speed-Dating | Martina Blotzki | Gruppen aktivieren | 127 | ■ ■ | ●● |
| Die schnellen Bälle | Hans-Heinrich Reinhardt | Teams fordern | 147 | ■ ■ | ●● |
| Entscheidung zwischen den Stühlen | Ursula Kraemer | Zum Thema arbeiten | 187 | ■ ■ | ●● |
| Spitfire | Gabriele Braemer | Zum Thema arbeiten | 203 | ■ | ●● |
| Tool Repeater | Silke Riesner | Zum Thema arbeiten | 205 | ■ ■ | ●● |
| Das Rad des Neandertalers | Adelheid Frost | Mit Metaphern verdeutlichen | 69 | ■ | ●●○ |
| Findet mich das Glück? | Martin Niederhauser | Gruppen aktivieren | 105 | ■ | ●●○ |

| | | | | | |
|---|---|---|---|---|---|
| Heute werde ich ... | Tobias Linke | Gruppen aktivieren | 111 | ■ ■ | ●●● |
| Führung mit Kugelschreibern: Wer übernimmt den Lead? | Matthias Zurfluh | Teams fordern | 153 | ■ ■ | ●●○ |
| Logistik | Guenter Kamb | Teams fordern | 163 | ■ ■ ■ | ●●○ |
| Mikado light | Sabine Kranz-Thien | Teams fordern | 165 | ■ ■ | ●●○ |
| Customer Satisfaction | Thomas Dorsheimer | Zum Thema arbeiten | 181 | ■ ■ | ●●○ |
| Schnapp den Hut | Gabriele Braemer | Zum Thema arbeiten | 201 | ■ ■ | ●●○ |

## Kooperation einüben

| Spiel | Autor | Rubrik | Seite | Tempo | Vorbereitung |
|---|---|---|---|---|---|
| Gassenhauer | Ulrich Balde | Gruppen aktivieren | 109 | ■ ■ ■ | ● |
| Voldemorts Fluch | Erich Ziegler | Gruppen aktivieren | 129 | ■ ■ ■ | ● |
| Führen und Folgen | Verena Pung | Gruppen aktivieren | 107 | ■ ■ | ●● |
| Blinde Bildbeschreibung im Team | Stefanie Große Boes | Teams fordern | 135 | ■ | ●● |
| 30 Quadrate | Carsten Steinert | Zwischendurch auflockern | 215 | ■ | ●● |
| Kreuz-Schnitt | Dietmar Prudix | Zwischendurch auflockern | 233 | ■ | ●● |
| Das Rad des Neandertalers | Adelheid Frost | Mit Metaphern verdeutlichen | 69 | ■ | ●●○ |
| Brücke der Verbesserung | M. Zurfluh, E. Scherer | Zum Thema arbeiten | 177 | ■ | ●●○ |
| Rätselhafte Dreiecke | Armin Rohm | Zwischendurch auflockern | 239 | ■ | ●●○ |
| Bottle-Sounds | Hinnerick Broeskamp | Teams fordern | 139 | ■ ■ | ●●○ |
| Bottle-Symphony | Hinnerick Broeskamp | Teams fordern | 141 | ■ ■ | ●●○ |
| Der Eier-Zielwurf | Werner Simmerl | Teams fordern | 145 | ■ ■ | ●●○ |
| Erfinderbörse | Johannes Sauer | Teams fordern | 149 | ■ ■ | ●●○ |
| Führung mit Kugelschreibern: Wer übernimmt den Lead? | Matthias Zurfluh | Teams fordern | 153 | ■ ■ | ●●○ |
| Kaskade | Guenter Kamb | Teams fordern | 157 | ■ ■ | ●●○ |
| Kerzenproblem | Adelheid Frost | Teams fordern | 161 | ■ ■ | ●●○ |
| Mikado light | Sabine Kranz-Thien | Teams fordern | 165 | ■ ■ | ●●○ |
| Team & Stifte | Miriam Breitsameter | Teams fordern | 167 | ■ ■ | ●●○ |
| Logistik | Guenter Kamb | Teams fordern | 163 | ■ ■ ■ | ●●○ |

## Strukturiert vorgehen

| Spiel | Autor | Rubrik | Seite | Tempo | Vorbereitung |
|---|---|---|---|---|---|
| Voldemorts Fluch | Erich Ziegler | Gruppen aktivieren | 129 | ■ ■ ■ | ● |
| Blinde Bildbeschreibung im Team | Stefanie Große Boes | Teams fordern | 135 | ■ | ●● |
| Kreuz-Schnitt | Dietmar Prudix | Zwischendurch auflockern | 233 | ■ | ●● |
| Die schnellen Bälle | Hans-Heinrich Reinhardt | Teams fordern | 147 | ■ ■ | ●● |
| Brücke der Verbesserung | M. Zurfluh, E. Scherer | Zum Thema arbeiten | 177 | ■ | ●●○ |
| Das Rad des Neandertalers | Adelheid Frost | Mit Metaphern verdeutlichen | 69 | ■ | ●●○ |
| Erfinderbörse | Johannes Sauer | Teams fordern | 149 | ■ ■ | ●●○ |
| Kaskade | Guenter Kamb | Teams fordern | 157 | ■ ■ | ●●○ |
| Mikado light | Sabine Kranz-Thien | Teams fordern | 165 | ■ ■ | ●●○ |
| Team & Stifte | Miriam Breitsameter | Teams fordern | 167 | ■ ■ | ●●○ |
| Bottle-Sounds | Hinnerick Broeskamp | Teams fordern | 139 | ■ ■ | ●●○ |
| Bottle-Symphony | Hinnerick Broeskamp | Teams fordern | 141 | ■ ■ | ●●○ |
| Der Eier-Zielwurf | Werner Simmerl | Teams fordern | 145 | ■ ■ | ●●○ |
| Logistik | Guenter Kamb | Teams fordern | 163 | ■ ■ ■ | ●●○ |

## Vertrauen entwickeln

| Spiel | Autor | Rubrik | Seite | Tempo | Vorbereitung |
|---|---|---|---|---|---|
| Gassenhauer | Ulrich Balde | Gruppen aktivieren | 109 | ■ ■ ■ | ● |
| Appreciative Getting Together | Bernhard Kaschek | Zum Thema arbeiten | 175 | ■ | ● |
| Führen und Folgen | Verena Pung | Gruppen aktivieren | 107 | ■ ■ | ●● |
| Murmel-Feedback | Tobias Linke | Zum Thema arbeiten | 197 | ■ | ●●○ |
| Mikado light | Sabine Kranz-Thien | Teams fordern | 165 | ■ ■ | ●●○ |

## Sich selbst entdecken

| Spiel | Autor | Rubrik | Seite | Tempo | Vorbereitung |
|---|---|---|---|---|---|
| Die Deckenuhr | Gabriele M. Murry | Effekte einsetzen | 41 | ■ | ● |
| Wertschätzendes HANDeln | Sabine Heß | Effekte einsetzen | 59 | ■ | ● |
| Wer ist der beste Dompteur? | Dorothea Driever-Fehl | Teams fordern | 169 | ■ | ● |
| Appreciative Getting Together | Bernhard Kaschek | Zum Thema arbeiten | 175 | ■ | ● |
| Der Dreifach-Energizer | Bernd Scherer | Zwischendurch auflockern | 223 | ■ ■ | ● |
| Gruerzi | Michael Luther | Zwischendurch auflockern | 229 | ■ ■ | ● |
| Der Fisch im Haifischbecken | Eva Sladek | Mit Metaphern verdeutlichen | 73 | ■ | ●● |
| Bilder einer Ausstellung | Bernhard Kaschek | Gruppen aktivieren | 101 | ■ | ●● |
| Führen und Folgen | Verena Pung | Gruppen aktivieren | 107 | ■ ■ | ●● |
| Speed-Dating | Martina Blotzki | Gruppen aktivieren | 127 | ■ ■ | ●● |
| Das Hemd meiner Nachbarin | Ulrich Nijhuis | Zum Thema arbeiten | 185 | ■ ■ | ●● |
| Entscheidung zwischen den Stühlen | Ursula Kraemer | Zum Thema arbeiten | 187 | ■ ■ | ●● |
| Verflixter Groschen | Johannes Sauer | Zwischendurch auflockern | 243 | ■ ■ | ●● |
| Nichts ist unmöglich | Michèle Minelli | Effekte einsetzen | 47 | ■ | ●●○ |
| Oloid | Cornelia Topf | Effekte einsetzen | 49 | ■ | ●●○ |
| Stern der Wahrheit | Angelika Höcker | Effekte einsetzen | 55 | ■ | ●●○ |
| Zeigen, was in einem steckt | Michèle Minelli | Effekte einsetzen | 61 | ■ ■ | ●●○ |
| Das Überraschungsei | Rainer Herlt | Mit Metaphern verdeutlichen | 71 | ■ | ●●○ |
| Mit Elefanten argumentieren | Silke Riesner | Mit Metaphern verdeutlichen | 83 | ■ | ●●○ |
| Findet mich das Glück? | Martin Niederhauser | Gruppen aktivieren | 105 | ■ | ●●○ |
| Mikado light | Sabine Kranz-Thien | Teams fordern | 165 | ■ ■ | ●●○ |
| Team & Stifte | Miriam Breitsameter | Teams fordern | 167 | ■ ■ | ●●○ |
| Murmel-Feedback | Tobias Linke | Zum Thema arbeiten | 197 | ■ | ●●○ |
| Schnapp den Hut | Gabriele Braemer | Zum Thema arbeiten | 201 | ■ ■ | ●●○ |
| Der weise Rabbiner | Thorsten Wolf | Mit Metaphern verdeutlichen | 75 | ■ | ●●○ |

## Harmonisierung und Ruhe

| Spiel | Autor | Rubrik | Seite | Tempo | Vorbereitung |
|---|---|---|---|---|---|
| Wertschätzendes HANDeln | Sabine Heß | Effekte einsetzen | 59 | ■ | ● |
| Appreciative Getting Together | Bernhard Kaschek | Zum Thema arbeiten | 175 | ■ | ● |
| Der Dreifach-Energizer | Bernd Scherer | Zwischendurch auflockern | 223 | ■ ■ | ● |
| Führen und Folgen | Verena Pung | Gruppen aktivieren | 107 | ■ ■ | ●● |
| Murmel-Feedback | Tobias Linke | Zum Thema arbeiten | 197 | ■ | ●●○ |

## Themen klären

| Spiel | Autor | Rubrik | Seite | Tempo | Vorbereitung |
|---|---|---|---|---|---|
| Der Fisch im Haifischbecken | Eva Sladek | Mit Metaphern verdeutlichen | 73 | ■ | ●● |
| Das 3 x 3 gegen das Mittagstief | Svetla Todorova | Zum Thema arbeiten | 183 | ■ | ●● |
| Entscheidung zwischen den Stühlen | Ursula Kraemer | Zum Thema arbeiten | 187 | ■ ■ | ●● |
| Fünf-Stühle-Rotation | Andreas Väth | Zum Thema arbeiten | 189 | ■ ■ | ●● |
| IPC – Go west | Michael Luther | Zum Thema arbeiten | 193 | ■ | ●● |
| Das ganze Jahr ist Karneval | Zamyat M. Klein | Mit Metaphern verdeutlichen | 65 | ■ | ●●● |
| Das Überraschungsei | Rainer Herlt | Mit Metaphern verdeutlichen | 71 | ■ | ●●○ |
| Freecard-Feedback | Susanne-Christina Enders | Mit Metaphern verdeutlichen | 79 | ■ | ●●○ |
| Mit Elefanten argumentieren | Silke Riesner | Mit Metaphern verdeutlichen | 83 | ■ | ●●○ |
| Haufenweise | Barbara Schäfer-Ernst | Zum Thema arbeiten | 191 | ■ | ●●○ |
| Rollenwechsel | Matthias Eisenhuth | Zum Thema arbeiten | 199 | ■ | ●●○ |
| Yes or No? | Silke Riesner | Zum Thema arbeiten | 209 | ■ ■ | ●●○ |

## Konflikte verdeutlichen

| Spiel | Autor | Rubrik | Seite | Tempo | Vorbereitung |
|---|---|---|---|---|---|
| Draußen ist es eh anders | Eva-Maria Schumacher | Mit Metaphern verdeutlichen | 77 | ■ | ●● |
| Entscheidung zwischen den Stühlen | Ursula Kraemer | Zum Thema arbeiten | 187 | ■ ■ | ●● |

| | | | | | |
|---|---|---|---|---|---|
| Fünf-Stühle-Rotation | Andreas Väth | Zum Thema arbeiten | 189 | ■ ■ | ●● |
| Konfliktpyramide | Sabine Kranz-Thien | Mit Metaphern verdeutlichen | 81 | ■ | ●●○ |
| Führung mit Kugelschreibern: Wer übernimmt den Lead? | Matthias Zurfluh | Teams fordern | 153 | ■ ■ | ●●○ |
| Mikado light | Sabine Kranz-Thien | Teams fordern | 165 | ■ ■ | ●●○ |
| Team & Stifte | Miriam Breitsameter | Teams fordern | 167 | ■ ■ | ●●○ |
| Brücke der Verbesserung | M. Zurfluh, E. Scherer | Zum Thema arbeiten | 177 | ■ | ●●○ |
| Haufenweise | Barbara Schäfer-Ernst | Zum Thema arbeiten | 191 | ■ | ●●○ |
| Yes or No? | Silke Riesner | Zum Thema arbeiten | 209 | ■ ■ | ●●○ |

## Standpunkte vertreten

| Spiel | Autor | Rubrik | Seite | Tempo | Vorbereitung |
|---|---|---|---|---|---|
| Appreciative Getting Together | Bernhard Kaschek | Zum Thema arbeiten | 175 | ■ | ● |
| Der Fisch im Haifischbecken | Eva Sladek | Mit Metaphern verdeutlichen | 73 | ■ | ●● |
| Speed-Dating | Martina Blotzki | Gruppen aktivieren | 127 | ■ ■ | ●● |
| Das 3 x 3 gegen das Mittagstief | Svetla Todorova | Zum Thema arbeiten | 183 | ■ | ●● |
| Das Hemd meiner Nachbarin | Ulrich Nijhuis | Zum Thema arbeiten | 185 | ■ ■ | ●● |
| Entscheidung zwischen den Stühlen | Ursula Kraemer | Zum Thema arbeiten | 187 | ■ ■ | ●● |
| Fünf-Stühle-Rotation | Andreas Väth | Zum Thema arbeiten | 189 | ■ ■ | ●● |
| Spitfire | Gabriele Braemer | Zum Thema arbeiten | 203 | ■ | ●● |
| Das Überraschungsei | Rainer Herlt | Mit Metaphern verdeutlichen | 71 | ■ | ●●○ |
| Freecard-Feedback | Susanne-Christina Enders | Mit Metaphern verdeutlichen | 79 | ■ | ●●○ |
| Mit Elefanten argumentieren | Silke Riesner | Mit Metaphern verdeutlichen | 83 | ■ | ●●○ |
| Findet mich das Glück? | Martin Niederhauser | Gruppen aktivieren | 105 | ■ | ●●○ |
| Kaskade | Guenter Kamb | Teams fordern | 157 | ■ ■ | ●●○ |
| Führung mit Kugelschreibern: Wer übernimmt den Lead? | Matthias Zurfluh | Teams fordern | 153 | ■ ■ | ●●○ |
| Team & Stifte | Miriam Breitsameter | Teams fordern | 167 | ■ ■ | ●●○ |
| Customer Satisfaction | Thomas Dorsheimer | Zum Thema arbeiten | 181 | ■ ■ | ●●○ |
| Haufenweise | Barbara Schäfer-Ernst | Zum Thema arbeiten | 191 | ■ | ●●○ |
| Yes or No? | Silke Riesner | Zum Thema arbeiten | 209 | ■ ■ | ●●○ |

## Aktivieren und Energien freisetzen

| Spiel | Autor | Rubrik | Seite | Tempo | Vorbereitung |
|---|---|---|---|---|---|
| Gassenhauer | Ulrich Balde | Gruppen aktivieren | 109 | ■ ■ ■ | ● |
| Master to Jack | Gesa Heiten | Gruppen aktivieren | 113 | ■ ■ | ● |
| Zip Zap Boing | Gabriele Braemer | Gruppen aktivieren | 131 | ■ ■ | ● |
| Gruerzi | Michael Luther | Zwischendurch auflockern | 229 | ■ ■ | ● |
| Gruppenknobeln | Donald Harbich | Zwischendurch auflockern | 231 | ■ ■ ■ | ● |
| Wecker fürs Gehirn | Monika Kalnins | Zwischendurch auflockern | 247 | ■ ■ | ● |
| Tischtennisball-Schnipps-Übung | Bernd Höcker | Mit Metaphern verdeutlichen | 85 | ■ ■ | ●● |
| Zum Quadrat | Ingrid Hödl | Mit Metaphern verdeutlichen | 91 | ■ | ●● |
| Mörderspiel | Dietmar Prudix | Gruppen aktivieren | 115 | ■ | ●● |
| Quiztime | Gert Schilling | Gruppen aktivieren | 121 | ■ ■ ■ | ●● |
| Sich die Bälle zuspielen | Rudolf A. Schnappauf | Gruppen aktivieren | 125 | ■ ■ | ●● |
| Speed-Dating | Martina Blotzki | Gruppen aktivieren | 127 | ■ ■ | ●● |
| Tool Repeater | Silke Riesner | Zum Thema arbeiten | 205 | ■ ■ | ●● |
| Bei den Kannibalen | Anja Juhr | Zwischendurch auflockern | 221 | ■ | ●● |
| Oben, unten, rechts, links | Helgo Bretschneider | Zwischendurch auflockern | 235 | ■ ■ ■ | ●● |
| Sit 'n' Move | Christian Hohlweck | Zwischendurch auflockern | 241 | ■ ■ | ●● |
| Vokalfrei | Miriam Breitsameter | Zwischendurch auflockern | 245 | ■ | ●● |
| Das Grillhähnchen | Amelie Funcke | Effekte einsetzen | 37 | ■ | ●●○ |
| Das Ziel-Pfeil-Phänomen | Gert Schilling | Effekte einsetzen | 39 | ■ | ●●○ |
| Teampuzzle | Gert Schilling | Effekte einsetzen | 57 | ■ | ●●○ |
| Bottle-Symphony | Hinnerick Broeskamp | Teams fordern | 141 | ■ ■ | ●●○ |
| Der Eier-Zielwurf | Werner Simmerl | Teams fordern | 145 | ■ ■ | ●●○ |
| Logistik | Guenter Kamb | Teams fordern | 163 | ■ ■ ■ | ●●○ |
| Schnapp den Hut | Gabriele Braemer | Zum Thema arbeiten | 201 | ■ ■ | ●●○ |
| A, B, C, D-Aufgabenmix | Harald Groß | Zwischendurch auflockern | 217 | ■ ■ | ●●○ |

## An ein Thema heranführen

| Spiel | Autor | Rubrik | Seite | Tempo | Vorbereitung |
|---|---|---|---|---|---|
| Die Deckenuhr | Gabriele M. Murry | Effekte einsetzen | 41 | ■ | ● |
| 80–120 Bit, die Kapazität unseres Kurzzeitgedächtnisses | Tobias Büser | Effekte einsetzen | 33 | ■ | ●● |
| Zeitmanagement-Quickie | Eva-Maria Schumacher | Mit Metaphern verdeutlichen | 89 | ■ | ●● |
| Quiztime | Gert Schilling | Gruppen aktivieren | 121 | ■ ■ ■ | ●● |
| Das 3 x 3 gegen das Mittagstief | Svetla Todorova | Zum Thema arbeiten | 183 | ■ | ●● |
| Das Hemd meiner Nachbarin | Ulrich Nijhuis | Zum Thema arbeiten | 185 | ■ ■ | ●● |
| IPC – Go west | Michael Luther | Zum Thema arbeiten | 193 | ■ | ●● |
| Tool Repeater | Silke Riesner | Zum Thema arbeiten | 205 | ■ ■ | ●● |
| Vokalfrei | Miriam Breitsameter | Zwischendurch auflockern | 245 | ■ | ●● |
| Schlagwortpräsentation als bewegtes Schattentheater | Anette Schöberl | Effekte einsetzen | 51 | ■ ■ | ●●● |
| Das ganze Jahr ist Karneval | Zamyat M. Klein | Mit Metaphern verdeutlichen | 65 | ■ | ●●● |
| Das Ziel-Pfeil-Phänomen | Gert Schilling | Effekte einsetzen | 39 | ■ | ●●○ |
| Für-Wahr-Nehmen | Claudia Simmerl | Effekte einsetzen | 43 | ■ | ●●○ |
| Nichts ist unmöglich | Michèle Minelli | Effekte einsetzen | 47 | ■ | ●●○ |
| Oloid | Cornelia Topf | Effekte einsetzen | 49 | ■ | ●●○ |
| Das Rad des Neandertalers | Adelheid Frost | Mit Metaphern verdeutlichen | 69 | ■ | ●●○ |
| Das Überraschungsei | Rainer Herlt | Mit Metaphern verdeutlichen | 71 | ■ | ●●○ |
| Freecard-Feedback | Susanne-Christina Enders | Mit Metaphern verdeutlichen | 79 | ■ | ●●○ |
| Konfliktpyramide | Sabine Kranz-Thien | Mit Metaphern verdeutlichen | 81 | ■ | ●●○ |
| Mit Elefanten argumentieren | Silke Riesner | Mit Metaphern verdeutlichen | 83 | ■ | ●●○ |
| Brücke der Verbesserung | M. Zurfluh, E. Scherer | Zum Thema arbeiten | 177 | ■ | ●●○ |
| Haufenweise | Barbara Schäfer-Ernst | Zum Thema arbeiten | 191 | ■ | ●●○ |
| Rätselhafte Dreiecke | Armin Rohm | Zwischendurch auflockern | 239 | ■ | ●●○ |

# Effekte einsetzen

## Kapitel I


1 **80-120 Bit, die Kapazität unseres Kurzzeitgedächtnisses**
Tobias Büser — Seite 33

2 **Das Grillhähnchen**
Amelie Funcke — Seite 37

3 **Das Ziel-Pfeil-Phänomen**
Gert Schilling — Seite 39

4 **Die Deckenuhr**
Gabriele M. Murry — Seite 41

5 **Für-Wahr-Nehmen**
Claudia Simmerl — Seite 43

6 **Nichts ist unmöglich**
Michèle Minelli — Seite 47

7 **Oloid**
Cornelia Topf — Seite 49

8 **Schlagwortpräsentation als bewegtes Schattentheater**
Anette Schöberl — Seite 51

9 **Stern der Wahrheit**
Angelika Höcker — Seite 55

10 **Teampuzzle**
Gert Schilling — Seite 57

11 **Wertschätzendes HANDeln**
Sabine Heß — Seite 59

12 **Zeigen, was in einem steckt**
Michèle Minelli — Seite 61

Unter der Überschrift „Effekte einsetzen“ finden Sie zwölf Hingucker: Spielideen, die man nicht jeden Tag einsetzt, aber ganz sicher in besonderen Situationen. Immer dann, wenn Sie einen markanten Auftritt brauchen, können Sie zu einem unserer Effekte greifen.

**Tobias Büser** überrascht seine Teilnehmer mit einer Übung, die die begrenzten Fähigkeiten unseres Gehirns anspricht: „80–120 Bit, die Kapazität unseres Kurzzeitgedächtnisses“. Aber nicht nur das, neben dem Effekt gibt es auch noch wertvolle Erläuterungen aus der Hirnforschung. Auch bei **Amelie Funcke** geht es darum, das Hirn anzuregen. Ein „Grillhähnchen“ entsteht in Sekundenschnelle aus etwas, dass vorher noch ein einfaches Handtuch war. Genau hinschauen werden Ihre Teilnehmer auch beim „Ziel-Pfeil-Phänomen“ von **Gert Schilling** – er bringt einen klassischen Zaubertrick zielsicher mit dem Thema Zielorientierung zusammen.

„Verblüffen, verblüffen, verblüffen“, das haben sich auch die Autorinnen der dann folgenden Spiele zum Ziel gesetzt. Und das gelingt auch Ihnen, wenn Sie „Die Deckenuhr“ von **Gabriele M. Murry** oder den Escher-Würfel bei „Für-Wahr-Nehmen“ von **Claudia Simmerl** einsetzen. Diese Spielideen sind kurz und eindrücklich. **Michèle Minelli** hat wahrscheinlich zuerst einmal ihren Schreiner verblüfft, denn für „Nichts ist unmöglich“ bedarf es eines kreativen Handwerkers. Aber dann haben Sie ein Spielmaterial, das Sie oft und unkompliziert einsetzen können.

Auch bei den folgenden Effekten stehen Materialien im Mittelpunkt des Spielgeschehens: **Cornelia Topf** präsentiert das „Oloid“ – und inszeniert das Ertasten dieses kleinen Gegenstandes als Auftakt für Seminare, in denen es um Kreativität und Kommunikation geht. **Anette Schöberl** hingegen geht großflächiger vor: Sie gestaltet eine „Schlagwortpräsentation als bewegtes Schattentheater“. Dazu braucht es zwar etwas Aufwand – in jedem Fall arbeitet man hier aber mit einer wirklich eindrücklichen Inszenierung. **Angelika Höcker** fordert ihre Teilnehmer/innen auf, den „Stern der Wahrheit“ zu finden. Ein Taschenspiegel und die fotokopierte Vorlage eines Sterns sind dabei die hilfreichen und oft genug auch zur Verzweiflung treibenden Begleiter.

Ein wenig verzweifeln werden einzelne Teilnehmer auch, wenn sie mit dem „Teampuzzle“ von **Gert Schilling** arbeiten. Die Frage „Wie geht das?“ steht selten so präsent im Raum. **Sabine Heß** hingegen fesselt die Aufmerksamkeit ihrer Teilnehmer/innen mit einem Blick auf etwas ganz Alltägliches: die eigene Hand, die uns ständig beim „Wertschätzenden HANDeln“ begleitet. Den Abschluss des Kapitels der Effekte und Verblüffungen macht **Michèle Minelli** mit „Zeigen, was in einem steckt“. Selten lässt sich so viel aus so wenig herausholen – probieren Sie es einfach aus.

# 80–120 Bit, die Kapazität unseres Kurzzeitgedächtnisses 

von Tobias Büser

Zehn Zahlen verdeutlichen die geringe Kapazität des Bewusstseins

## Ziel

Unser Bewusstsein bzw. unser Kurzzeitgedächtnis hat eine Kapazität von nur ca. 80–120 Bit in einem fließenden Zeitfenster (Gegenwartsdauer) von rund sechs Sekunden. Daher handeln wir maßgeblich unbewusst. Wenn wir Soft Skills verbessern bzw. unser Verhalten nachhaltig verändern wollen, dann brauchen wir implizite, handlungsorientierte Lernformen, um die unbewusste Steuerung unseres Verhaltens verbessern zu können.

- Aufmerksamkeit der Gruppe gewinnen für die Tatsache der begrenzten Bewusstseinskapazität des Menschen.
- Emotionen und Neugierde wecken für die Frage: Wie können wir unser Verhalten mit so wenig bewusster Kapazität steuern? Antwort: Gar nicht, wir brauchen implizite Verhaltenssteuerung (emotionale Intelligenz bzw. implizites Wissen).
- Bereitschaft wecken für die Kultivierung impliziter Verhaltenssteuerung.
- Einleitung von und Sensibilisierung für Lernformen, bei denen neues implizites Verhalten – nicht neues kognitives Wissen – erlernt wird.

## Beschreibung

Sie schreiben in beliebiger Reihenfolge zehn Zahlen auf eine Moderationskarte von 0 bis 9: 5 2 9 1 3 7 4 6 2 8 (siehe Abb. nächste Seite).

Folgende Einleitung wäre möglich: *„Haben Sie schon einmal nachgedacht, wie Sie Ihr Verhalten steuern? Sicher kommt es Ihnen so vor, als dass Sie ganz bewusst entscheiden, was Sie den lieben langen Tag machen. Die Steuerung unseres Verhaltens ist eine faszinierende Sache, der wir hier einmal auf den Grund gehen wollen. Wir testen nun zusammen, wie viel Kapazität wir Menschen im Bewusstsein zur Verfügung haben, um unser Verhalten zu steuern. Ich lese Ihnen nun langsam zehn Zahlen vor. Bitte hören Sie gut zu und merken Sie sich die Zahlen in der richtigen Reihenfolge. Ich bitte Sie, die Zahlen laut im Plenum zu wiederholen, wenn ich sie vorgelesen habe.“*

Sie lesen die Zahlen langsam und deutlich einmal vor, wiederholen sie aber auch auf Nachfrage der Teilnehmer nicht. Anschließend versuchen die Teilnehmer im Plenum, die zehn Zahlen zu wiederholen. So oft ich diese Übung bereits gemacht habe, nie hat ein Teilnehmer mehr als 7–8 Zahlen richtig wiedergeben können. Normal sind 5–6 richtige Zahlen, danach wissen die Teilnehmer nicht mehr weiter.

Nach den Versuchen der Teilnehmer können Sie einige interessante Sachinformationen weitergeben:

- *„Sie schaffen 5–7 Zahlen. Dann hat die Verarbeitung der Zahlen die Kapazität unseres Kurzzeitgedächtnisses. belegt, die je nach Person eine Kapazität von 80 bis 120 Bit aufweist. Pro Zahl brauchen Sie ca. 15 bis 18 Bit. Zudem können Sie ungefähr sechs Sekunden Informationen stapeln, das bezeichnet man als ‚Gegenwartsdauer'. Danach fallen die*

5291374628

52, 91, 37, 46, 28

*zuerst wahrgenommenen Informationen wieder heraus oder Sie müssen die Information ins Langzeitgedächtnis ablegen, beispielsweise durch Wiederholen. Wenn Sie wiederholen, können Sie allerdings nicht mehr gleichzeitig zuhören. Sie merken also, was das Bewusstsein bzw. Kurzzeitgedächtnis für einen Engpass darstellt."*

- *„Vor diesem Hintergrund sind vor allem Alltagssituationen interessant: Wie viel Kapazität brauchen Sie wohl, um eine ganz alltägliche Situation zu meistern? Stellen Sie sich ein Meeting vor. Dort müssen Sie beispielsweise den Kontext eines Sachverhalts verstehen, eine Antwort formulieren, aufstehen, um am Flipchart etwas zu schreiben, dabei Redebeiträgen zuhören, nebenbei eine Farbe für einen Stift aussuchen, den Arm heben, die anderen Teilnehmer beobachten, bei Ihren Formulierungen die richtige Grammatik verwenden usw."*
- *„Die Hirnforschung kann mittlerweile nachweisen, dass Sie viel mehr Bit an Verarbeitungskapazität brauchen, als in Ihrem Kurzzeitgedächtnis zur Verfügung steht. Nur so können all diese parallel ablaufenden und aufeinander abgestimmten Leistungen erbracht werden. Zudem ist mittlerweile empirisch anhand der Hirnströme messbar, dass vielen bewussten Handlungen bereits umfangreiche Aktivitäten im Gehirn vorausgehen, die allesamt nicht bewusst werden."*
- *„Aus dem Alltag kennen Sie das beispielsweise vom Autofahren. Am Anfang ist es großer Stress, die ganzen Schilder zu lesen, Sie müssen kuppeln, schalten, bremsen, den Verkehr und rechts vor links beachten usw. – Ihr Hirn droht ständig überlastet zu werden. Später mit mehr Routine fragen Sie sich manchmal, wie Sie die letzten 20 km gefahren sind. Oder Sie fahren quasi automatisch, aber plötzlich ist Ihre gesamte bewusste Aufmerksamkeit auf zwei spielende Kinder am Straßenrand gerichtet. Hier sehen Sie, wie die gesamte Kapazität des Bewusstseins auf den wirklich wichtigen Aspekt in der Situation gerichtet wird, während alle weiteren Aktivitäten praktisch unbewusst weiterlaufen."*

Fassen Sie nun die zehn Zahlen auf der Moderationskarte zu fünf zweistelligen Zahlen zusammen: *„Ich lese Ihnen die zehn Zahlen nun noch einmal vor: 52, 91, 37, 46, 28. Bitte wiederholen Sie die Zahlen."*

Die Teilnehmer sind nun im Allgemeinen in der Lage, die Zahlen zu wiederholen und das kann von Ihnen ergänzend erläutert werden: *„Wenn die gleichen zehn Zahlen wie vorhin zu fünf zweistelligen Zahlen zusammengefasst werden, ergibt das fünf Informationseinheiten. Das können Sie wiederholen, weil Sie nun innerhalb der Kapazität unseres Kurzzeitgedächtnisses/Bewusstseins sind. Memo-Techniken wie diese benutzen wir Menschen häufig, weil wir intuitiv die Grenzen unseres Bewusstseins kennen."*

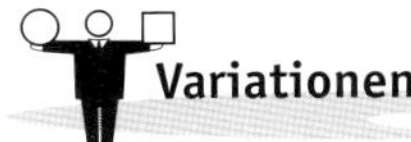

## Variationen

keine

## Kommentar

Ich empfehle für die Wiederholung der 10 Zahlen der Moderationskarte im Plenum, die Teilnehmer nicht der Reihe nach dranzunehmen, da durch die Wiederholung ein Lerneffekt eintritt und der Sinn und Zweck der Übung verfälscht wird. Lassen Sie die Teilnehmer offen im Plenum versuchen, die Zahlen zu wiederholen und gegebenenfalls die Lösung diskutieren.

Die Hirnforschung ist ein komplexes Feld und die Wissenschaft ist über die geltenden Gesetze über die Funktionsweise unseres Hirns teilweise gespalten. Lassen Sie sich nicht auf wissenschaftliche Diskussionen ein, sondern zeigen Sie anhand von praktischen Beispielen wie das Autofahren die Unterschiede zwischen

- bewusstem explizitem Wissen (alles, was in Sprache bzw. Zeichen erfasst, gemessen und ausgedrückt werden kann, d. h. klassisches Schulwissen einerseits sowie Geschichten/Episoden andererseits) und
- unbewusstem implizitem Wissen (nahezu alle automatisierten Abläufe bzw. Bewegungen, tief verankerte Überzeugungen und Gewohnheiten aus der Sozialisation, Verarbeitung von Wahrnehmungen).

## Auswertung/Überleitung

Diese kurze Übung bietet zahlreiche Anknüpfungspunkte: Sie können z.B. den Lernzirkel von Nonaka/Takeuchi (SECI-Modell,1998) vorstellen. Darin wird eine gezielte Variation von explizitem und implizitem (sehr viel höhere Kapazität, schwer exakt auszudrücken) Wissen zur Verbesserung von Soft Skills vorgeschlagen. Das kann in verschiedenen Arbeitssituationen geschehen. Ein Beispiel:

- Reflexion des des eigenen Kommunikationsverhaltens in Mitarbeitergesprächen anhand von Feedback oder Video (vom impliziten zum expliziten Wissen).
- Neues explizites Wissen erlernen, beispielsweise ein Kommunikationsmodell kognitiv im Stile klassischen Schullernens vorstellen.
- Learning by doing, indem das neu erlernte explizite Wissen angewandt wird. So kann z.B. im Seminar vor laufender Kamera das neue Kommunikationsmodell in Mitarbeitergesprächen getestet werden, um erste Routinen aufzubauen (vom expliziten zum implizitem Wissen).
- In der Praxis das neu erworbene Wissen bei alltäglichen Mitarbeitergesprächen anwenden (implizites Wissen stabilisieren und anhand von Erfahrungen verfeinern). Die Anwendung in der Praxis wird wiederum durch den ersten Schritt fortgeführt und ggf. eine neue Lernrunde eingeleitet.

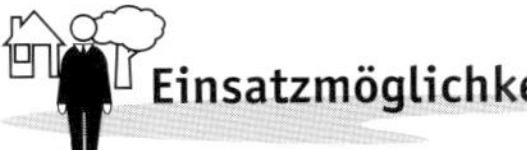

## Einsatzmöglichkeiten

- Zu Beginn von Soft-Skill-Trainings.
- Während Soft-Skill-Trainings, wenn kognitiv orientierte Teilnehmer den „Kinderkram“ von handlungsorientierten Seminaren infrage stel-

len und offensichtlich ihren Widerstand und ihre Langeweile demonstrieren.

## Querverweise

- Ikujiro NONAKA/Hirotaka TAKEUCHI: Die Organisation des Wissens – Wie japanische Unternehmen eine brachliegende Ressource Nutzen, Campus 1997
- Gerhard ROTH: Persönlichkeit, Entscheidung und Verhalten: Warum es so schwierig ist, sich und andere zu ändern, Klett-Cotta 2007
- Manfred SPITZER: Lernen – Gehirnforschung und die Schule des Lebens, Spectrum 2007

## technische Hinweise

**Gruppierung** beliebig

**Material** Moderationskarten, Stift

**Dauer** 5–10 Minuten, bei Einbezug des SECI-Modells von Nonaka/Takeuchi 30–45 Minuten

**Vorbereitung** Zehn Zahlen auf eine Moderationskarte schreiben, auf eine zweite Moderationskarte die zehn Zahlen zu fünf Zahlen zusammenfassen (siehe Abb.).

# Das Grillhähnchen

von Amelie Funcke

Aus einem Lappen oder Handtuch entsteht mit wenigen Handgriffen ein Grillhähnchen

## Ziel

Mit diesem Effekt können Sie

- Ihre Teilnehmer verblüffen und garantiert zum Lachen bringen
- die Stimmung in der Gruppe heben
- Müdigkeit vertreiben (jedenfalls für den Moment)
- einen unvergesslichen, echt humorigen Hingucker landen ...

## Beschreibung

Nehmen Sie ein farblich passendes (Braun, Gelb, Altrosa, leichtes Orange) und nicht zu steifes Tuch (z. B. einen Lappen oder ein kleines Handtuch aus Frottee, Baumwolle oder Mikrofaser).

Breiten Sie das Tuch aus (Abb. 1, nächste Seite) und rollen Sie die beiden Enden jeweils bis zur Mitte hin auf (Abb. 2). Falten Sie nun das Tuch mit den gerollten Enden nach außen in der Mitte zusammen (Abb. 3). Von oben betrachtet, sehen Sie nun vier Rollen. Zupfen Sie die Enden aus den vier Rollen heraus (Abb. 4).

Wenn Sie nun die (richtigen!) zwei Enden an den herausgezupften Teilen packen und seitlich kräftig auseinanderziehen (Abb. 5), entsteht wie von Zauberhand die Form eines Grillhähnchens (Abb. 6) – und richtig gute Stimmung bei Ihrem Publikum ...

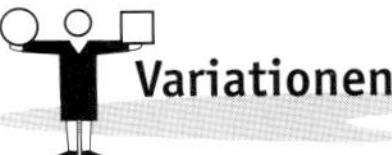

## Variationen

1. Alle Teilnehmer machen ein Hähnchen.
2. Das Grillhähnchen löst schon einmal Erinnerungen an ähnlich gelungene Effekte aus. Es kann sehr witzig und gewinnbringend sein, im Anschluss noch etwas Zeit für kleine, unaufwendige Gags zu geben, die Teilnehmer aus anderen Zusammenhängen kennen.
3. Kreieren Sie daraus ein Programm: Nach jeder Pause ein neuer Gag oder Effekt!

## Kommentar

Damit die Illusion richtig rüberkommt, muss die Farbe des Tuchs unbedingt passen!

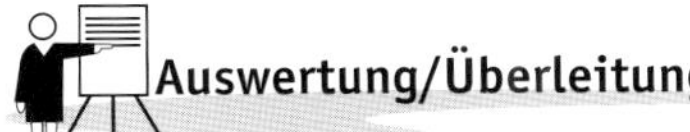

## Auswertung/Überleitung

Eine Auswertung ist nicht notwendig, der humorvolle Appetizer steht für sich selbst und zaubert ein Schmunzeln auf die Gesichter der Teilnehmer.

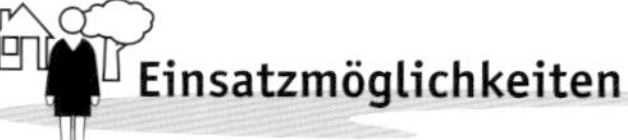

## Einsatzmöglichkeiten

- als Effekt zum Wachmachen oder als Stimmungshebel nach einer Pause
- als Appetizer vor dem Mittagessen
- als Metapher, z. B. wie man auch an profanen, alltäglichen Dingen noch überraschende neue Seiten entdecken kann

## Querverweise

Diesen Gag habe ich zufällig beim Herumzappen im Fernsehen gesehen – und vor lauter Begeisterung sofort nachgemacht. Gezeigt wurde er von Ingo Oschmann. Beschrieben demnächst auch in: Amelie FUNCKE und Eva HAVENITH: Moderations-Tools, erscheint im Januar 2010 bei managerSeminare.

## technische Hinweise

**Gruppierung** Beliebig viele Teilnehmer im Raum in beliebiger Sitzordnung – aber mit Blick auf das Geschehen.

**Material** Ein farblich passendes Tuch in gelb, braun, orange oder altrosa, z. B. ein Lappen oder kleines Handtuch aus Frottee, Baumwolle oder Mikrofaser.

**Dauer** eine Minute

**Vorbereitung** Tuch/Tücher organisieren

# Das Ziel-Pfeil-Phänomen

von Gert Schilling

Ein sich scheinbar verändernder Pfeil steht für die Arbeit an Zielen

## Ziel

- Diskussionsauslöser für Zielformulierung, Zielvereinbarung, Zielfindung, Zielbalance
- Erinnerungsanker
- Verblüffende visuelle Auslockerung

## Beschreibung

Der Ziel-Pfeil besteht aus einem sechseckigen Karton mit beidseitig aufgedrucktem Pfeil. Auf der einen Seite befindet sich ein weißer Pfeil auf schwarzem Grund, auf der anderen ein schwarzer Pfeil auf weißem Grund.

**Ausgangssituation – die Ziele sind unterschiedlich**
Der Referent oder der Vortragende hält den Ziel-Pfeil an zwei gegenüberliegenden Ecken zwischen Daumen und Zeigefinger. Der schwarze Pfeil zeigt nach links oben. Wenn der Ziel-Pfeil gedreht wird, zeigen die Pfeile in unterschiedliche Richtungen (siehe Abb. nächste Seite). Möglicher Trainerkommentar: *„Zuerst gehen die Ziele in verschiedene Richtungen. Erst wenn Zielvereinbarung und Zielformulierung klar sind, kann sich die Energie auf die Zielerreichung ausrichten."*

**Nur eine kleine Veränderung – die Ziele werden einheitlich**
Hält man die sechseckige Ziel-Pfeil-Karte so, dass der schwarze Pfeil nach rechts oben weist, zeigen die Pfeile beim Drehen plötzlich in dieselbe Richtung. Verblüffend! Es funktioniert ganz von selbst.

Nun sind Sie dran: Überlegen Sie mit Ihrer Gruppe, was getan werden muss, damit die Zielvorstellungen einheitlich werden ...

## Variationen

Bei einer größerer Teilnehmerzahl kann der Effekt mit einem entsprechend größeren Ziel-Pfeil gezeigt werden, den Sie dann nicht mehr zwischen den Fingern, sondern zwischen den Händen halten.

## Kommentar

Sehr wirkungsvoll ist es, wenn Sie jedem einen eigenen Ziel-Pfeil geben. So können die Teilnehmenden selbst den Effekt erleben und haben einen Erinnerungsanker zu dem Thema.

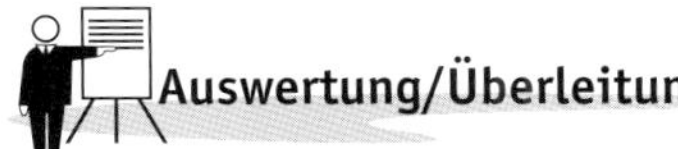

## Auswertung/Überleitung

Dieser visuelle Effekt eignet sich für alle Themen, in denen es um Zielformulierung, Zielvereinbarung, Zielfindung oder Zielbalance geht. Auswertungsfragen können beispielsweise sein:

- „Wie kommen wir zu einer guten Zielvereinbarung?"
- „Welche meiner Ziele sind kompatibel, welche nicht?"

*Variante 1 – zwei Richtungen*

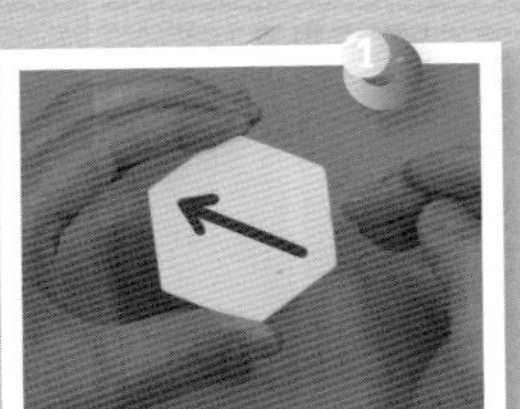

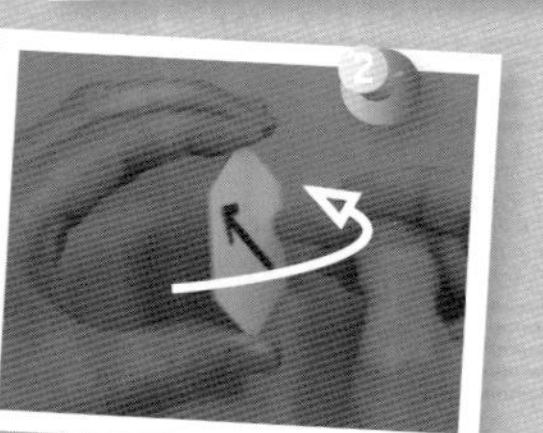

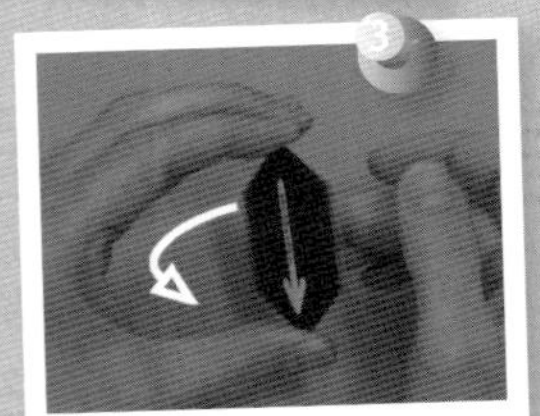

*Variante 2 – eine Richtung*

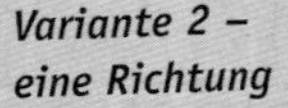

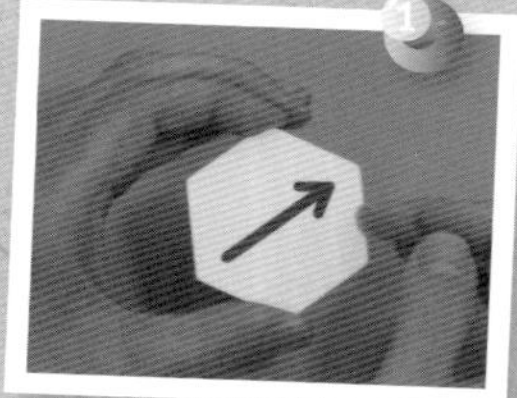

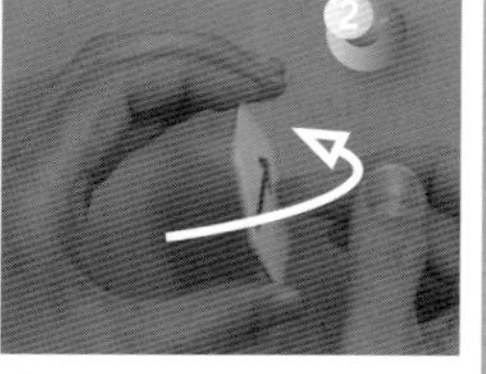

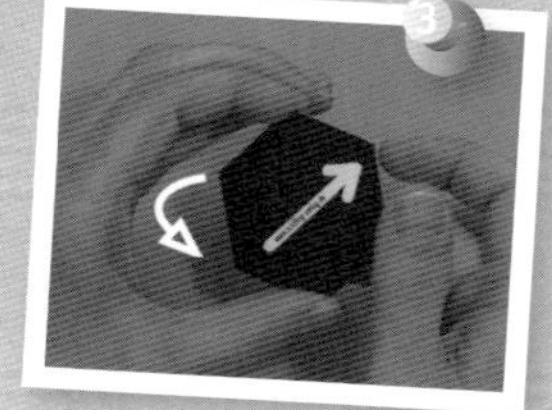

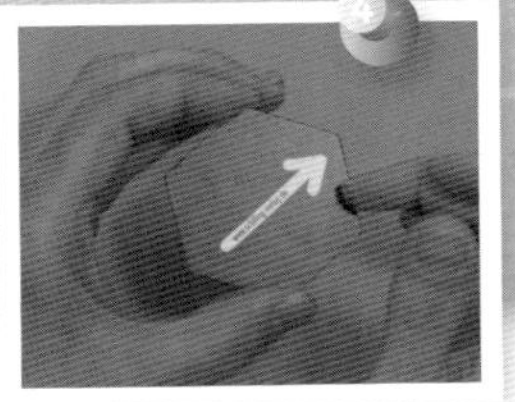

- „Wie sieht eine gute Zielformulierung aus, damit wir alle auf dasselbe Ziel zusteuern?"

## Einsatzmöglichkeiten

Als Einstieg, Auflockerung und Give-away rund um die Themen

- Zielvereinbarung
- Zielformulierung
- Zielfindung
- Zielbalance
- Coaching

## Querverweise

Bezugsquelle Ziel-Pfeil: www.schilling-verlag.de

## technische Hinweise

**Gruppierung** beliebig

**Material**
- Ziel-Pfeile (am besten mehrere für alle Teilnehmenden)
- bei größeren Gruppen entsprechend größerer Ziel-Pfeil

**Dauer** 2–4 Minuten (mit anschließender Auswertung/Überleitung entsprechend länger)

**Vorbereitung** Ziel-Pfeile besorgen/basteln

# Die Deckenuhr

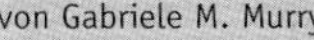

von Gabriele M. Murry

Eine kleine Demonstration verdeutlicht, wie wichtig die jeweilige Perspektive ist

## Ziel

- Erleben, wie die eigene Sichtweise Einfluss auf die Wahrnehmung einer Situation hat
- Bereitschaft, die eigene Sichtweise zu hinterfragen
- Auflockern

## Beschreibung

*„Liebe Teilnehmer,*
*ich möchte mit Ihnen eine kleine Übung machen, die genau demonstriert, was für unser Trainingsthema „...“* (bitte einsetzen: Kommunikation, Innovation, Kreativität, Interkulturelles Training etc.) *so wichtig ist. Ich bitte Sie, sich eine große, analoge Deckenuhr vorzustellen, die große Zeiger und auch einen Sekundenzeiger hat. Zeigen Sie bitte mit ausgestrecktem Arm und Zeigefinger auf diese Uhr. Nun folgen Sie mit Ihrem Zeigefinger der Bewegung des Sekundenzeigers. Prima! Bitte fahren Sie mit der Bewegung fort, doch senken Sie nun langsam den Arm ab. Aber Achtung: Trotz des abgesenkten Arms zeigt Ihr Finger immer noch mit abgeknicktem Handgelenk in Richtung Deckenuhr* (siehe Abb. nächste Seite).

*Was fällt Ihnen auf? (Richtig, obwohl Sie die Bewegung in die gleiche Richtung fortgesetzt haben – also anfänglich im Uhrzeigersinn – so scheint sich Ihr Finger nun gegen den Uhrzeigersinn zu bewegen.)*

*Was können wir daraus lernen?“*

## Variationen

keine

## Kommentar

Bei dieser Übung sind die meisten Teilnehmer erstaunt, dass sich ihr Finger, wenn sie ursprünglich im Uhrzeigersinn die Bewegungen der Zeiger an einer imaginären Deckenuhr imitieren, beim Fortsetzen dieser Bewegung in gleicher Richtung mit abgesenktem Arm, aber immer noch mit an die Decke zeigendem Finger, nun entgegen des Uhrzeigersinns zu bewegen scheint.

Entscheidend ist es, zu verstehen, dass der Finger beim Bewegungsablauf **nicht** die Richtung geändert hat. Was sich hingegen geändert hat, ist der Blickwinkel, die Perspektive auf die Situation.

## Auswertung/Überleitung

- **Im Kommunikationstraining:** z. B. Kommunikationsmodell von Westley & McLean oder Erklärung des Johari-Fensters und dem durch verschiedene Perspektiven bedingten, aber um so notwendigeren Abgleich von Fremdbild und Selbstbild.
- **Im Innovationsworkshop:** Framing-Theorie von Tversky und Kahneman, wonach uns unsere Sichtweise derart einschränkt, dass wir nicht ohne Weiteres innovativ sein können, sondern erst aktiv dagegenwirken müssen.
- **Im Kreativitätsworkshop:** de Bonos sechs Hüte, die wir uns bewusst aufsetzen, um eine andere Perspektive zu erlangen und somit unsere Kreativität aus der Reserve zu locken.
- **Interkulturelles Training:** zur Erläuterung, dass die ethnozentrische Sichtweise stark von der jeweiligen Betrachtungsweise einer Situation abhängt.

## Einsatzmöglichkeiten

- Kommunikationstraining
- Innovationsworkshop
- Kreativitätsworkshop
- Interkulturelles Training
- zwischen Präsentationen, zur Auflockerung oder in Workshops und Coaching-Gesprächen

## Querverweise

Quelle: G. M. Murry

## technische Hinweise

**Gruppierung** unbeschränkte Teilnehmerzahl

**Material** keines

**Dauer** 2–5 Minuten, je nachdem wie ausführlich die Einleitung bzw. Nachbesprechung ist.

**Vorbereitung** keine

# Für-Wahr-Nehmen

von Claudia Simmerl

Wahrnehmungstraining mit dem Escher-Würfel

## Ziel

- Veranschaulichung, dass es nicht nur eine Wahrheit, sondern mehrere Perspektiven gibt: zum Beispiel bei der Arbeit mit Rollenspielen, bei Feedback-Prozessen etc.
- Weg vom Richtig-falsch-Denken, hin zum Sowohl-als-auch-Denken: Vielfalt statt Einfalt!
- Förderung kreativer Zustände, z. B. vor Brainstorming-Phasen
- Bei Teamentwicklungsprozessen zur Toleranz und Förderung mehrerer Meinungen, Sichtweisen
- Aktivierung zu konzentrierter, genauer Wahrnehmung

## Beschreibung

Die Magnettafel mit dem „Escher-Würfel" (siehe Abb. nächste Seite) wird gut sichtbar aufgestellt: *„Jetzt kommt eine Übung, bei der es auf eine wirklich genaue Wahrnehmung ankommt, auf einen guten Blick! Wie viele Würfel sind darauf zu sehen?"*

Die Trainerin sammelt solange Meinungen von Teilnehmern ein, bis möglichst viele unterschiedliche Antworten im Raum stehen. Die Trainerin stellt einen Bezug zum Alltag her, z. B.: *„Ja, genau wie bei Besprechungen, es gibt verschiedenste Aussagen ..."*

Dann stellt sie klar: *„Keiner hat Recht ... es ist nämlich gar kein Würfel darauf. Ist ja eine Fläche, oder?"* (Achtung! Hierbei muss der Rapport zur Gruppe stimmen, sonst fühlen sich Teilnehmer ggf. provoziert.)

Die Frage wird erneut gestellt: *„Wie viele Würfel sind darauf zu sehen?"* (Gegebenenfalls definieren Sie: *„Ein Würfel hat gleiche Seiten. Gezählt werden die sichtbaren Würfel – auch wenn sie nicht vollständig sichtbar sind."*)

Erneut machen die Teilnehmer Aussagen und werden gebeten, diese am Flipchart mit der Hand zu zeigen. (Meist entstehen jetzt neue Sichtweisen: „Ah ja, stimmt. So kann ich es auch sehen!" oder „Gerade habe ich es noch so gesehen. Wenn ich näher herangehe, ist es plötzlich so.")

Zusammenfassende Überleitung durch die Trainerin:

- *„Wenn es um richtig oder falsch geht, sitzen wir hier noch länger und finden keine eindeutige Lösung ... denn es gibt keine richtige Antwort! Es gibt verschiedene Perspektiven und je nach Perspektive nehme ich wahr. Dies ist eine optische Täuschung, so wie Escher oder Vassarely sie gemalt haben: Der Würfel in der Mitte ist mal Würfel und mal Lücke ... Wenn man länger hinschaut und trainiert, springt ca. alle drei Sekunden das Bild um!"*
- *„So, wie es hier auf den zweiten und dritten Blick zu neuen Sichtweisen kommt, so lassen Sie uns jetzt auch verschiedenste Perspektiven einnehmen ..."*

Gegebenenfalls können Sie noch Escher-Würfel als Farbkopie oder Postkarte an die Teilnehmer verteilen.

## Variationen

Diese Übung lässt sich noch fortführen in Richtung: Prioritäten setzen, Wesentliches selektieren!

1. Die Teilnehmer so lange üben lassen, bis sie den Würfel in der Mitte „springen" sehen: mal als Würfel, mal als Lücke.
2. Frage stellen: *„Welchen Baustein kann ich nun wegnehmen und das Phänomen des ‚springenden Würfels' funktioniert immer noch?"*
3. Baustein wegnehmen und checken, wer das Phänomen immer noch sehen kann.
4. *„Welchen kann ich noch wegnehmen?"*
5. Solange Bausteine wegnehmen, bis es nicht mehr geht. – Tatsächlich geht es fast bis zum Schluss: Es bleibt nur noch der mittlere Würfel mit drei Rauten übrig.
6. Mögliche Auswertung, zum Beispiel im Rahmen eines Train-the-Trainer-Seminars: *„Welche nützlichen Botschaften stecken in dieser Übung, wenn Sie nun an die Planung von Ihrem Unterricht denken?"*
   ▶ Zum Beispiel das Pareto-Prinzip: Mit der Auswahl der wesentlichen 20 Prozent des Stoffes lässt sich 80 Prozent Erfolg erreichen! (Der springende Würfel entspricht den 20 Prozent MUSS-Inhalten/Pflicht); 60 Prozent SOLL-Inhalte und 20 Prozent KANN-Inhalte sind nur Beiwerk, die man straffen/weglassen kann, wenn die Zeit knapp wird!

## Kommentar

Damit die Teilnehmer den „springenden Würfel" in der Mitte sehen können, ist es hilfreich, wenn sie den Platz wechseln und näher kommen oder weiter wegrücken können. Auch ein Augenblinzeln erleichtert das Fokussieren und Defokussieren, so dass mal Lücke, mal Würfel erscheint.

Der Name „Escher-Würfel" wurde von Claudia und Werner Simmerl gewählt, weil es sich hier um eine optische Wahrnehmungstäuschung handelt, wie sie bei Werken von Escher häufig und typisch ist.

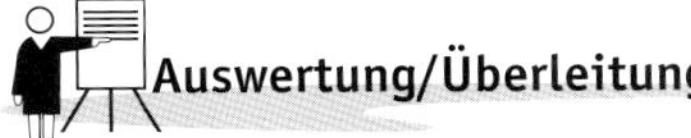

## Auswertung/Überleitung

Siehe Hinweise im Text. Eine lerntransferfördernde Frage lautet zum Beispiel: *„Angenommen, es gäbe hier Ähnlichkeiten zu Ihrem Alltag/zu Ihrer Arbeit als Trainer, welche könnten das sein?“*

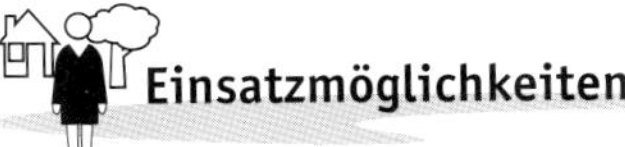

## Einsatzmöglichkeiten

- zur Einführung von Feedback-Prozessen, von Brainstorming
- bei Teamentwicklungen
- bei Train-the-Trainer-Seminaren
- im Coaching zur Förderung neuer Sichtweisen
- im Rahmen der Mediation vor der Heureka-Phase bzw. vor dem Sammeln neuer Lösungsideen

## Querverweise

Bezugsquelle: www.trainings-ideen-shop.de bei Trainings-Ideen Simmerl, Tel. 09571/4333, Fax: 09571/4303, trainings-ideen@simmerl.de

## technische Hinweise

| | |
|---|---|
| **Gruppierung** | bis zu ca. 30 Teilnehmern bei Blick auf Flipchart, über 30 Teilnehmer bei Einsatz von Beamer oder Hand-outs |
| **Material** | Escher-Würfel: Magnet-Pinnwand mit zwölf verschiedenfarbigen Rauten oder Farbkopie |
| **Dauer** | 5–10 Minuten |
| **Vorbereitung** | keine |

# Nichts ist unmöglich

von Michèle Minelli

Zu einem Holzbrettchen mit drei Öffnungen soll ein passendes Holzteil gefunden werden

## Ziel

- neue Offenheit für Lösungsfindung schaffen
- Mut und Zuversicht gewinnen
- altes Denken verlassen, neues zulassen
- verstehen, dass man mit Kreativität vieles erreichen kann

## Beschreibung

Die Moderatorin zeigt ein Holzbrettchen mit folgenden drei Öffnungen: Kreis, Quadrat, Dreieck (siehe Abb. nächste Seite). – Und fragt mit leicht resignierter Stimme: *„Kann sich jemand von euch einen Gegenstand vorstellen, der fest ist, der aus Holz ist, und der durch alle drei Öffnungen hindurchpasst und jede einzelne dabei ganz ausfüllt?"* (Es kommen Ideen wie „Sägemehl", „Holzteilchen, verbunden mit beweglichen Scharnieren" oder Ähnliches)

Jedes Mal entgegnet die Moderatorin: *„Nein, der Gegenstand sollte fest sein und nicht beweglich."* (oder entsprechend passende Antworten)

Wenn sich die Raterunde erschöpft hat (oft schon nach wenigen Ideen) und die Teilnehmenden zum Schluss kommen, dass es einen solchen Gegenstand nicht geben kann, sagt die Moderatorin sinngemäß: *„Gibt es nicht? O.k., dann beweise ich euch jetzt, dass es eben doch geht. Und dass immer so viel mehr möglich ist, als das, was wir uns vorstellen können."*

Sie nimmt nun das passende Holzteil hervor und führt es einmal mit seiner runden Seite durch den Kreis, dann mit seiner quadratischen durch das Quadrat und schließlich mit seiner dreieckigen Seite durch das Dreieck.

Dann lässt sie beides – Holzbrettchen und Holzteil – unter den Teilnehmenden die Runde machen. Die überraschten und oft freudig begeisterten Minuten des Betastens und Beschauens kann die Moderatorin gut dazu nutzen, um zum Ziel (vielleicht der nun folgenden Lösungsfindungslektion oder Zielarbeit) überzuleiten.

## Variationen

keine

## Kommentar

Ein überraschendes Erlebnis, das versinnbildlicht und physisch deutlich macht, dass es sich lohnen kann, über die gewohnten Bahnen hinauszugehen und neue Wege und Möglichkeiten (für ein Problem, eine Zielsetzung etc.) zu finden.

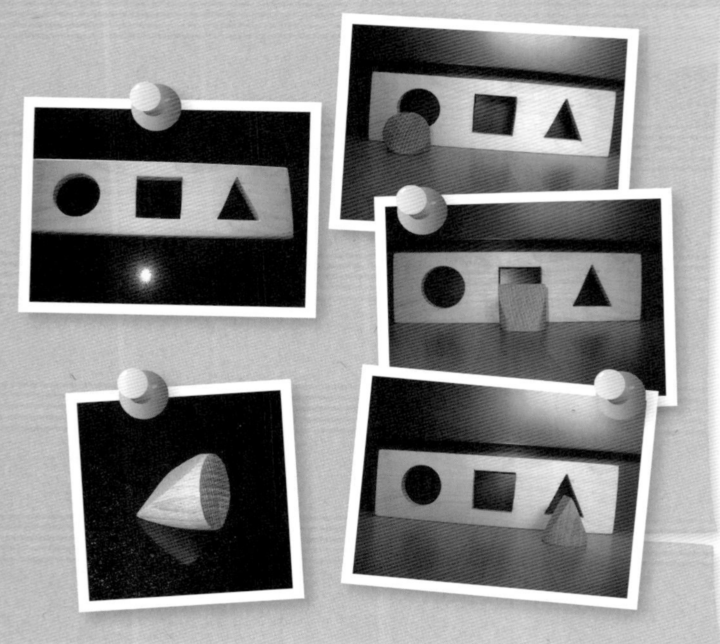

## Auswertung/Überleitung

Unsere Erfahrung prägt auch unser Denken. Wenn wir schon als Kleinkinder die Erfahrung gemacht haben, dass wir für drei unterschiedliche Löcher auch drei unterschiedliche Gegenstände benötigen, kommen wir meist gar nicht auf die Idee, weiter zu denken und im Denken so richtig ausufernd – eben dreidimensional und die gewohnten Formen sprengend – vorzugehen. Das ist völlig normal. Und das ist: veränderbar!

## Einsatzmöglichkeiten

- Bewerbungstrainings (Thema: „Ich finde ja doch nie eine Stelle, die mir zusagt ...“)
- Kommunikationstrainings, speziell in Konfliktsituationen („Das wird ja doch nie was ...“)
- unter den Teilnehmern die nötige Offenheit schaffen, um zu einer als schwierig oder fast unlösbar erscheinenden Sequenz überzuleiten

## Querverweise

Kennengelernt im Rahmen meiner Ausbildung zur Mediatorin SDM (Schweizerischer Dachverband Mediation, http://www.infomediation.ch/cms).

## technische Hinweise

| | |
|---|---|
| **Gruppierung** | unbeschränkte Anzahl an Teilnehmenden |
| **Material** | Holzbrettchen, ca. 15 x 30 cm, ca. 3 cm dick, mit drei Öffnungen (Dreieck, Quadrat, Kreis); entsprechendes dreidimensionales Gegenstück aus Holz. Noch nicht zu kaufen – bitte beim Schreiner anfertigen lassen. |
| **Dauer** | 10–15 Minuten |
| **Vorbereitung** | Materialherstellung beim Schreiner |

# Oloid

von Cornelia Topf

Ein geometrischer Körper verdeutlicht Kommunikationsschwierigkeiten

## Ziel

Erkennen, wie präzise man sich ausdrücken muss, damit der Partner versteht, was man meint – und erleben, wie mehrdeutig Kommunikation ist.

## Beschreibung

Ein Teilnehmer stellt oder setzt sich vor die Gruppe. Die Trainerin leitet ein: *„Stellen Sie sich vor, Sie haben eine Idee, die die anderen nicht kennen oder sehen können. Diese Idee existiert erst einmal als Entwurf in Ihren Gedanken."*

Die Trainerin bittet den Teilnehmer darum, die Hände hinter den Rücken zu nehmen und legt den Oloid in die Hände hinein: *„Beschreiben Sie jetzt bitte diesen Gegenstand (Ihre Idee!) so, dass die anderen einen möglichst genauen Eindruck davon bekommen."*

Wenn der Teilnehmer seine Beschreibung beendet hat und ihm nichts mehr einfällt, was die Vorstellungkraft der anderen beflügeln könnte, nimmt die Trainerin ihm das Objekt wieder ab, aber so, dass die anderen es nicht sehen können.

Dann nimmt der nächste Teilnehmer diese Position ein und beschreibt den Zuhörern den Oloid, den die Trainerin nun in seine Hände gegeben hat.

## Variationen

1. **Durch Fragen begleiten:** Da die meisten Teilnehmer das Objekt nicht kennen und auch keinerlei Vorstellung davon haben, um was es sich handeln könnte, sind die Beschreibungen mehr oder weniger wirr. Man kann die Verwirrung noch steigern, indem man jeden Beschreiber fragt: *„Wie viele Seiten hat das Objekt?"* (Die Angaben variieren in der Regel von „1" bis „4"). Bekommt es der Nächste in die Hand, lautet die erste Frage: *„Haben Sie sich das Objekt nach den vorangegangenen Beschreibungen so vorgestellt?"* Meistens heißt die Antwort: „Nein".

2. **Das Objekt allen geben:** Eine alternative Weitergabe des Oloids könnte zum Beispiel im Stuhlkreis von einem Teilnehmer zum nächsten erfolgen.

## Kommentar

Der größte Irrtum über Kommunikation ist die Annahme, sie habe stattgefunden – hier erleben es die Teilnehmer hautnah!

Bei der Erläuterung des Trainers sind folgende Hinweise wichtig:

- Wenn der Oloid in die Hände des Teilnehmers gelegt wird, kann versichert werden, dass es sich dabei weder um eine tote Kröte noch um einen kalten Fisch handelt (gegen mögliche Ängste).
- Bitte das Oloid nicht vorzeigen und sagen: *„So sieht es aus!"*

## Auswertung/Überleitung

Anschließend zeigt, benennt und erläutert der Trainer das Objekt und regt die Diskussion mit folgenden Fragen an:

- *„Was war hilfreich bei der Beschreibung, was verwirrend?"*
- *„Was hat es schwer gemacht, es zu beschreiben, was leicht?"*
- *„Welche Fähigkeiten braucht es, um Ideen zu vermitteln?"*
- *„Welche kommunikativen Fähigkeiten haben die einzelnen Mitspieler besonders ausgezeichnet?"*

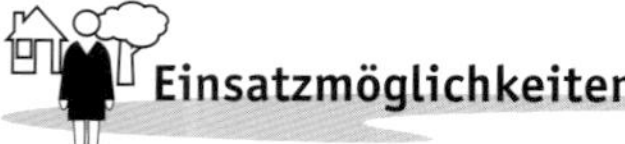

## Einsatzmöglichkeiten

- in Rhetorikseminaren als rhetorische Übung
- in Fragetechnikseminaren
- in Kreativitätsseminaren

## Querverweise

Bezugsquellen:

- Oloid (klein; aus Holz): Hermann Jülich Werkgemeinschaft e.V., Donnerblock 18-20, D-22929 Köthel/Hzgt. Lbg.
- Oloid (groß; aus Metall): Paul Schatz Gesellschaft, Grenzweg 2, CH-4143 Dornach

Das Oloid ist ein geometrischer Körper, der 1929 vom Bildhauer und Maschinenbauer Paul Schatz entdeckt wurde. Es kann definiert werden als die konvexe Hülle zweier gleichgroßer Kreise, die bis an die Mittelpunkte senkrecht ineinander geschoben sind. Der Abstand der Mittelpunkte ist dann gleich dem Radius der Kreise. Das Oloid hat keine Ecken und nur die beiden äußeren Kreisbögen als Kanten (jeweils 240°), ansonsten ist es glatt. Es besitzt mehrere Eigenschaften, die es deutlich von anderen geometrischen Körpern unterscheidet und die es mathematisch zu einem interessanten Objekt machen. Das Oloid gilt damit auch als Plausibilitätshinweis für die von Schatz begründete Inversionskinematik.

*(Quelle: Wikipedia)*

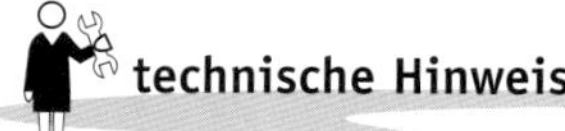

## technische Hinweise

**Gruppierung** Je nach Gruppengröße versuchen sich alle oder aber 4–6 Personen an der Aufgabe.

**Material** ein Oloid (Bezugsquelle: s.o.)

**Dauer** 10 Minuten

**Vorbereitung** den Oloid besorgen

# Schlagwortpräsentation als bewegtes Schattentheater

von Anette Schöberl

Mit Schattentheater-Elementen die Aufmerksamkeit der Zuschauer fesseln

## Ziel

- als Willkommensgruß
- möglich als Einstieg in ein Seminarthema
- neugierig machen auf ein Spezialthema

## Beschreibung

Wenn Sie ein Thema ungewöhnlich präsentieren möchten und auch ein wenig Zeit für die Vorbereitung haben, können Sie die Schattenwand als Präsentationsmedium einsetzen. Voraussetzung: Sie haben eine Schattenwand und den nötigen Platz zur Verfügung (siehe „Material").

### 1. Material gestalten

**Buchstaben herstellen:** Jeder – für die Wörter benötigte – Buchstabe wird einzeln hergestellt und an einem Stab befestigt. A, C, C, E, E, E, H, H, H, I, I, I, K, L, L, L, M, M, N, N, O, R, T, W, Z. Es empfiehlt sich, manche Buchstaben doppelt oder dreifach herzustellen, weil beim Szenenwechsel ein schneller Buchstabentausch zu Komplikationen führt. Ein Schattenspieler kann maximal zwei Buchstaben halten bzw. bewegen (pro Hand ein Buchstabe). Folge der Einzelwörter im Beispiel (siehe Abb. nächste Seite): „HERZ", „WILLE", „ICH", „LICHT", „ANKOMMEN".

**Einzelwörter herstellen:** Wenn Einzelwörter vom Spielleiter/von Kleingruppen hergestellt werden, kann jede Gruppe eine andere Farbe Fotokarton zugewiesen bekommen. Bei der Ansammlung aller fertigen Buchstaben an Stäben können dann die zu jedem Wort gehörenden Buchstaben schneller gefunden werden. Die Menge der Buchstaben pro Wort bestimmt die Schattenspieleranzahl: Ein Wort mit vier Buchstaben wird von zwei Spielern gezeigt, ein Wort mit fünf Buchstaben wird von drei Spielern gezeigt. Die Reihenfolge der Einzelwörter sollte so interessant gewählt werden, dass das Schlusswort durch „Silbentrennung" nicht verraten wird! (Schlechte Wortfolge demnach: Herz – Licht – Wille – Ankommen)

### 2. Präsentationsablauf festlegen

Die Schattenspieler müssen vorher eingewiesen werden:

- Die Buchstaben werden unter den Spielern aufgeteilt.
- Die Reihenfolge der Wörter wird festgelegt. Den Worten wird jeweils eine Farbfolie und ein Musikstück zugeordnet (kurz anspielen, damit die „Einsätze" klar sind).
- Ein markanter Schlusspunkt wird eingeübt (z. B. eine Verbeugung mit Buchstaben vor der Schattenwand. In diesem Falle empfiehlt sich die Gestaltung der Buchstaben mit *farbigem* Papier/Fotokarton.).

### 3. Choreographie-Varianten

Generell wichtig: Die Inszenierung/Bewegung der Buchstaben steht im Vordergrund der Präsentation, die Schattenspieler achten jedoch auf ihre Körperhaltung und darauf, dass ihr Körperschatten den Buchstabenschatten nicht verdeckt.

- Von der Seite hereinkommen: aufrecht stehend, in der Hocke gehend oder hüpfend

- Vom Boden aus liegend starten, erst Buchstaben hochhalten, dann mit dem Körper langsam aufstehen, das Wort bilden und wieder „im Boden versinken“
- Mit einer Drehung von der Seite in die Mitte der Schattenfolie kommen
- Mehrere Schattenspieler stehen dicht hintereinander, um die Buchstaben „wie einen Blumenstrauß“ zu halten (siehe Foto 8: „ANKOMMEN“)
- Gemeinsame Bewegung des fertigen Wortes: Schräglage nach rechts oder links, Auf- und Abwärtsbewegung, Kreisbewegung, Zickzackbewegung





- Die Buchstaben eines längeren Wortes gleiten seitlich in das Licht, sammeln sich nebeneinander hoch über den Köpfen gehalten und fallen dann zu „Treppenstufen“ herunter, bevor sie wieder verschwinden oder durcheinander auflösend wegschweben.
- Die Buchstaben – gehalten von Schattenspielern – kommen von beiden Seiten „herein“, d. h., sie erscheinen hinter der Schattenwand. Sie bewegen sich zuerst schwebend oder rhythmisch zur Musik und bilden zum Abschluss das vollständige Wort. Das Schlusswort kann als „laufendes Band“ gezeigt werden, d. h., die 18 Buchstaben müssen von mindestens neun Schattenspielern gehalten werden, die von der einen zur anderen Seite der Schattenwand langsam hinübergehen. Die Buchstaben sollten deutlich über Kopfhöhe gehalten werden, weil der menschliche Schatten ebenso wie die Buchstaben von den Zuschauern wahrgenommen werden.

**Inszenierungs-Varianten:**

- Pro Wort wird eine andere Farbfolie oder werden zwei sich überschneidende Farbfolien auf den Overheadprojektor gelegt (siehe Fotos 2 und 9: „WILLE“ und „ANKOMMEN“). Die Farbfolien färben die weiße Schattenwand in der entsprechenden Farbe, die Schatten der Buchstaben erscheinen dann schwarz auf farbiger Wand, was die Zuschauer nachhaltig fasziniert.
- Bei jedem erscheinenden Wort kann eine andere Instrumentalmusik angespielt werden.
- Die Wirkung der farbigen Wand ist umso „düsterer“, je „dunkler“ die Farbwahl ist, weil sich der schwarze Schatten der Buchstaben weniger auf dunklen Flächen abhebt als auf hellen.
- Als Übergang zwischen den Wörtern kann eine Pappe (30 x 30 cm) auf den OHP gelegt oder der OHP kurz ausgemacht werden, um den Farbfolienwechsel „heimlich“ zu gestalten.

- Die Lichtwirkung kann durch den Einsatz von zwei OHPs verstärkt werden. Am besten stellt man die Lichtkegel der OHPs so ein, dass einer jeweils zwei Drittel der Fläche von links und der andere von rechts bestrahlt, so dass im mittleren Drittel ein Überschneidungsbereich (= Kernschatten) entsteht. Hier können sich Buchstaben im Kernschatten „verdoppeln“ und Farbfolien überschneiden oder vermischen sich! Die Farbfolien Blau und Rot ergeben z. B. im Kernschatten eine Art Pink, d. h., auf der Farbfläche 1 (blau) erscheint der Buchstabe als schwarzer Schatten, im Kernschatten (pink) erscheint der Buchstabe als farbiger Halbschatten (dunkelpink), und in der Farbfläche 2 (rot) erscheint der Buchstabe als schwarzer Schatten.
- Wenn man beim Einsatz von zwei OHPs die einzelnen Buchstaben auf der Spielfläche langsam von der einen zur anderen Seite „schweben“ lässt, erscheinen faszinierende Farbeffekte aufgrund des Farbwechsels der Schatten.
- Die „Verdoppelung“ der Buchstaben entsteht beim langsamen Wechsel von Farbfläche 1 oder 2 zum Kernschatten hin (siehe Foto 10: „LICHT“ wird zu „LICHHTT“).
- Zum Wort passend können Pappschablonen angefertigt werden (siehe Foto 1: „Herz“).
- Die Wirkung der Buchstaben ist schöner, wenn die Buchstaben nicht mit Händen gehalten, sondern mit Stöcken in verlängerter Armhöhe hochgehalten werden.
- Ein langsames Hereinschweben der Buchstaben zu einer Art Zeitlupenmusik ist faszinierend. Als Kontrast bietet sich als zweite Musik eine sehr rhythmisch akzentuierte Musik an.
- Die Musikauswahl sollte auf die Teilnehmergruppe abgestimmt sein. Je jünger das Publikum, desto aktueller sollten auch Stücke aus den Charts verwendet werden (GEMA-Richtlinien beachten!).

## Variationen

Sie gestalten das Schattentheater als eine gruppendynamische Übung/Teamübung:

- Vorgabe der Zielsetzung und des Zeitrahmens
- Festlegen von Teilnehmer- und Beobachterrollen
- Bereitstellung von Material und Musik
- Aktionsphase 1: Planung
- Aktionsphase 2: Herstellung und Proben
- Präsentation
- Reflexion mit Beobachter-Feedback

## Kommentar

keiner

## Auswertung/Überleitung

Wenn das Schattentheater als Teamübung eingesetzt wird, sollten entsprechende Beobachterbögen verteilt werden. Beobachtungskriterien können beispielsweise sein:

1. Gliederung des Teambeitrags (Einleitung/Hauptteil/Schluss)
2. Verständlichkeit
3. Aufbau
4. Hervorhebung von Wichtigem
5. Sprachlicher Ausdruck
6. Länge
7. Vortragsart (frei und deutlich)
8. Kopfstellung beim Schattentheater/Wirkung auf die Zuschauer
9. Hilfsmittel/Gestaltung der Szene
10. Körperhaltung

Diese Punkte werden von den Beobachtern auf einer Skala von sehr gut bis unzureichend (++, +, o, –, ––) bewertet.

Weitere Anregungen zur Auswertung mit gezielten Auswertungsfragen finden Sie z. B. auch in Klaus ANTONS: Praxis der Gruppendynamik, Hogrefe, Göttingen 2000.

## Einsatzmöglichkeiten

zu Seminarbeginn als Begrüßung oder als Themeneinleitung nach einer längeren Pause

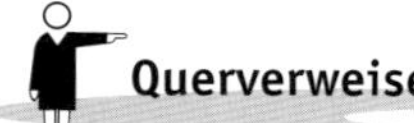

## Querverweise

keine

## technische Hinweise

**Gruppierung** Einzelne als Akteure vor der Gesamtgruppe

**Material**

- Overheadprojektor oder Baumarktstrahler
- Farbfolien in gut sortiertem Elektrofachhandel erhältlich (zurechtgeschnitten ca. 25 x 25 cm oder in Rollen ca. 60 x 80 cm)
- weiße Abdeckfolie mit Ösen (3 x 4 m oder 4 x 5 m in vielen Baumärkten erhältlich) sowie 10 m weiße Schnur
- Fotokarton
- Haltestöcke
- Klebeband
- Scheren

**Dauer** ca. 10 Minuten (Präsentation)

**Vorbereitung** Aufbau der Schattenwand und des OHP

# Stern der Wahrheit

von Angelika Höcker

Eine Sternvorlage wird durch einen Spiegel nachgezeichnet

## Ziel

- Sensibilisierung (z.B. im Kontext „Veränderung")
- neue Sichtweisen entwickeln
- einen vertrauten Prozess aus anderer Perspektive sehen
- eingefahrenes Verhalten (direktes Zeichnen) verlassen und neues Vorgehen ausprobieren

## Beschreibung

Die Teilnehmer erhalten ein DIN-A4-Blatt mit einer Sternvorlage, einen Taschenspiegel, eine Schreibunterlage und einen Kugelschreiber. Der vorgedruckte Stern hat Doppellinien in ca. 0,5 cm Abstand (siehe Zeichnung nächste Seite).

Der Trainer gibt die Anweisung, den Stern zwischen den beiden Linien nachzuzeichnen und dabei nicht auf das Blatt zu schauen, sondern nur in den Spiegel. Warten Sie nun ab, bis die meisten Teilnehmer/innen den Stern nachgezeichnet haben.

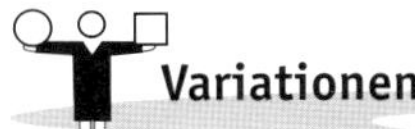

## Variationen

keine

## Kommentar

Die meisten Teilnehmer haben Schwierigkeiten, den Perspektivenwechsel vorzunehmen und sich nur auf den Blick in den Spiegel zu konzentrieren. Da sie im wahrsten Sinne des Wortes „spiegelverkehrt" arbeiten und sich damit ganz auf eine andere Sichtweise einlassen müssen, stellt sie die Aufgabe vor eine ungewohnte Herausforderung. Häufig hört man Kommentare wie „Das gibt's doch gar nicht".

## Auswertung/Überleitung

Diese als einfach eingeschätzte Übung entpuppt sich für manch einen als echte Herausforderung. Die Veränderung eines Begleitumstandes, Prozesses oder Systems führt zu Fehlern und Frustrationserlebnissen, die dann durch Übung überwunden werden können.

Eine Gesprächsrunde zu Veränderungen und deren Bedingungen kann sich anschließen. Der Fokus kann dabei entweder auf das Unternehmen oder die persönliche Situation bzw. Erfahrung gelegt werden.

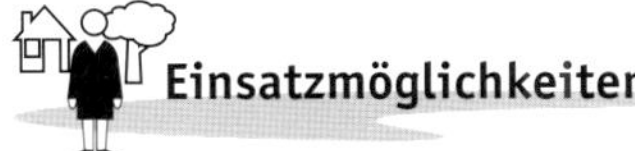

## Einsatzmöglichkeiten

Die Übung eignet sich überall dort, wo es um Veränderungsprozesse geht.

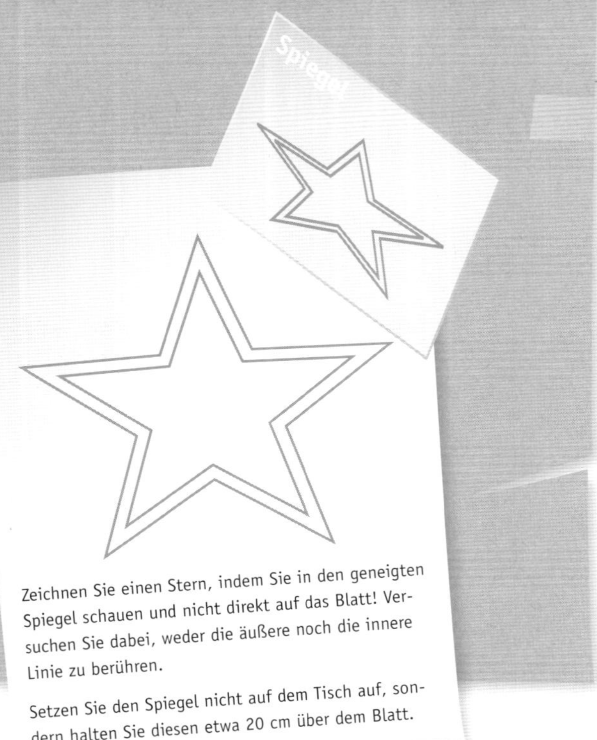


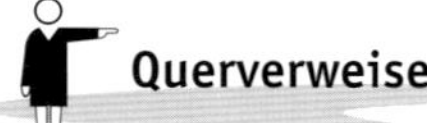

## Querverweise

keine

## technische Hinweise

**Gruppierung** 2–50 Teilnehmer

**Material** Kopie des Sterns für jeden Teilnehmer, Taschenspiegel, Stift

**Dauer** 5–15 Minuten

**Vorbereitung** Kopie des Sterns, Spiegel organisieren

# Teampuzzle

von Gert Schilling

Durch Veränderung von „Teampuzzleteilen“ verschwindet oder erscheint ein Teammitglied

## Ziel

- Erinnerungsanker
- verblüffende visuelle Auflockerung
- Gesprächsauslöser bei den Themen „Veränderung im Team“ und Gruppendynamik

## Beschreibung

Der Referent oder der Vortragende zeigt das Teampuzzle. Gemeinsam wird gezählt. Es sind 14 Personen.

Dann werden die oberen Puzzleteile getauscht. Verblüffenderweise ist ein neues Teammitglied erschienen: 15 Personen sind zu sehen.

Werden die Teile wieder zurückgetauscht, verschwindet das Teammitglied erneut. Es sind wieder 14 Personen. (siehe Abb. nächste Seite)

## Variationen

Bei größerer Teilnehmerzahl können Sie das Teampuzzle per Beamer an die Wand projizieren. (Download unter www.schilling-verlag.de)

## Kommentar

Sehr wirkungsvoll ist es, wenn alle Teilnehmende ein eigenes Teampuzzle erhalten. So können diese selbst das Teammitglied erscheinen und verschwinden lassen und behalten mit dem Puzzle einen Erinnerungsanker zu dem Thema.

## Auswertung/Überleitung

Der überraschende visuelle Effekt eignet sich für alle Themen, in denen es um Team- oder Gruppenarbeit geht. Auswertungsfragen können sein:

- „Was machen wir, wenn ein neues Teammitglied in unsere Gruppe kommt?“
- „Wie kann ich mich selbst als neues Gruppenmitglied integrieren?“
- oder zum Beispiel für die Projektarbeit: „Was machen wir, wenn Projektmitglieder nicht mitwirken oder ausfallen (‚verschwinden‘)?“

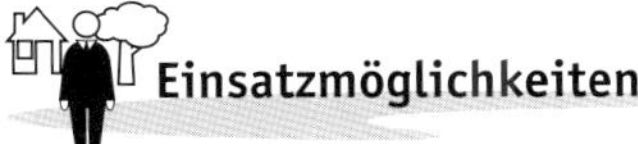

## Einsatzmöglichkeiten

- Gruppendynamik
- Teamarbeit
- Projektmanagement
- Kommunikation im Team

## Querverweise

Rechte und Bezugsquelle des Teampuzzle: www.schilling-verlag.de

## technische Hinweise

**Gruppierung** beliebig

**Material** Teampuzzle

**Dauer** 2–4 Minuten (mit anschließender Auswertung/Überleitung entsprechend länger)

**Vorbereitung** Teampuzzle besorgen

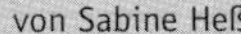

# Wertschätzendes HANDeln

von Sabine Heß

Beim Betrachten der eigenen Hand werden wertschätzende Impulse gesetzt

## Ziel

- den bewussten Blick auf etwas ganz Alltägliches richten
- einen neuen Eindruck von sich selbst erhalten
- zum Reframing einladen und etwas Alltägliches wertschätzend betrachten: „Wie denke ich normalerweise – und wie denke ich, wenn ich mir bewusst mache, was alles geleistet wird ...?“

## Beschreibung

Im Kreis sitzend leiten Sie die Teilnehmer/innen mit folgenden Worten zu einer ruhigen Sequenz ein: *„Bitte betrachten Sie jetzt 30 Sekunden Ihre Schreibhand und achten Sie bewusst auf Ihre Gedanken.“*

Im Anschluss regen Sie die Teilnehmer/innen dazu an, das zu benennen, was ihnen durch den Kopf ging (Die Gedanken und Kommentare gehen dabei erfahrungsgemäß in alle Richtungen.): *„Bitte mal ein Handzeichen: Wer hat eher negativ gedacht? ... Und wer eher positiv? ... Und wer liegt genau dazwischen? ... Bitte wägen Sie die Tendenz ab.“*

In einem zweiten Durchgang fordern Sie zum erneuten Betrachten der Hand auf: *„Machen Sie sich bewusst, was diese Hand den Tag über für Sie tut. Das kann mit dem Ausschalten des Weckers beginnen, dem Waschen, Eincremen, ... Essen zuführen ... an der Treppe abstützen/auffangen ... andere Menschen berühren ... etwas für sie transportieren ... bis hin zum Ausschalten des Lichts am Abend. – Wenn Sie nun erneut bewusst auf Ihre Gedanken zu Ihrer Hand achten: Was hat sich verändert?“* (einen Moment vergehen lassen) *„Ich bitte um Handzeichen: Bei wem sind die Gedanken positiver geworden? Bei wem unverändert? Bei wem schlechter?“*

In der nun folgenden Austauschrunde wird deutlich, dass die Gedanken oft positiver geworden sind. Manchmal bleiben sie gleich – hier ist es spannend zu schauen, ob die Gedanken bereits vorher, bei der Ersteinschätzung, positiv waren. Wenn sie eine negative Tendenz bekommen haben, bitte ich die Teilnehmer zu verraten, woran dies ihrer Meinung nach liegt.

Es wird jedoch immer deutlich, dass wir den Wert einer alltäglich vorhandenen „Sache“ oft nicht mehr bewusst wahrnehmen – und dass wir mit einem Bewusstmachen unsere Gedanken und damit auch Gefühle und Handlungen gegenüber dieser „Sache“ oder auch Person positiv beeinflussen können. Das beziehe ich je nach Seminarthema auf die Betrachtung der eigenen Person und/oder die Sicht auf andere.

## Variationen

1. Gegebenenfalls werden die Teilnehmer nach den 30 Sekunden eingeladen, ihre Gedanken zu notieren.
2. Im zweiten Schritt, vor dem Bewusstmachen, was die Hand alles tut, kann sich jede und jeder zudem die Hand des Nachbarn anschauen.

Meist gelingt es uns nicht, ohne Wertung bzw. Vergleich zu beobachten. („Viel schöner ...“ oder „Meine Hand ist aber ...“) Die Gedanken über die Hand der anderen lasse ich nicht im Plenum besprechen. Ich stelle lediglich die Erfahrung in den Raum, wie schwer uns die nicht wertende Beobachtung fällt.

## Kommentar

- Die Übung ist mit einer beliebig großen Anzahl von Teilnehmern durchführbar.
- Bei großen Gruppen lade ich zu einem Austausch mit den Nachbarn ein und sammle im Plenum ein paar Eindrücke.
- Bei kleineren Gruppen frage ich die Eindrücke via Blitzlicht ab.

## Auswertung/Überleitung

Anregungen zu individuellen Transferüberlegungen:

- *„Wem gegenüber möchten Sie in welcher Situation bewusster einen positiven Blick aufsetzen – um ihn oder sie noch wertschätzender behandeln zu können?“*
- *„Wie erinnern Sie sich daran, dass Sie noch liebevoller auf sich selbst blicken wollen?“*

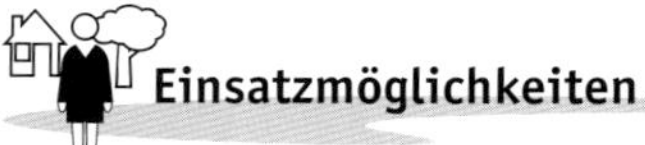

## Einsatzmöglichkeiten

im Kontext der Themen Werte/Wertschätzung

## Querverweise

keine

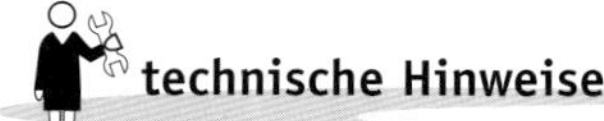

## technische Hinweise

**Gruppierung** jede Größe möglich

**Material** keines

**Dauer** ca. 10 Minuten

**Vorbereitung** keine

# Zeigen, was in einem steckt

von Michèle Minelli

Ein Drahtkleiderbügel zeigt sein verborgenes Talent

## Ziel

- verdeutlichen, wie wichtig es ist zu zeigen, wer man ist und was in einem steckt
- Die Teilnehmenden erkennen, dass versteckte Talente, Kompetenzen und Fähigkeiten im Zweifelsfalle „öffentlich" gemacht werden sollten, damit man sie erkennen kann.
- den Mut finden, zu all seinem Können zu stehen
- sein Licht nicht unter den Scheffel stellen

## Beschreibung

Die Teilnehmenden erhalten alle einen Drahtkleiderbügel. Im Plenum werden nun die Eigenschaften gesammelt; es kommen Voten wie „billig", „biegbar", „aus einem Stück", „mit scharfen Enden" usw. auf den Tisch. Die Moderatorin sammelt diese Begriffe gegebenenfalls auf einem Flipchart, liest sie noch einmal vor, wenn sich die Sammlung erschöpft hat und fügt sinngemäß Folgendes hinzu: *„Ja, das ist so in etwa alles, was man über diesen Kleiderbügel sagen kann. Wenn sich dieser Kleiderbügel nun beispielsweise irgendwo um eine Stelle bewirbt, sind das wohl die Attribute, die über ihn bekannt sind. Wenn dieser Kleiderbügel aber will, dass der andere weiß, was* ***auch noch*** *in ihm steckt, dann muss er das schon irgendwie erlebbar machen. Sein ganz spezielles, verstecktes Talent, seine unglaublich tollen Fähigkeiten und Kompetenzen, die muss er also zeigen."*

Die Moderatorin verteilt nun Nähfaden und bittet die Teilnehmenden, je zwei Stück abzuschneiden, pro Faden ca. eine Armlänge. Diese beiden Stück Nähfaden werden dann an die unteren Ecken des Kleiderbügels geknotet, sodass – wenn man den Bügel an seinem Haken hält – links und rechts je ein langes Stück Faden herunterhängt.

Nun werden die Teilnehmenden gebeten, mit dem Zeigefinger jeder Hand diese losen Fadenenden ein bisschen aufzurollen, sodass der Kleiderbügel nachher an den Fäden und an den Zeigefingern kopfüber hängt.

Als nächstes bittet die Moderatorin alle Teilnehmenden, zunächst gut zuzuhören, um das Experiment nachher gemeinsam durchzuführen: *„Wir werden anschließend alle gleichzeitig unsere Zeigefinger mit den Fäden, an denen der Kleiderbügel hängt, in unsere Ohren stecken. Dann werden wir uns leicht vorbeugen, sodass der Bügel frei in der Luft hin und her baumeln kann. Mit einer leichten Vorwärtsbewegung setzen wir dann den Bügel in Schwung und lassen ihn gegen eine harte Oberfläche (Tischkante, Stuhllehne usw.) prallen … um zu erfahren, was auch noch in diesem Bügel steckt. Auf los geht's los!"*

## Variationen

Mit dem Kleiderbügel gegen ein befilztes Pinboard zu schwingen bringt einen tiefen, lang anhaltenden Glockenklang.

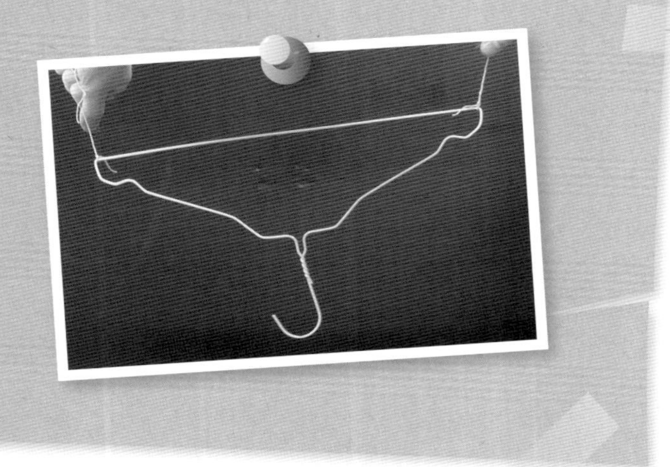

## Kommentar

Ein intensives Erlebnis, das unmittelbar beweist, wie wichtig es sein kann, in bestimmten Situationen sein Können auch anderen zu vermitteln. Wichtig ist, dass die ganze Gruppe gleichzeitig loslegt, damit die Hemmungen nicht zu groß sind.

## Auswertung/Überleitung

Fragen an die Teilnehmenden:

- *„Was habt ihr gehört? Was auch noch? Was noch?"*
- *„Welche Oberfläche hat welchen Klang erzeugt?"*
- *„Wie denkt ihr nun über diesen Kleiderbügel, der sich um einen Job bewirbt?"*

## Einsatzmöglichkeiten

- Bewerbungstrainings
- Arbeit an der eigenen Kompetenzenbilanz
- Settings, die sich mit dem eigenen Können, der Einzigartigkeit eines Menschen auseinandersetzen
- Hemmungen abbauen und lernen, Gutes über sich selbst zu erzählen
- sich von unnötiger Bescheidenheit verabschieden

## Querverweise

keine

## technische Hinweise

**Gruppierung** unbeschränkte Anzahl an Teilnehmenden

**Material** ein Drahtkleiderbügel pro Person inkl. Moderatorin, eine Spule Bindfaden pro Person

**Dauer** 10–15 Minuten

**Vorbereitung** keine

# Mit Metaphern verdeutlichen

## Kapitel II


1 **Das ganze Jahr ist Karneval**
Zamyat M. Klein — Seite 65

2 **Das Rad des Neandertalers**
Adelheid Frost — Seite 69

3 **Das Überraschungsei**
Rainer Herlt — Seite 71

4 **Der Fisch im Haifischbecken**
Eva Sladek — Seite 73

5 **Der weise Rabbiner**
Thorsten Wolf — Seite 75

6 **Draußen ist es eh anders**
Eva-Maria Schumacher — Seite 77

7 **Freecard-Feedback**
Susanne-Christina Enders — Seite 79

8 **Konfliktpyramide**
Sabine Kranz-Thien — Seite 81

9 **Mit Elefanten argumentieren**
Silke Riesner — Seite 83

10 **Tischtennisball-Schnipps-Übung**
Bernd Höcker — Seite 85

11 **Was könnte man alles?**
Irmengard Funken — Seite 87

12 **Zeitmanagement-Quickie**
Eva-Maria Schumacher — Seite 89

13 **Zum Quadrat**
Ingrid Hödl — Seite 91

Es gibt Situationen in Bildungsveranstaltungen, da möchten Sie dem Wort oder der Aussage noch ein wenig Nachdruck geben. Ein Bild muss her, eine Bildhaftigkeit oder etwas, das als Übertragung hilft, die Lernsituation zu unterstreichen.

„Das ganze Jahr ist Karneval" sucht nach einer Bildhaftigkeit, die vom Trainer selbst verkörpert wird. **Zamyat M. Klein** empfiehlt das Hineinschlüpfen in eine Rolle und den Einsatz passender Requisiten als prägnante und durchdachte Metapher. Bei **Adelheid Frost** ist das Spiel und das Verhalten, während „Das Rad des Neandertalers" zusammengesetzt wird, das Ähnelnde und Metaphorische. Der Clou dabei: Dieses Spielmaterial können Sie den Teilnehmern hinterher auch mitgeben.

Bei **Rainer Herlt** ist das Mitgeben nur teilweise möglich, denn seine Teilnehmer haben einen Teil des Materials von „Das Überraschungsei" garantiert rasch verzehrt. Mit dem Rest jedoch lässt sich trefflich arbeiten – was in der Schokolade verborgen war, wird zum Coaching-Thema. Weniger genüsslich, aber inhaltlich ähnlich treffend arbeitet sich **Eva Sladek** mit „Der Fisch im Haifischbecken" an die Bearbeitung von Themen heran. Ihre Teilnehmer gestalten die Bilder selbst. Bei „Der weise Rabbiner" zeigt **Thorsten Wolf** gleich mehrere Metaphern auf, die er jeweils dann flexibel einsetzt, wenn er zum Perspektivwechsel anregen möchte.

Auf den Stoßseufzer „Draußen ist eh anders ..." hat **Eva-Maria Schumacher** eine einfache und deutliche Antwort parat: „Die Erkenntnis-Spirale". Schnell gezeichnet und knapp erläutert hilft sie, die Teilnehmer wieder ins Boot zu holen. Etwas mehr Aufwand betreibt **Susanne-Christina Enders**. Sie geht für ihre assoziative Übung „Freecard-Feedback" erst einmal ein wenig sammeln. Kostenlose Werbepostkarten, so genannte Freecards und deren Aussagen werden in ihren Seminaren zum Gegenstand von Feedback oder Erwartungsabfrage.

Dreidimensional nähern sich die nächsten Autoren der Verdeutlichung ihrer Themen: **Sabine Kranz-Thien** baut die „Konfliktpyramide" mitten im Seminargeschehen auf und holt damit die Ausprägungen des Konfliktverhaltens in den Raum. Die Teilnehmer von **Silke Riesner** lernen „Mit Elefanten zu argumentieren" und bei **Bernd Höcker** ist das sportliche Geschehen in der „Tischtennisball-Schnipps-Übung" im wahrsten Sinne der Anstoß zu den Veränderungen nach dem Seminar. „Was könnte man alles?" werden die Teilnehmer von **Irmengard Funken** gefragt – damit sie auch wirklich kreative Lösungen finden, experimentieren sie dafür mit Kunststoffbinderücken.

Das Flipchart wird zum hilfreichen Partner der letzten spielerischen Anregungen dieses Kapitels: **Eva-Maria Schumacher** präsentiert darauf den „Zeitmanagement-Quickie" – das ist das kürzeste Zeitmanagement-Seminar der Welt. „Zum Quadrat" heißt es bei **Ingrid Hödl**, wenn sie der Gruppe verdeutlichen will, dass es meist mehr als nur eine spontane Lösung gibt und ein Gruppenergebnis dann meist auch noch ein wenig mehr erzeugt ...

# Das ganze Jahr ist Karneval

von Zamyat M. Klein

Trainer-Sketch oder Verkleidung zur Einführung in ein Thema

## Ziel

- Interesse der Teilnehmer wecken für trockene, abstrakte oder schwierige Themen
- Aufmerksamkeit schaffen
- Ängste vor schwierigen Themen abbauen
- Identifikationsfigur für den Seminarablauf schaffen

## Beschreibung

Der Trainer verkleidet sich und schlüpft in eine andere Rolle. In dieser Rolle führt er dann in das jeweilige Seminarthema ein. Dadurch wird zum einen Aufmerksamkeit erzeugt, zum anderen kann sich der Trainer so gewissermaßen von den Inhalten distanzieren, sich aus der Schusslinie heraushalten. Die Verkleidung kann vor aller Augen stattfinden und sorgt damit für einen zusätzlichen Effekt. **Beispiele:**

**Seminarthema: Beziehungsmanagement**

- *Inhalt: Regeln für gute Kunden- und Geschäftskontakte*

Auf einem Flipchart stehen untereinander zehn Regeln für gutes Beziehungsmanagement (siehe Abb. nächste Seite). Die Anfangsbuchstaben ergeben: KAWIL NAMZISS. Das erinnert an einen arabischen Namen. KAWIL NAMZISS tritt auf (als Beduine verkleidet) und erläutert die Regeln (als Gastreferent). Später kann der Trainer wieder die Regie übernehmen und beispielsweise die Teilnehmer in Gruppen darüber diskutieren lassen.

**Seminarthema: Kreative Seminarmethoden/Trainer-Ausbildung**

- *Inhalt: Lerntypen*

Der Trainer hält einen Einführungsvortrag zum Thema und stellt nacheinander die drei Lerntypen (visuell, auditiv, kinästhetisch) anhand eines Kartenvortrags vor. Dazu stehen Stichworte auf den Karten, die er nach und nach auf den Boden legt und dazu Erläuterungen und Beispiele gibt. Vor jedem Lerntyp setzt er entsprechende Requisiten auf.

**Seminarthema: Abbau von Lernblockaden/Prüfungsangst**

- *Inhalt: Die Kraft der Vorstellung/Mentales Training*

Auf einem Flipchart ist das Eisbergmodell mit Bewusstsein und Unbewusstem zu sehen. Überschrift: „Der menschliche Geist". Die Trainerin tritt als „Geist" auf (in einem weißen Gewand oder auch in einem weißen Bettlaken mit ausgeschnittenen Augen = Gespenst!), erläutert und spielt die Beschaffenheit des menschlichen Geistes. Dazu werden zusätzlich Stichworte auf Moderationskarten auf den Boden gelegt.

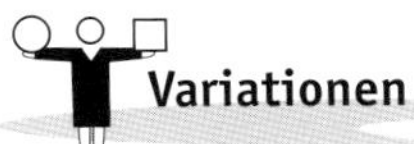

## Variationen

Anstatt sich zu verkleiden, kann sich der Trainer auch entkleiden.

**Beispiel: Die Bilanz-Gymnastik**

Der Trainer verschwindet hinter der Pinnwand und Stück für Stück werden Kleidungsstücke nach rechts und links geworfen: T-Shirt, Hose usw. Dann tritt der Trainer in Bermuda-Shorts und Achsel-Shirt sowie mit

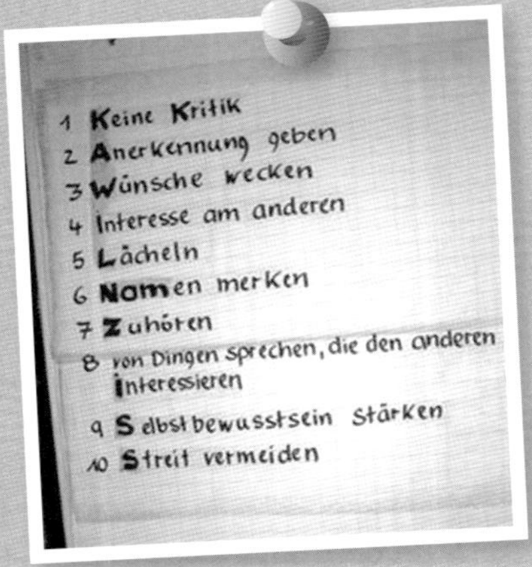

1 Keine Kritik
2 Anerkennung geben
3 Wünsche wecken
4 Interesse am anderen
5 Lächeln
6 Namen merken
7 Zuhören
8 von Dingen sprechen, die den anderen interessieren
9 Selbstbewusstsein stärken
10 Streit vermeiden

*Auftritt von „Gastreferent" Kawil Namzis*

*Der auditive Lerntyp*

*Der menschliche „Geist"*

einer Tesakrepp-Rolle als Trainingswerkzeug hervor. Kommentar: *„Ich bin fit, ich mache Gymnastik: Bilanz-Gymnastik. Dazu brauche ich keine Geräte, sondern nur eine Tesakrepp-Rolle."*

Dabei klebt er ein T-Kreuz auf den Boden und springt dann abwechselnd in die Abteilungen: aktiv und passiv (Aktiv = zappeln; Passiv = nach vorne hängen lassen). So geht er durch jeden Posten und stellt ihn sportlich dar!

## Kommentar

Im Seminar Beziehungsmanagement war Kawil Namziss das Stichwort für das ganze Seminar und tauchte auch bei Folgeseminaren immer wieder auf. Es war ein sehr guter Erinnerungsanker und jeder wusste, was gemeint war.

Als Trainer muss man selbst Spaß an dieser Form der Darstellung haben, dann reißt man auch die Teilnehmer mit. Es sollten Rollen genommen werden, die man auch wirklich gerne spielt. Hilfreich sind zudem eine Prise Humor und die Bereitschaft, sich selbst „auf die Schippe" nehmen zu können.

## Auswertung/Überleitung

Ein Beispiel aus dem Seminar „Beziehungsmanagement": Zu einem konkreten Punkt (z. B.: „keine Kritik") werden Kleingruppen formiert. Aufgabe: „Sammelt drei Argumente dafür und dagegen."

Ein Beispiel aus der Arbeitseinheit „Lerntypen“:

- Was war neu?
- Erste Erkenntnisse (über sich selbst/die Teilnehmer)?
- Welche Fragen sind noch offen?

Eine vertiefende Übung in Arbeitsgruppen (Zuordnung von Methoden und Medien zu den Lerntypen o. Ä.) kann sich anschließen.

Ein Beispiel aus dem Themenbereich „mentales Training“: Nach der Einführung folgt ein Lernkonzert, später wird zur Wiederholung ein Mind-Map auf den Boden gelegt, auf dem die Teilnehmer die Unterpunkte richtig zuordnen müssen.

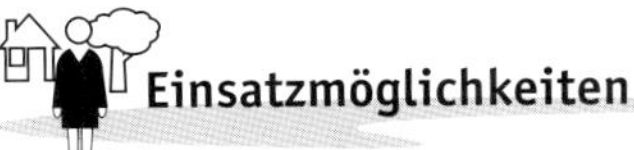

## Einsatzmöglichkeiten

zur Einführung in ein Thema

## Querverweise

Zamyat M. Klein, Kreative Geister wecken, S. 215. Hier finden Sie den kompletten Text der Einführung und des Lernkonzerts zum Thema „Mentales Training“.

## technische Hinweise

| | |
|---|---|
| **Gruppierung** | Gesamtgruppe, beliebige Teilnehmerzahl |
| **Material** | Requisiten oder Verkleidungsstücke |
| **Dauer** | 5–10 Minuten |
| **Vorbereitung** | Geschichte ausdenken, gegebenenfalls Flipchart mit Stichworten oder Moderationskarten beschriften |

# Das Rad des Neandertalers

von Adelheid Frost

Unter Zeitdruck wird ein Holzpuzzle zusammengestellt

## Ziel

- Zeitmanagement erlebbar machen
- Zeitanalyse (Wie lange brauche ich wofür?)
- typische Zeitdiebe aufzeigen, die durch Eigenschaften wie Interesse, Neugierde, Ehrgeiz, Perfektionismus, Spieltrieb, Nicht-Delegieren-können bedingt sind
- Kommunikations-, Kooperationsbereitschaft sowie Teamfähigkeit aufzeigen und verdeutlichen
- Problemlösungen außerhalb üblicher Denkmuster aufzeigen

## Beschreibung

Für jeden Teilnehmer gibt es ein Mini-Holzpuzzle „Das Rad des Neandertalers" (siehe Abb. nächste Seite). Die Aufgabe wird vorgestellt: Jeder Teilnehmer setzt sich selbst ein persönliches Zeitlimit und notiert, in welcher Zeit er das Puzzle zum Rad zusammensetzen möchte. Bei Erledigung der Aufgabe ruft der Teilnehmer „fertig". Der Trainer benutzt eine Stoppuhr und sagt die benötigte Zeit, die der Teilnehmer zum Vergleich neben seine eigene Schätzung schreibt.

**Wichtig:** Während der Trainer noch mit dem Austeilen beschäftigt ist, öffnen die meisten Menschen bereits die Schachtel und beginnen, das Puzzle zusammenzusetzen – ohne überhaupt zu wissen, was sie eigentlich zu tun haben (Welche Zeit verwende ich wofür? – Zeitanalyse!?).

Die Randinformation *„Sie brauchen das Rad nicht neu zu erfinden, Lösungen sind im Raum vorhanden"* kommt nur noch bei wenigen an; die machen sich dann auf die Suche nach dem fertigen Rad – und finden es auch auf dem Trainertisch. Nun könnte Teamarbeit einsetzen:

- Wie geht der Entdecker der Lösung damit um?
- Macht der Lösungs-Entdecker „sein" Rad alleine fertig?
- Gibt er die Information ans Team weiter?
- Leitet/organisiert er den Prozess?

Das Spiel endet, sobald alle das Puzzle fertig haben. Eine Auswertung schließt sich an.

## Variationen

- Die Aufgabe kann von einer einzelnen Person, einem Team oder mehreren Teams durchgeführt werden.
- Die Aufgabe kann mit und ohne Video-Aufzeichnung durchgeführt werden. Bei Video-Aufzeichnung: max. 10 Minuten zur Video-Ansicht und ca. 20 Minuten zur Diskussion.

## Kommentar

Diese Zeitanalyse-Übung kommt zuerst (als Zeitanalyse) sehr gut an, löst danach bei der Reflexion des Teamverhaltens gelegentlich Betroffenheit

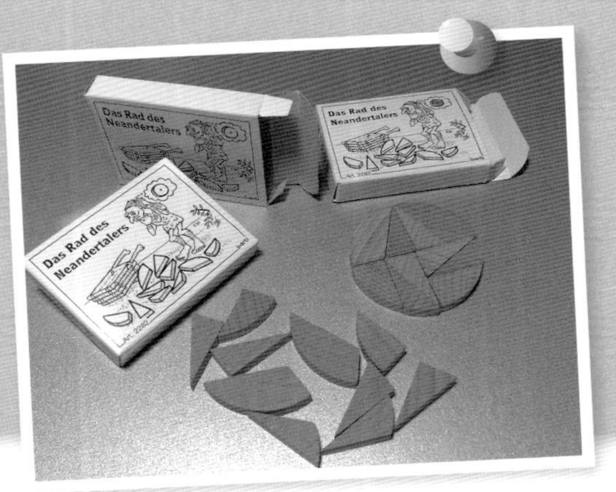


aus, wenn die Ergebnisse und Erkenntnisse aus dem Spiel unmittelbar danach an dem eigentlichen Thema „eigenes Zeitmanagement" weiterbearbeitet werden.

**Wichtig:** Bei diesem Spiel kann kein Beobachter-Team gebildet werden – jeder Teilnehmer möchte selbst das Puzzle zusammensetzen!

## Auswertung/Überleitung

Beobachtungsbericht des Trainers zu Kommunikation, Kooperation, Teamarbeit, Zeitverhalten mit vertiefenden Fragen:

- *„Wie viel Zeit haben Sie geschätzt und wie viel tatsächlich benötigt?"*
- *„Wie viel Zeit wird tatsächlich eingespart durch ‚Abschauen' beim Kollegen sowie durch Teamarbeit?"*
- *„Und was bedeutet ‚Zeitanalyse' an meinem Arbeitsplatz?"*
- *„Wo sehen Sie Gemeinsamkeiten/Abweichungen zu Ihrem Projekt ‚…' bzw. zu Ihrer Aufgabe ‚…'?"*
- *„Welche Erkenntnisse lassen sich auf Ihren Berufsalltag übertragen?"*

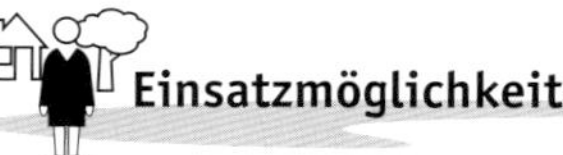

## Einsatzmöglichkeiten

- Zeit-, Selbst-, Stressmanagement
- Kommunikation, Kooperation, Teamarbeit
- Prozessoptimierung, Problemlösung

## Querverweise

Diese „Zeitanalyse" kommt seit 18 Jahren in jedem Zeitmanagement-Workshop erfolgreich zum Einsatz.

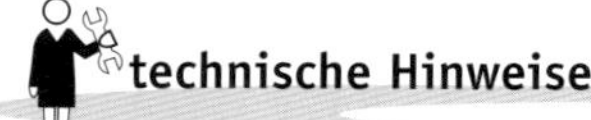

## technische Hinweise

| | |
|---|---|
| **Gruppierung** | von einer Person im Rahmen eines Coachings bis hin zu Großgruppen in vielen Teams |
| **Material** | (pro Teilnehmer) eine Schachtel Mini-Puzzle „Rad des Neandertalers"; erhältlich z. B. bei www.bartlgmbh.com |
| **Dauer** | Durchführung: nach max. 10 Minuten abbrechen<br>Reflexion: 20 Minuten<br>Reflexion/Videoanalyse: ca. 30 Minuten (bei 15 Teilnehmern) |
| **Vorbereitung** | Material einmalig beschaffen (Spiel wird ohne Visualisierung und ohne Beobachter-Team durchgeführt) |

# Das Überraschungsei

von Rainer Herlt

Die Inhalte der bekannten Kinderüberraschung werden als Metapher für Trainings- und Coachingthemen genutzt

## Ziel

- Perspektivenwechsel auf ein (problematisches) Thema ermöglichen
- Themen werden gerade zu Anfang „fassbarer"
- Assoziationen zur Weiterbearbeitung schaffen
- Fantasie anregen

## Beschreibung

Der Trainer/Coach kauft für jede/n Teilnehmer/in ein Überraschungsei.

**Im Coaching** wird der Coachee gebeten, das Ei zu öffnen und sich überraschen zu lassen, was im Inneren als Gimmick versteckt ist. Sofort nach dem Öffnen der Kapsel soll er erste Assoziationen zum Thema/Problem/Anliegen äußern. Manchmal ist es erforderlich, eine Figur zusammenzubauen, lassen Sie dem Coachee hierfür einen Moment Zeit.

Für den Einsatz **im Training** wird allen Teilnehmern ein Überraschungsei ausgehändigt – das kann auch schon am Anfang des Seminars oder in einer Pause passieren. Einführende Worte des Trainers: *„Sie kennen bestimmt die Wundertüten oder Überraschungseier. Als Kinder waren wir sehr gespannt auf den Inhalt. Fühlen Sie sich also ruhig mal wieder als Kind. Lassen Sie sich überraschen, was in dem Ei steckt. Und was der Inhalt mit Ihrem Thema zu tun hat. Und gleichzeitig wünsche ich guten Appetit."* Auch hier werden die Teilnehmer nach dem Öffnen nach ihren Assoziationen befragt.

Bei beiden Verwendungsformen können z. B. folgende Fragen einzeln oder kombiniert gestellt werden:

- *„An was erinnert Sie diese Figur, dieses Ding etc.?"*
- *„Was hat diese Figur mit Ihrem Thema zu tun?"*
- *„Erfinden Sie bitte eine Geschichte aus Ihrem (Berufs-)Alltag, die mit dieser Figur zu tun hat."*

## Variationen

1. Eier wie Ostereier suchen lassen (dient gleichzeitig zur Auflockerung).
2. Statt Überraschungseier Wundertüten oder vom Trainer selbst mit Dingen gefüllte Filmdöschen benutzen.
3. Jeder Teilnehmer gibt seine Figur herum und bekommt dazu von den anderen Feedback zu seiner Person, seiner Rolle im Team, seinem Verhalten etc.
4. Zum Kennenlernen sagt jeder Teilnehmer, welche persönlichen Eigenschaften diese Figur ausdrückt.
5. Dabei kann eine Eigenschaft gelogen sein. Diese muss dann von den anderen erraten werden.

## Kommentar

Es kann sein, dass die Benutzung dieser Kinderüberraschung als „albern" oder „kindisch" kommentiert wird. In der Regel lassen sich diese Zweifel

mit einer entsprechenden Einleitung zu Thema „Loslassen" und „Einlassen" schnell abbauen. Weitere Lösung: Für diese Kandidaten wird von den anderen Teilnehmern eine „Überraschung" ad hoc selbst gebastelt.

Die Figuren werden bei individuell sinnvoller Anwendung nach dem Seminar häufig am Arbeitsplatz sichtbar aufgestellt und dienen so auch als Symbol für die persönliche Nachhaltigkeit eines Seminars.

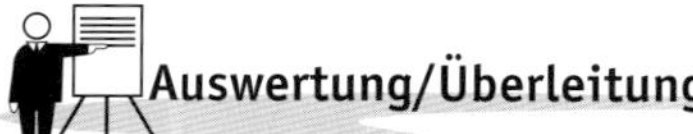

## Auswertung/Überleitung

Im Grunde genommen bilden die Beantwortungen der Fragen schon die entsprechende Überleitung in ein Thema: Entweder werden die zentralen Antworten auf einem Flipchart notiert und dienen als Leitschnur für die weitere Arbeit an Lösungen und für den Transfer. Oder der Trainer bittet die Teilnehmer, sich die wichtigste Assoziation zu merken und lässt sie am Schluss dazu einen Kommentar bezogen auf die Veränderungen abgeben.

Beim Coaching erfolgt die Auswertung unmittelbar nach dem Erkennen der kompletten Figur, indem die Assoziationen notiert und immer wieder in Bezug zu dem Anliegen des Coachees gebracht werden. Diese Kommentare können stets in andere Coachingformate eingebaut bzw. hinterfragt werden.

## Einsatzmöglichkeiten

- Einstieg in ein Seminar-/Coachingthema, Einstieg in kreative Prozesse
- Selbst- und Fremdbilder in Teamentwicklungen
- Seminar-Feedback und Transfersicherung
- spielerisches Kennenlernen

## Querverweise

keine

## technische Hinweise

| | |
|---|---|
| **Gruppierung** | beliebig (zur Selbst- und Fremdbild-Darstellung nicht mehr als 12 Teilnehmer) |
| **Material** | Überraschungseier (z. B. Kinderüberraschung® von Ferrero) oder Wundertüten |
| **Dauer** | Beim Coaching 10 Minuten; in Seminaren je nach Teilnehmerzahl 20–45 Minuten |
| **Vorbereitung** | Überraschungseier besorgen |

# Der Fisch im Haifischbecken

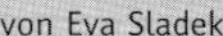

von Eva Sladek

Mithilfe von Metaphern werden Unternehmenskonflikte charakterisiert und bearbeitet

## Ziel

- Probleme aus einem anderen Blickwinkel betrachten
- neue Lösungswege finden

## Beschreibung

Das Thema (eine Situation, ein Problem, eine kritische Fragestellung, das Unternehmen) wird umrissen. Die Teilnehmer werden gebeten, sich diesem Thema einmal anders zu nähern als gewohnt: *„Welches Bild fällt Ihnen in Verbindung mit dem Thema ein?“* (In manchen Gruppen müssen Sie hier ein wenig zum Träumen und Fantasieren ermutigen. Das kostet etwas Zeit.) Ziel ist es, aus dem „erträumten“ Bild heraus neue Lösungsansätze für die gegenwärtigen Konflikte bzw. Probleme zu finden.

Im zweiten Schritt erläutern die Teilnehmer, warum sie sich für eben dieses Bild entschieden haben und auch, welche Probleme damit zum Ausdruck kommen. Im dritten Schritt suchen die Teilnehmer nach einem Lösungsansatz für das Problem mithilfe des Bildes.

**Beispiel:** Ein Teilnehmer sah sein Unternehmen als kleinen Fisch in einem Meer von großen Fischen, die seine Nahrung und seinen Lebensraum nahmen. Das Problem wurde auf das Fantasiebild übertragen. Die daraus resultierende Frage war nun: Wie würde sich ein kleiner Fisch in dieser Situation verhalten? Der Teilnehmer betrachtet somit nicht mehr sein eigenes Problem im Unternehmen, sondern das Problem des Fisches. Antwort in diesem Fall: Er würde ein Schlupfloch/eine Nische suchen und aus dieser sicheren Nische seine Nahrung (Marktanteil) sichern.

Der Vorteil dieses Vorgehens ist, dass der Teilnehmer sich losgelöst von der eigenen Problematik um ein fremdes Problem kümmert. Verkrustete, festgefahrene Denkrituale sowie starre und bekannte Lösungsmuster werden in Bewegung gebracht. Der Teilnehmer blickt ungezwungen und distanziert auf eine andere Welt. Die Antwort sollte nun auf das Problem im Unternehmen übertragen werden. Im genannten Beispiel bedeutete das, ein Nischensegment zu suchen und zu gestalten.

Erfahrungsgemäß kommen sehr viele Bilder zustande. In der Gruppe kann man gemeinsam Lösungsansätze erarbeiten. Die Beispiele sind dabei so vielfältig und bunt, dass es viele Variationen und kaum Grenzen gibt.

## Variationen

- Die Bilder können auch gezeichnet werden (siehe Abb. nächste Seite).
- Die Übung beginnt mit der Vorstellung des Trailers „Modern Times“ von Charly Chaplin. Chaplin hat in dem Film direkte Kritik an den damaligen neuen Produktionsformen des Fließbandes geübt, indem er eine Metapher benutzt hatte: die Maschine. Er zeigte aber auch einen Lösungsweg: Im Film unterbricht er den mechanischen Rhythmus der Maschine und stoppt den Prozess.

## Kommentar

Die Übung regt zur Diskussion an. Es kommt Bewegung in den Denkprozess der Gruppe. Einige Bilder führen zu Aha-Erlebnissen.

## Auswertung/Überleitung

Die Antwort sollte nun auf das Problem im Unternehmen übertragen werden. Im genannten Bespiel bedeutete das für ein Unternehmen, ein Nischensegment zu suchen.



Hilfreich sind hierbei Moderations- und Visualisierungstechniken, um von der Bildhaftigkeit der ausgesprochenen Metapher zu einer Handlungsorientierung zu kommen. Ein einfaches „Formular" auf einer Pinnwand kann unterstützen:

1. Wie lautet die Metapher?
2. Wozu regt sie an?
3. Was kann das übersetzt bedeuten?
4. Was sind nun logische weitere Schritte?

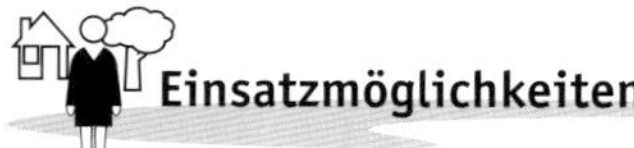

## Einsatzmöglichkeiten

Trainings; Konfliktseminare; Managementseminare; Stressmanagement

## Querverweise

Images of Organization von Gareth Morgan; Bezug über http://www.amazon.com

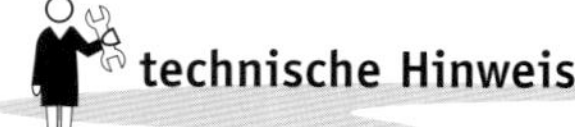

## technische Hinweise

| | |
|---|---|
| **Gruppierung** | 5–20 Teilnehmer |
| **Material** | Papier, Farbstifte, Moderationsmaterial |
| **Dauer** | 1–2 Stunden; die Zeit ist abhängig von der Gruppengröße |
| **Vorbereitung** | Material bereitstellen |

# Der weise Rabbiner

von Thorsten Wolf

Die Geschichte eines Rabbiners lädt ein zum Perspektivenwechsel

## Ziel

- Förderung von Toleranz, Akzeptanz und Dialog
- Einladung zum Perspektivenwechsel

## Beschreibung

Früher, als Recht zu sprechen noch Aufgabe der Dorfältesten war, klopfte eines Abends einer der Dorfbewohner an die Tür des alten Rabbiners. „Rabbi, Rabbi, es hat sich etwas sehr Schlimmes zugetragen", begann der Besucher – sichtlich aufgewühlt – sofort mit seiner Erzählung und schilderte den Vorfall und die Umstände, die dazu geführt hatten, dem alten Rabbiner – so, wie es sich seiner Meinung nach zugetragen und wie er es erlebt hatte.

Dieser hörte sich die Geschichte aufmerksam an, fragte hier und da nach, ob er auch alles richtig verstanden hatte und brachte seinen nächtlichen Besucher schließlich wieder zur Tür. „Und Rabbi", fragte dieser, „wer hat denn nun Recht?" Und der Rabbi antwortete: „Du mein Sohn, Du hast Recht."

Noch nicht ganz wieder zurück in seinem bequemen Sessel, klopfte es erneut an der Tür des Rabbiners. Diesmal war es der Kontrahent. „Rabbi, Rabbi, es hat sich etwas sehr Schlimmes zugetragen", begann auch dieser Besucher – nicht weniger aufgewühlt – sofort mit seiner Erzählung und schilderte den Vorfall und die Umstände, die dazu geführt hatten, dem alten Rabbiner – so, wie es sich seiner Meinung nach zugetragen und wie er es erlebt hatte.

Dieser hörte sich auch diese Version der Geschichte aufmerksam an, fragte hier und da nach, ob er auch alles richtig verstanden hatte und brachte seinen nächtlichen Besucher schließlich wieder zur Tür. „Und Rabbi", fragte dieser, „wer hat denn nun Recht?" Und der Rabbi antwortete, nach kurzem Zögern: „Du mein Sohn, Du hast Recht."

Auch diesmal schaffte es der alte Rabbiner nicht bis zu seinem bequemen Sessel. Seine Frau, die von der Küche aus, welche nur durch einen Vorhang abgetrennt ist, jedes Wort mit angehört hatte, stellte sich ihm in den Weg. Mit den Worten „Rabbi, sag mal spinnst Du? Ich habe jedes Wort mit angehört, wie kannst Du nur beiden Recht geben?" begann sie nun, ihm ihre Version der Geschichte zu erzählen, so wie es sich ihrer Meinung nach zugetragen und sie den Vorfall gehört und verstanden hatte.

Auch dieses Mal hörte der Rabbi aufmerksam zu, fragte hier und da nach, ob er auch alles richtig verstanden hatte und setzte dann seinen Weg mit den Worten „Siehst Du Frau – und Du, Du hast auch Recht" Richtung Sessel fort.

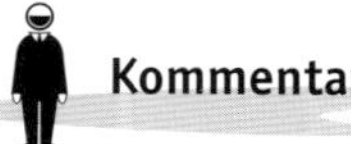

## Variationen

1. Eine Kaffeetasse mit Henkel hochhalten und die gegenüberliegenden Seiten des Stuhlkreises fragen, auf welcher Seite der Henkel ist.
2. Die Ziffer 6 auf ein Flipchart malen und die gegenüberliegenden Seiten des Stuhlkreises fragen, ob es sich um eine 6 oder eine 9 handelt.
3. Die Geschichte zusätzlich als Teilnehmerunterlage austeilen.

## Kommentar

Jeder Mensch hat seine eigene Wirklichkeit und von diesem einzigartigen Standpunkt aus immer Recht. Alles ist eine Frage der Perspektive und des eigenen Erlebens. Die Geschichte „funktioniert" auch konfessionsfrei, der Rabbi ist durch jede – als weise geltende Person – ersetzbar.

## Auswertung/Überleitung

Metapher am besten nur wirken lassen.

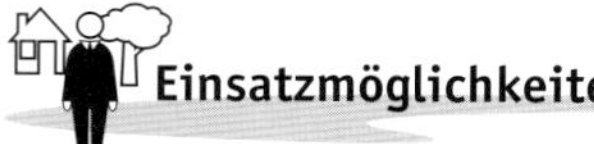

## Einsatzmöglichkeiten

- Je nach Thema und Inhalt flexibel einsetzbar, zur Verstärkung ist eine kurze Pause, die schweigend verbracht wird, sinnvoll oder der Einsatz am Ende des Seminartages.
- Denkbar auch als Eröffnung zu Konfliktthemen mit anschließender Diskussion oder einer Gruppenarbeit mit vorgegebenen Fragen.
- Passt zu Themen wie: Persönlichkeitsentwicklung, Konfliktmanagement, Moderation, Coaching.

## Querverweise

keine

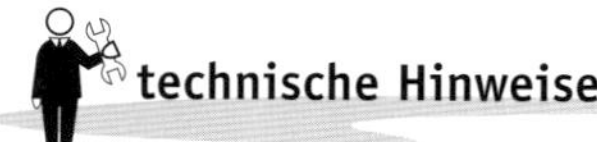

## technische Hinweise

| | |
|---|---|
| **Gruppierung** | beliebig |
| **Material** | Geschichte als Teilnehmerunterlage vorbereiten, eventuell Zeichnung auf Flipchart (siehe Abb.) |
| **Dauer** | Geschichte alleine: 3 Minuten |
| **Vorbereitung** | Geschichte 2- bis 3-mal frei im Freundeskreis erzählen |

# Draußen ist es eh anders ...

von Eva-Maria Schumacher

Eine Intervention mit kleiner Zeichnung führt Teilnehmer ins Geschehen zurück

## Ziel

- Rückführung ins Seminargeschehen: Teilnehmer wieder ins „Workshop-Boot" holen
- Funktion und Chancen eines Workshops verdeutlichen

## Beschreibung

In Workshops gibt es manchmal den Moment oder Hinweis eines Teilnehmers, dass das reale Leben ganz anders ist als das Seminargeschehen. Im Alltag sei einfach keine Zeit, um nachzudenken und ausführliche Analysen zu betreiben. In einem solchen Fall kann die Trainerin das Modell der Erkenntnisspirale (siehe Abb. nächste Seite) einsetzen und wie folgt erläutern:

**Erkenntnisspirale 1:** *„Die Erkenntnisspirale zeigt auf, nach welchen Prinzipien wir handeln sollten, um erfolgreich im Job zu sein. Zunächst nehme ich eine Situation wahr und verstehe, um was es hier geht. Daraus entscheide ich über meine Handlungen, die ich im Anschluss reflektiere und möglicherweise modifiziere. Im Alltag läuft dieser Kreislauf in der Regel unbewusst und intuitiv ab."*

**Erkenntnisspirale 2:** *„Im Workshop haben Sie die Zeit, Deutungsmuster und Handlungsoptionen zu überdenken und Verhalten zu erproben und zu reflektieren, wie es im Job nie möglich wäre. Im Workshop können wir die intuitiven Strategien überprüfen und neue Strategien implementieren. Wir trainieren sie hier, um sie für die schnelllebige Zeit nach dem Workshop einsetzbar zu machen."*

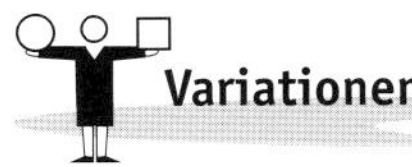

## Variationen

keine

## Kommentar

Nach der Demonstration der Erkenntnisspirale sollten die besonders Widerständigen dazu eingeladen werden, die Zeit im Workshop gut für sich zu nutzen.

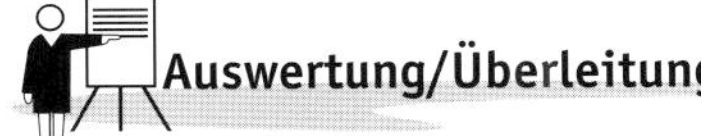

## Auswertung/Überleitung

- Zielformulierungsgespräch: Wie ich den Workshop nutzen will ...
- Fortführung des Workshops

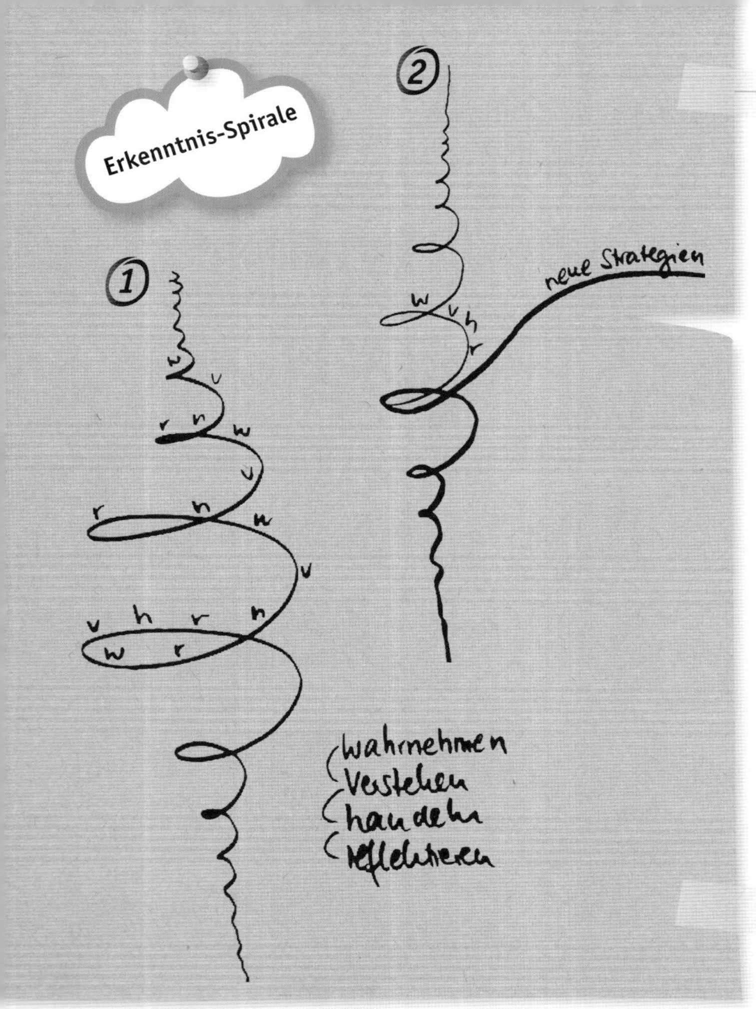

Erkenntnis-Spirale

1

2

neue Strategien

wahrnehmen
verstehen
handeln
reflektieren

## Einsatzmöglichkeiten

Sobald ein Teilnehmender im Workshop die Überlegung anführt, dass es im realen Leben sowieso ganz anders und nie Zeit ist, wird das vorbereitete Flipchart „Erkenntnisspirale" vorgestellt und erläutert.

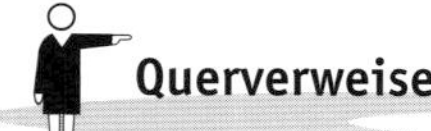

## Querverweise

keine

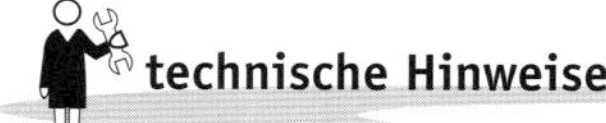

## technische Hinweise

**Gruppierung** beliebig

**Material** keines

**Dauer** 5–10 Minuten

**Vorbereitung** vorbereitetes Flipchart

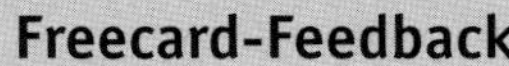

# Freecard-Feedback

von Susanne-Christina Enders

Metaphorisches Feedback mit Freecards und anderen Werbepostkarten

## Ziel

- Feedback einmal kreativ anders gestalten
- offenes und ehrliches Feedback durch Assoziationen ermöglichen

## Beschreibung

Der Trainer sammelt verschiedene Freecards (Werbe-Postkarten, die es in Kneipen, Restaurants und anderen öffentlichen Orten gibt, siehe Abb. nächste Seite) und ordnet sie nach Themenbereichen. Da die Themen variieren, muss man hier längerfristig sammeln! So kommen im Laufe der Zeit herrliche Slogans zusammen, wie z. B.:

- „Wir sind Helden"
- „Wir zünden die Nacht an"
- „Nah dran"
- „War der heutige Tag wirklich nötig?"
- „Fallrückzieherflugkopfball"
- „Wie style ich das denn?"
- „Geist ist geil"
- „Du schaffst das – sei wild"
- „Besser geht's nicht"
- „Rekordpraktikant"
- „Mindestens haltbar bis"
- „Vetokarte"
- „Die Zeit ist reif, zeig' Omi, wie man kocht"
- „Manches ist zu schön, um wahr zu sein"
- „Erweitere Deine Möglichkeiten"
- „Mit Muffensausen nach Zuffenhausen"
- „Warnung! Geschichte fügt Ihnen erhebliche Denkanstöße zu"
- „Kauf mich"
- „Ja, ich will"
- „Du gehst ab wie 68"

Die Karten werden unsortiert untereinander auf der linken Seite einer Pinnwand angebracht. Jeder Teilnehmer wählt sich die Karte, die ihm am besten gefällt bzw. seinen Eindruck des Trainings am besten wiedergibt. Diese Karte sollte in gewisser Weise seine Lerneffekte oder auch Gefühle des jeweiligen Tages repräsentieren.

Ergänzend formuliert der Teilnehmer seine Gedanken in Stichworten oder Bildern auf einer Moderationskarte. Diese bringt man nacheinander neben der selbstgewählten Werbepostkarte auf der Pinnwand an. Dabei trägt jeder seine Gedankengänge bzw. das eigene Feedback vor und erklärt, warum man sich (ausgerechnet) für diese Karte entschieden hat. Die Gedanken und Assoziationen geben wertvolle Hinweise.

## Variationen

Kann auch für Erwartungen an das Training verwandt werden.

## Kommentar

Eine kreative Möglichkeit für ehrliches und witziges Feedback. Dieses Feedback ist *anders*: Es verbindet zwei bekannte Elemente – Feedback geben sowie Werbe-Postkarten – zu einer neuen, unbekannten Abfrage. Es lässt Spielraum für kreative und witzige Antworten und stellt somit eine Abwechslung zu gängigen Feedback-Methoden dar. Das Feedback wird spontan und intuitiv gegeben.

**Achtung:** Die Karten werden von oben nach unten unsortiert angepinnt. Es sollte auf keinen Fall der Eindruck entstehen, dass irgendeine Skala von oben nach unten bzw. umgekehrt vorgegeben ist.

## Auswertung/Überleitung

Der Trainer wählt ebenso wie die Teilnehmer eine Karte aus und gibt sein Feedback bzw. äußert seine Erwartungen.

## Einsatzmöglichkeiten

Bisher in verschiedenen Vertriebstrainings verwandt: Basis – Telefon – Präsentationen. Passt aber genauso zu allen anderen Seminarthemen.

## Querverweise

keine

## technische Hinweise

**Gruppierung** beliebig (bei größeren Gruppen entsprechend mehr Karten wählen und das Setting eventuell mit zwei oder drei Pinnwänden anpassen)

**Material** Der Trainer sammelt an öffentlichen Orten (Restaurants, Bars, Kinos) verschiedene Freecards (Werbe-Postkarten) und ordnet sie nach Themen. Da die Themen variieren, muss man hier längerfristig sammeln! Am besten immer einen ganzen „Stoß“ mitnehmen!

**Dauer** pro Teilnehmer 60–90 Sekunden

**Vorbereitung** leere Pinnwand und Freecards bereithalten

# Konfliktpyramide

von Sabine Kranz-Thien

Eine einfache dreidimensionale Pyramide verdeutlicht ein Konfliktmodell

## Ziel

- neugierig machen für Verhaltensoptionen in Konflikten
- symbolhaft Verhaltensoptionen darstellen
- Metapher zur Konfliktbearbeitung

## Beschreibung

Der Umgang mit Konflikten stellt uns immer wieder vor besondere Herausforderungen. Grundsätzlich lassen sich verschiedene Verhaltensmuster in Konfliktsituationen unterscheiden, diese sind:

1. **Gegen** den anderen: **Kampf** ▸ ein zum Überleben wichtiger Reflex.
2. **Weg** von den anderen: **Flucht** ▸ kleine Fluchten – „zwischen Kopierraum und Kantine".
3. **Ohne** den anderen: **Erstarrung/sich tot stellen** ▸ „Falls jemand anruft – ich bin nicht da." Menschen gehen dem Konfliktpartner aus dem Weg, tun so, als wäre nichts. Ziel: Gefahrenzeiten überbrücken oder aushalten.
4. **Zusammen** mit dem anderen: **Kooperation** ▸ In jeder langfristig erfolgreichen Organisation bewegen sich Mitarbeiter und Teams im Spannungsfeld zwischen „Zusammen mit" und den anderen drei Grundstrukturen.

Die Konfliktpyramide wird mit einfachen Mitteln aufgebaut (siehe Abb. nächste Seite) und unterstützt die Erläuterungen des Trainers. Bei der Darstellung der Verhaltensoptionen bezieht sich der Trainer zuerst einmal auf den unteren Teil der Pyramide mit den ersten drei Verhaltensmustern. Beim „Besuch" der einzelnen Pole können aus dem Teilnehmerkreis konkrete Beispiele ergänzt werden. Vor- und Nachteile der dargestellten Verhaltensmuster werden ebenfalls eingebracht.

## Variationen

- Sie lassen die Pyramide von den Teilnehmern bauen.
- Sie kreieren eine Story oder ein konkretes Beispiel um die Verhaltensoptionen herum.

## Kommentar

Sie benötigen ca. 1 m bis 1,2 m lange Holzstäbe, die Sie am besten über Kugeln aus Knetmasse – vor Ort eignen sich gegebenenfalls auch Äpfel – verbinden. Für die hängende Kugel eignet sich ein Tischtennisball oder Schaumstoffball, der an einem Band oder Faden befestigt ist.

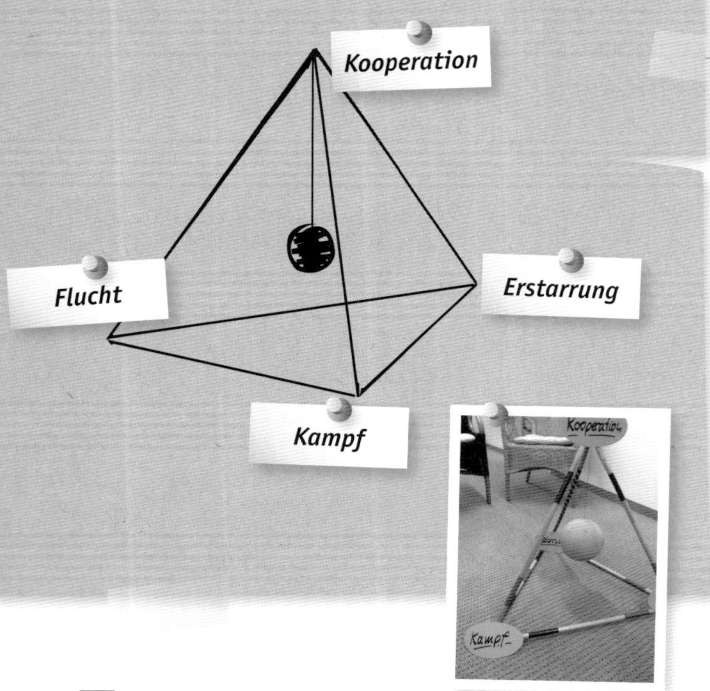


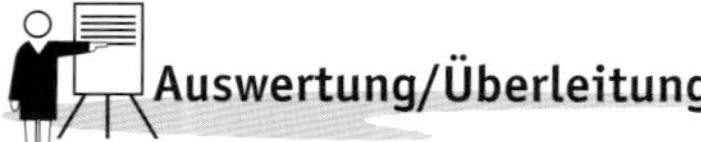

## Auswertung/Überleitung

Die Visualisierung beschreibt die vier Hauptvarianten von Konfliktverhalten. Die gleichschenkligen Abstände unterstreichen, dass diese Optionen alle denkbar und wertfrei sind. Das Pendeln des Balles (Situation) zeigt, wie je nach Situation und Person unterschiedliche Ausprägungen greifen können. Pendeln und Einpendeln sind abhängig vom Konfliktmanagement-Repertoire der Beteiligten, der Unternehmenssituation, dem Klima in der Organisation sowie persönlichen Zielen, Chancen und Risiken …

Mögliche Auswertungsfragen können sein:

- *„Welche Verhaltensmuster haben Sie bei sich schon erlebt?"*
- *„Welche Verhaltensmuster kennzeichnen Ihre Organisation/Ihr Team?"*
- *„Wie erreichen Sie ein Einpendeln hin zu Kooperation?"*

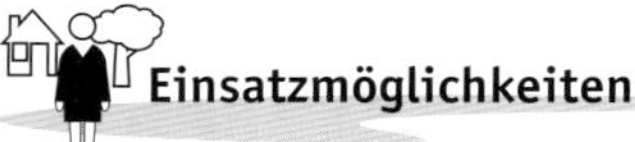

## Einsatzmöglichkeiten

Konfliktmanagementtraining, Teamworkshops, Veränderungsprozesse

## Querverweise

Nach: Tetraeder-Modell, Anita von Hertel, Mediationsausbildung Hamburg

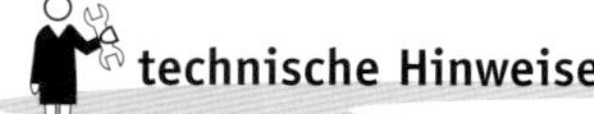

## technische Hinweise

**Gruppierung** 12–20 Teilnehmer

**Material**

- 6 Holzstäbe (Länge: 1–1,2 m), die an den Enden zugespitzt sind
- 4 Knetmassekugeln mit einem Durchmesser von ca. 5–6 cm, alternativ eignen sich auch Äpfel
- ein Schaumstoff- oder Tennisball, an einem Faden befestigt

**Dauer** 15 Minuten

**Vorbereitung** Material besorgen

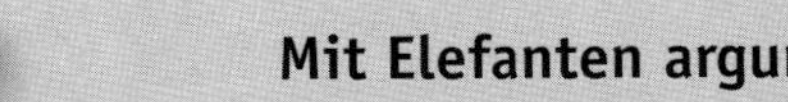

# Mit Elefanten argumentieren

von Silke Riesner

Eine Metapher verdeutlicht die sinnvolle Reihenfolge von Argumenten

## Ziel

- Aha-Effekt
- interaktive Überleitung zu theoretischen Inputs zum Thema „Rhetorik/Argumentation"
- Spaß in der Gruppe

## Beschreibung

Nachdem Sie den Teilnehmern angekündigt haben, dass es nun um das Thema „Argumentationsaufbau" gehen soll, könnten Sie die Übung mit folgendem Intro einleiten:

*„Nehmen wir einmal an, Sie wollen im Rahmen Ihrer Präsentation oder einer Verhandlung Ihr Gegenüber von einem bestimmten Vorschlag oder einem bestimmten Produkt überzeugen. Und nehmen wir weiterhin an, die verschiedenen Argumente, die Sie anführen könnten, ähneln einer Elefantenherde. Es sind große, ‚gewichtige' Elefanten dabei, es sind mittelgroße in der Herde vertreten und eher kleine Mini-Elefanten. Die Frage ist nun: In welcher Reihenfolge bringen Sie strategisch sinnvoll Ihre Argumente vor? Oder anders gefragt: In welcher Reihenfolge platzieren Sie Ihre Elefanten?"*

An dieser Stelle präsentieren Sie dem Teilnehmerkreis mehrere Holz- oder Stoffelefanten in verschiedenen Größen. Sie fordern einen Freiwilligen auf, die Herde zu stellen und die Reihenfolge der Elefanten zu begründen. Nach dem ersten Vorschlag fragen Sie in die Runde:

*„Würde jeder seine Elefantenherde so aufstellen oder gibt es noch andere Vorschläge?"*

In aller Regel gibt es mindestens noch 2–3 alternative Vorschläge, so dass die Elefantenherde mehrfach ihr Erscheinungsbild wechselt. Wenn alle Varianten diskutiert worden sind, zeigen Sie die „passende rhetorische Redeformel" (siehe Abb. „Überzeugungskette" nächste Seite).

## Variationen

keine

## Kommentar

Die Elefantenmetapher bringt viel Bewegung und Spaß in die Runde und lockert das eher trockene Thema „Redeformeln" auf. Auf die Metapher wird von den Teilnehmern auch im weiteren Seminarverlauf gerne zurückgegriffen („Denk an die Elefanten!").

| | | |
|---|---|---|
| *Ihr Vorschlag/Zielsatz* | *1* | *„... möchte Sie überzeugen, dass Sie ...“* |
| *Argument 1* | *2* | *zweitwichtigstes Argument* |
| *Argument 2* | *3* | *...* |
| *Argument 3* | *4* | *...* |
| *Argument 4* | *5* | *...* |
| *Argument 5* | *6* | *Ihr wichtigstes Argument* |
| *Schluss* | *7* | *Appell* |

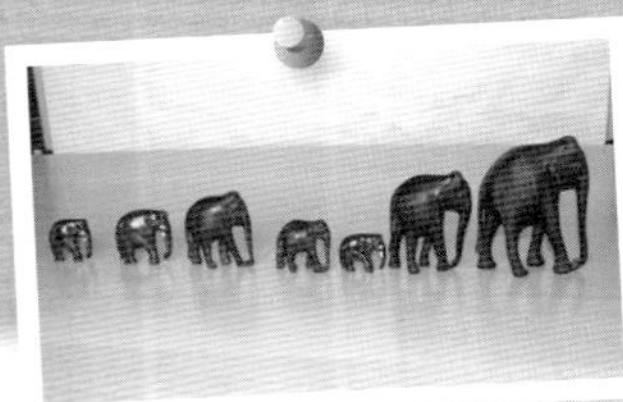

## Auswertung/Überleitung

Es werden verschiedene Redeformeln und Argumentationsaufbauten besprochen. Nachfolgend werden diese auf Themen aus dem Arbeitsalltag der Teilnehmer transferiert.

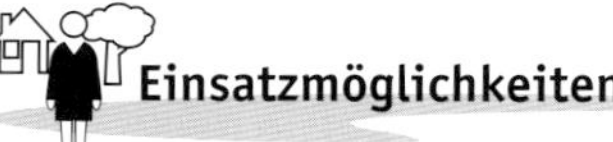

## Einsatzmöglichkeiten

- Rhetorik- und Präsentationstrainings
- Verhandlungstrainings

## Querverweise

Die Grundidee der Elefantenmetapher stammt aus dem Buch von Hermann WILL: Mini-Handbuch Vortrag und Präsentation, Weinheim und Basel 2006, 6. Aufl.

## technische Hinweise

**Gruppierung** 3–16 Teilnehmer

**Material**
- Elefantenherde aus Holz oder Stoff
- empfohlene Argumentationsformel (z. B. „Überzeugungskette“ laut Abb.)

**Dauer** 10 Minuten

**Vorbereitung** einmalige Besorgung einer Elefantenherde

# Tischtennisball-Schnipps-Übung

von Bernd Höcker

Das „Schippsen" eines Tischtennisballs verdeutlicht, wie wichtig es ist, sein Ziel bis zum Schluss im Auge zu behalten

## Ziel

- Veränderungen nicht zu hektisch angehen
- Ziele bis zum Schluss im Auge behalten
- Abschlussübung
- Transferhinweis

## Beschreibung

Der Trainer stellt eine Flasche am Ende des Seminarraums auf einen Tisch. Auf dieser Flasche liegt ein Tischtennisball.

Die Gruppe steht im Halbkreis etwa fünf Meter von der Flasche entfernt. Mit ausgestrecktem Arm und Finger in „Schnippshaltung" geht der erste Teilnehmer zügig auf die Flasche zu. Dabei wird auf den Ball gezielt und der Ball von der Flasche geschnippst (siehe Abb. nächste Seite).

Das gelingt bei ca. 15 Teilnehmern in der Regel nur 1–2 Leuten. Die meisten zielen nicht bis zum Schluss, ziehen kurz vor dem Schnippsen die Hand hoch, gehen zu schnell und unterschätzen schlichtweg die Übung.

Eine kurze Besprechung regt zum Nachdenken über das „Wieso?" und „Wie besser?" an. Eine schöne Möglichkeit auch, um zu erklären, dass Veränderungen Zeit brauchen, dass die Beteiligten das Ziel bis zum Schluss im Auge behalten und dass Veränderungen im Ablauf oder im Verhalten geübt werden müssen, bis sie greifen.

Lassen Sie einen zweiten, eventuell auch einen dritten Durchgang nach der Besprechung machen.

## Variationen

Besonders effektvoll ist eine mit Wasser gefüllte Rotweinflasche, die natürlich keiner umwerfen will.

## Kommentar

Der Effekt ist sehr groß, weil alle glauben, dass es eine ganz einfache Übung ist.

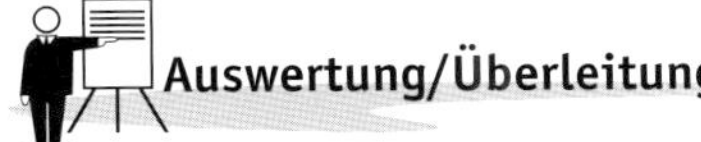

## Auswertung/Überleitung

siehe unter Beschreibung

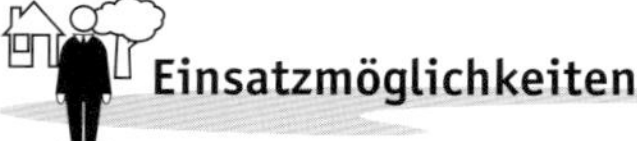

## Einsatzmöglichkeiten

Am Ende eines Verhaltenstrainings, wenn es darum geht, etwas Neues mit in die Praxis zu nehmen.

## Querverweise

keine

## technische Hinweise

| | |
|---|---|
| **Gruppierung** | bis ca. 20 Teilnehmer |
| **Material** | eine Flasche und ein Tischtennisball |
| **Dauer** | 10 Minuten |
| **Vorbereitung** | Tischtennisball kaufen |

# Was könnte man alles?

von Irmengard Funken

Kreative Verwendungsmöglichkeiten für einen Alltagsgegenstand finden

## Ziel

- Kreativität anregen
- Wechsel der Sichtweisen
- Fantasie anregen und Spaß haben
- eingefahrenes Denken verlassen
- assoziieren und durch Assoziationen anderer anregen lassen

## Beschreibung

So, wie die Teilnehmer sitzen, arbeiten sie mit ihren Nachbarn paarweise oder zu dritt zusammen. Jedes Paar erhält einen Kunststoff-Binderücken und einen Bogen Papier für Notizen (siehe Abb. nächste Seite). Aufgabe ist es, möglichst viele Verwendungsmöglichkeiten für den Gegenstand zu finden oder zu ersinnen und diese zu notieren.

Das können Sie auch in eine Geschichte einbetten: *„Stellen Sie sich vor, wir wären die Marketing-Abteilung eines Unternehmens, das seit Jahren erfolgreich Kunststoff-Binderücken produziert. Durch die internationale Konkurrenz können Sie auf dem Welt-Kunststoff-Binderücken-Markt nicht mehr so viel Binderücken absetzen wie in den Jahren zuvor. Doch Sie haben die Maschinen und das Personal und wollen für gleichmäßige oder vermehrte Auslastung sorgen. Als Marketingspezialisten kreieren Sie heute neue Absatzmöglichkeiten: Was könnte man noch alles mit Kunststoff-Binderücken machen? Wo können sie genutzt werden? Wer könnte sie noch brauchen?"*

Die Ergebnisse werden im Plenum vorgelesen/demonstriert.

## Variationen

1. Von Zeit zu Zeit gibt die Seminarleitung neue Impulse, wie z. B.:
   - *„Was wäre, wenn dieser Gegenstand riesig groß wäre?"*
   - *„Was könnten Sie damit tun, wenn Sie ihn verformen?"*
   - *„Womit ließe sich dieser Gegenstand verbinden?"*

2. Einen anderen Gegenstand wählen, der eine ähnlich eindeutige Funktion hat.

## Kommentar

- Kann in jedem Setting stattfinden (kleine oder große Gruppen, sitzend oder stehend, indoor oder outdoor).
- Immer dann geeignet, wenn Sie an Themen arbeiten, bei denen es mehr als nur einen Blick auf die Sache gibt und neue Ideen entwickelt werden sollen.

- In dieser kurzen Sequenz ist alles drin, was für den kreativen Prozess wichtig ist: ein Problem, Spontanideen, die Phasen des kreativen Prozesses, Kommunikation im Team, Förderliches und Hinderliches ...

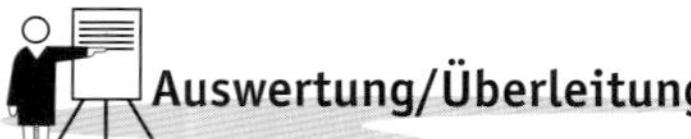

## Auswertung/Überleitung

Anschließend ins Thema einsteigen und im weiteren Prozess auf die Kunststoff-Binderücken zurückkommen, wenn es inhaltlich erforderlich ist, querzudenken.

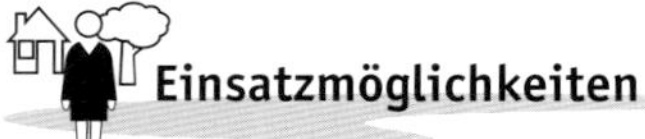

## Einsatzmöglichkeiten

ein lebendiger Einstieg in kreative Prozesse von (Groß-)Gruppen, wenn an Veränderungsthemen gearbeitet werden soll

## Querverweise

Geht zurück auf den Kreativitätsspezialisten Dr. Artur Hornung, Freiburg. Danke!

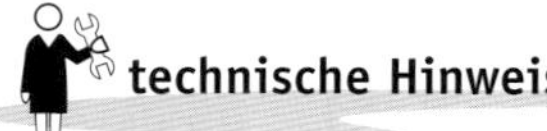

## technische Hinweise

**Gruppierung**
- Gesamtgruppe
- 6 bis beliebig viele Teilnehmer

**Material**
- Kunststoff-Binderücken
- Faserschreiber
- Notizbögen

**Dauer** 10–20 Minuten

**Vorbereitung** Material besorgen

# Zeitmanagement-Quickie

von Eva-Maria Schumacher

Die hilfreichsten Zeitmanagement-Empfehlungen werden auf dem Flipchart illustriert

## Ziel

- Die wichtigsten zeitsparenden Strategien präsentieren,
- um anschließend die Umsetzungswege und -möglichkeiten zu behandeln.

## Beschreibung

Der Trainer führt in das Thema ein: *„Sie alle haben wenig Zeit. Deshalb erhalten Sie jetzt den kürzesten Zeitmanagement-Workshop der Welt. Um wirklich Zeit zu sparen, brauchen Sie drei Dinge: das Zeitsparmöbel, den Zeitsparknopf und das Zeitsparwort."* Ein vorbereitetes Flipchart wird aufgeschlagen (siehe Abb. nächste Seite).

*„Um Zeit zu sparen, sollten Sie mehr in das* ***Zeitsparmöbel*** *des Mülleimers werfen. Wir sind täglich mit einer Flut an Informationen konfrontiert. Wenn Sie wissen, was für Sie wichtig ist, können Sie Wichtiges von Unwichtigem unterscheiden und belasten sich nicht mit überflüssigen Informationen.*

*Dann gibt es den* ***Zeitsparknopf****, den Sie auf Ihrer Fernseh-Fernbedienung finden. Wie oft bleiben wir vor der Kiste hängen? Vermeintlich, um uns zu entspannen, zappen wir ziellos einen Abend durchs Programm. Schalten Sie öfter auf ‚Aus' und überlegen Sie, was Sie Erholsames am Abend tun können.*

*Das wichtigste* ***Zeitsparwort*** *ist wahrscheinlich das ‚Nein'. Viele Anfragen halten uns von der Arbeit ab, unterbrechen unseren Arbeitsfluss, führen uns vom eigenen Ziel ab. Entscheiden Sie sich in Zukunft eindeutig, was Sie nicht wollen und was Sie wollen.*

*Wie Sie diese drei Zeitsparstrategien in Zukunft umsetzen werden – damit beschäftigen wir uns unter anderem in diesem Workshop."*

Während des Vortragens werden die drei Zeitsparstrategien auf dem Flipchart mit dem entsprechenden Symbol illustriert.

## Variationen

als Fazit eines Zeitmanagement-Workshops

## Kommentar

keiner

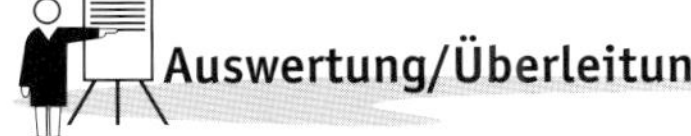

## Auswertung/Überleitung

- Einstieg in den Workshop
- Ausstieg mit Auswertungsrunde

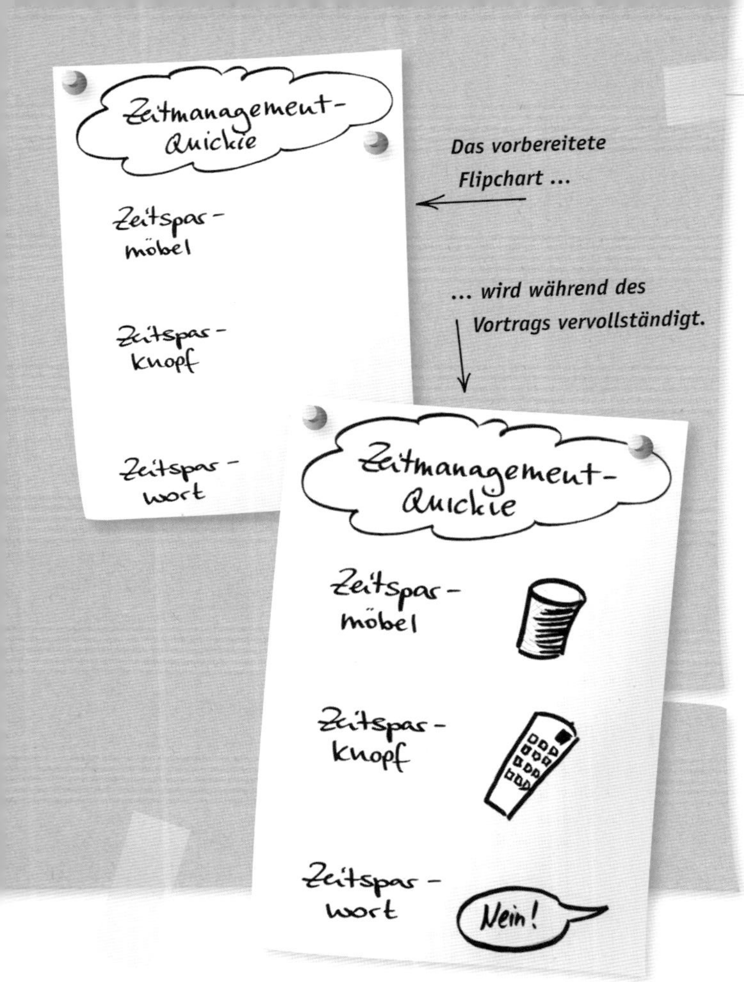

Zeitmanagement-Quickie

Zeitspar-möbel

Zeitspar-knopf

Zeitspar-wort

*Das vorbereitete Flipchart ...*

*... wird während des Vortrags vervollständigt.*

Zeitmanagement-Quickie

Zeitspar-möbel

Zeitspar-knopf

Zeitspar-wort

Nein!

## Einsatzmöglichkeiten

- Zeitmanagement
- Selbstmanagement
- Lern- und Arbeitsorganisation

## Querverweise

keine

## technische Hinweise

| | |
|---|---|
| **Gruppierung** | beliebig |
| **Material** | keines |
| **Dauer** | 5–10 Minuten |
| **Vorbereitung** | vorbereitetes Flipchart |

# Zum Quadrat

von Ingrid Hödl

Ein einfaches Quadrat kann auf mehrfache Art geteilt werden

## Ziel

- kreative Lösungen demonstrieren
- Teilnehmer offen und neugierig machen auf neue Lösungswege
- Teilnehmer öffnen für gemeinsame Lösungsfindung
- Aktivierung

## Beschreibung

Als Trainer haben Sie ein Flipchart mit einem Quadrat vorbereitet. Die Aufgabe für die Teilnehmer besteht darin, auf einem Blatt Papier viele kleine Quadrate aufzuzeichnen und jedes Quadrat auf eine andere Art **in jeweils vier (deckungs-)gleiche Teile** zu teilen. Das Ziel für jeden einzelnen ist, so viele verschiedene Varianten wie nur möglich zu finden (siehe Abb. nächste Seite). Dann geben Sie den Teilnehmern ausreichend Zeit. Währenddessen können Sie als Trainer Charts mit mehreren Quadraten vorbereiten, sodass die Teilnehmer darauf die verschiedenen Teilungsmöglichkeiten einzeichnen können.

Bevor Sie mit dem Sammeln und Einzeichnen beginnen, können Sie die Teilnehmer fragen, wie viele Varianten sie gefunden haben. Auch wenn einzelne vielleicht schon sehr viele Möglichkeiten gefunden haben, können Sie davon ausgehen, dass das gesamte Gruppenergebnis noch höher sein wird. Sollte sich das am Ende bestätigen, so können Sie auch diesen Aspekt zur Überleitung herausgreifen.

Nachdem die Teilnehmer die Anzahl ihrer individuellen Teilungsmöglichkeiten genannt haben, kommen sie einzeln nach vorne und zeichnen die verschiedenen Varianten in die vorbereiteten Quadrate ein. Alle gezeichneten Varianten sollen unterschiedlich sein.

## Variationen

Die Ideenfindung erfolgt im Plenum. Wer eine Lösung weiß, kommt nach vorne und zeichnet sie am Flipchart ein.

## Kommentar

Sie und auch Ihre Teilnehmer werden staunen, wie viele unterschiedliche Varianten es gibt, ein einfaches Quadrat in vier (deckungs-)gleiche Teile zu teilen.

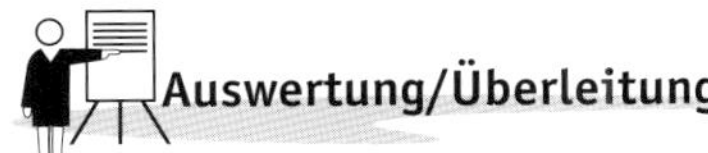

## Auswertung/Überleitung

–

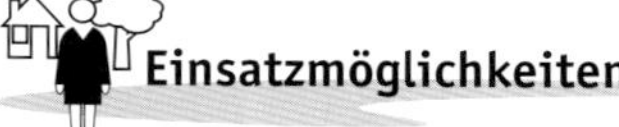

## Einsatzmöglichkeiten

- Kreativitätstrainings
- Veränderungsprozesse
- alle Trainingssituationen, die demonstrieren sollen, dass es meist mehr als nur eine Lösung gibt

## Querverweise

keine

## technische Hinweise

**Gruppierung** beliebig

**Material** Flipchart, Stift

**Dauer** ca. 10 Minuten

**Vorbereitung** keine

# Gruppen aktivieren

## Kapitel III


1 **Auf die Reise**
Karin Glattes — Seite 95

2 **Ball im Takt**
Gabriele Braemer — Seite 97

3 **Bilder einer Ausstellung**
Bernhard Kaschek — Seite 101

4 **Findet mich das Glück?**
Martin Niederhauser — Seite 105

5 **Führen und Folgen**
Verena Pung — Seite 107

6 **Gassenhauer**
Ulrich Balde — Seite 109

7 **Heute werde ich ...**
Tobias Linke — Seite 111

8 **Master to Jack**
Gesa Heiten — Seite 113

9 **Mörderspiel**
Dietmar Prudix — Seite 115

10 **Partnerinterview**
Thomas Eckardt — Seite 117

11 **Quiztime**
Gert Schilling — Seite 121

12 **Sich die Bälle zuspielen**
Rudolf A. Schnappauf — Seite 125

13 **Speed-Dating**
Martina Blotzki — Seite 127

14 **Voldemorts Fluch**
Erich Ziegler — Seite 129

15 **Zip Zap Boing**
Gabriele Braemer — Seite 131

Aktiv teilnehmen: mit Hand, Hirn, Körper und Seele dabei sein – das wünschen wir uns von unseren Seminarteilnehmern. Dafür, das ist keine neue Erkenntnis, ist aber in erster Linie ein Veranstaltungsdesign erforderlich, das auch aktivierende Methoden beinhaltet. „Was machen Sie, um Ihre Teilnehmer zu aktivieren?" lautete die Frage, die die folgenden Autoren uns methodisch ganz unterschiedlich, aber ganz sicher mit ähnlichen aktivierenden Resultaten, beantwortet haben.

**Karin Glattes** schickt ihre Teilnehmer „Auf die Reise" – nicht insgesamt und körperlich, sondern vielmehr reduziert auf einzelne Wörter und Bewegungen. Auch **Gabriele Braemer** schickt auf die Reise, allerdings ist es hier ein „Ball im Takt", der seinen Weg finden soll.

„Von Anfang an viel lachen" ist das Rezept von **Bernhard Kaschek** und **Martin Niederhauser**. Kaschek nutzt dafür die zeichnerischen Fähigkeiten seiner Teilnehmer, die in „Bildern einer Ausstellung" gipfeln. Bei Niederhauser ist es ein originelles Buch, das einen immer wieder vor Fragen wie „Findet mich das Glück?" stellt.

Aktivieren kann auch mit dem Thema Vertrauen gekoppelt werden. **Verena Pung** regt mit „Führen und Folgen" dazu an, sich einem Partner anzuvertrauen, beim „Gassenhauer" von **Ulrich Balde** ist es das ganze Team, das aufmerksam mit dem Teilnehmer umgehen muss, der nämlich auf die Aufmerksamkeit der Gruppe vertraut. Beide Übungen gehören auch deshalb ins Trainergepäck, weil sie materialfrei an vielen Orten einsetzbar sind.

Doch nicht nur das reguläre Seminarprogramm kann im Fokus stehen. Wenn Zeit und Thema dazu passen, lassen sich auch neben der Lernzeit aktivierende Spiele einsetzen. Zwei Trainerprofis geben Beispiele hierfür: Bei **Tobias Linke** kommen mit „Heute werde ich ..." verdeckte Aufgaben ins Spiel – kleine Nettigkeiten, die den ganzen Tag über für Heiterkeit sorgen. **Dietmar Prudix** betreibt hingegen ein „Mörderspiel". So schrecklich sich das im ersten Moment anhört, so heiter und spannend ist es doch, wenn über Tage ein Geheimnis gelöst werden muss.

„Bekannt und doch ein wenig anders ..." – dieses Motto steht über den nächsten vier Spielen: **Gesa Heiten** präsentiert mit „Master to Jack" ein aktivierendes Spiel, das ihr über eine südafrikanische Quelle begegnet ist, **Thomas Eckardt** favorisiert das „Partnerinterview" und **Gert Schilling** adaptiert ein erfolgreiches Ratespiel für „Quiztime". Möchten Sie mehr Action? Und dann auch noch „Sich die Bälle zuspielen"? **Rudolf A. Schnappauf** hält möglichst viele Bälle und eine erfolgreiche Aktivierung im Spiel.

Aktivierung bedeutet für die nächsten Autoren Tempo: Das bringt **Martina Blotzki** in die Kommunikation, wenn beim „Speed-Dating" das Kennenlernen in Kurzkontakten behandelt wird. „Tempo" bedeutet bei **Erich Ziegler** Kooperation und blitzschnelle Entscheidung – verpackt wird das Ganze in die Geschichte um „Voldemorts Fluch". Wer es dann doch lieber ein wenig ruhiger, aber dennoch reaktionsschnell inszenieren möchte, dem empfiehlt **Gabriele Braemer** am Ende dieses Kapitels „Zip Zap Boing".

# Auf die Reise

von Karin Glattes

Worte und Bewegungen werden von Teilnehmer zu Teilnehmer auf die Reise geschickt

## Ziel

Auflockerung

## Beschreibung

Die Teilnehmer stellen sich im Kreis auf.

**1. Runde:** Der Seminarleiter schickt das Wort „Du" zu einem Teilnehmer, der es dann zum nächsten weiterschickt, solange, bis es vom letztangesprochenen Teilnehmer nach der gelungenen Rundreise wieder beim Seminarleiter angekommen ist. Die Weitergabe sollte dabei möglichst *nicht* zu den unmittelbaren Nachbarn rechts und links erfolgen!

Die Weitergabe des Wortes erfolgt durch Blickkontakt in Verbindung mit einem gesprochenen „Du". Sobald der Teilnehmer das Wort an einen anderen Teilnehmer weitergegeben hat, hebt er die Hand. Die Teilnehmer müssen sich jeweils merken, von wem sie das „Du" bekommen und an wen sie es weitergegeben haben ...

Wenn das „Du" wieder beim Seminarleiter gelandet ist, folgt der „Praxis-Tempotest" ohne gehobene Hände. Danach werden alle nochmals daran erinnert, sich die Reihenfolge zu merken, da diese beibehalten wird.

**2. Runde:** Nun wird nach dem gleichen Prinzip eine Bewegung auf die Reise geschickt (z. B. ein Fingerschnippen). Diese Bewegung soll jedoch nicht nachgemacht, sondern vom nächsten Teilnehmer durch eine andere Bewegung (die noch nicht zu sehen war) ersetzt werden. Wieder gilt es, sich Sender und Empfänger zu merken. Erneut gibt es erst eine „Lernrunde" und anschließend den „Praxis-Tempotest".

**3. Runde:** Wort und Bewegung werden jetzt zeitversetzt auf die Reise geschickt – die Konzentration entscheidet darüber, ob Wort und Bewegung die Seminarleitung erreichen.

Bei Bedarf und Potenzial können weitere Runden mit anderen Begriffen oder Bewegungen gespielt werden, zum Beispiel:

- Automarken/-modelle
- Gemüse/Obst etc.

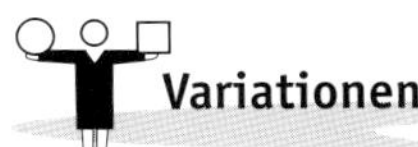

## Variationen

Durch Richtungswechsel oder das Merken von gesamten Ketten (ähnlich wie im Spiel „Ich packe meinen Koffer ...") kann der Schwierigkeitsgrad erhöht werden. Dazu darf die Gruppe aber nicht zu groß sein.

## Kommentar

Dieses Interaktionsspiel ist variabel einsetzbar und sorgt durch hohe Konzentration auf mehreren Ebenen (Hören, Sehen, Bewegen) gleichermaßen für Lachen und Erfolgserlebnisse.
**Achtung:** Nicht vergessen, bei den „Merkrunden" darauf zu achten, dass die Hand gehoben wird – zum Zeichen, dass der Teilnehmer bereits eine Rolle hat.

## Auswertung/Überleitung

Kann ergänzt werden durch ein paar Hinweise zur Kinesiologie: Wie bekommt man Wachzustände hin? Welche Funktion haben Überkreuzbewegungen?

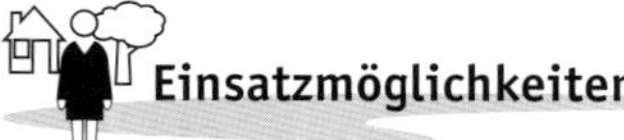

## Einsatzmöglichkeiten

Nach der Mittagspause, zum Start in den zweiten Seminartag bzw. in Phasen, vor denen die Sinne wieder wachgerüttelt werden müssen

## Querverweise

erlebt bei Noni Höfner

## technische Hinweise

**Gruppierung** Kreis

**Material** nicht notwendig

**Dauer** ab 5 Minuten, beliebig steuerbar

**Vorbereitung** keine

# Ball im Takt

von Gabriele Braemer

Bälle werden in einem gemeinsamen Rhythmus weitergegeben

## Ziel

- Spaß, Auflockerung der Gruppe
- Stand des Wir-Gefühls, Kooperation im Team aufzeigen
- Gefühle/Verhalten bei Veränderungen verdeutlichen
- für eigenes Verhalten unter Zeitdruck sensibilisieren

## Beschreibung

Die Gruppe bildet einen Kreis und jeder Teilnehmer bekommt einen Ball (Tennisball oder Jonglierball). Der Trainer erklärt: *„Die Ballweitergabe erfolgt in drei Schritten."* Der Trainer demonstriert und die Teilnehmer machen gleich mit:

1. *„Nach oben."* (Der Ball wird mit beiden Händen über den Kopf gehalten.)
2. *„Nach unten."* (Der Ball wird mit beiden Händen nach unten geführt.)
3. *„Nach rechts."* (Der Ball wird dem rechten Nachbarn in dessen ausgestreckte linke Hand weitergereicht und gleichzeitig mit der linken Hand der Ball vom linken Nachbarn aufgenommen. Siehe auch Abb. nächste Seite)

*„Den Rhythmus dazu machen wir mit den Beinen: Das Gewicht verlagern auf den linken Fuß, rechten Fuß, linken Fuß usw."* Der Trainer gibt einen – zunächst gemäßigten – Rhythmus vor. Die Teilnehmer machen gleich mit.

Der Trainer leitet eine Proberunde ein: *„Wir starten die Proberunde mit gemäßigtem Tempo. Zuerst nehmen wir nur die Hände, anschließend kommt der Fußrhythmus hinzu."* Mehrere Runden werden ausprobiert, dabei kann sich das Tempo kontinuierlich steigern.

Wenn die Teilnehmer Bälle verlieren, können Tipps gegeben werden:

- *„Auf den Ball und den Rhythmus fokussieren."*
- *„Den Ball präzise in die Hand des Nebenmannes geben."*
- *„Nicht den Bällen hinterherlaufen, sondern liegen lassen, notfalls nur ‚Luft' weitergeben."*
- *„Wichtig ist, den gemeinsamen Rhythmus und die Bewegung zu halten."*

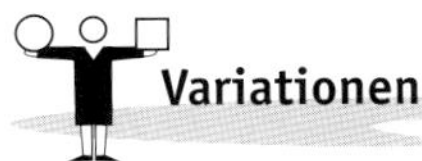

## Variationen

1. Der Gruppe die Verantwortung für Abfolge und Tempo übergeben (der Trainer steht nicht mit im Kreis).
2. Auf schnelles Tempo (Zeitdruck) achten, Tempo gegebenenfalls selbst steigern.

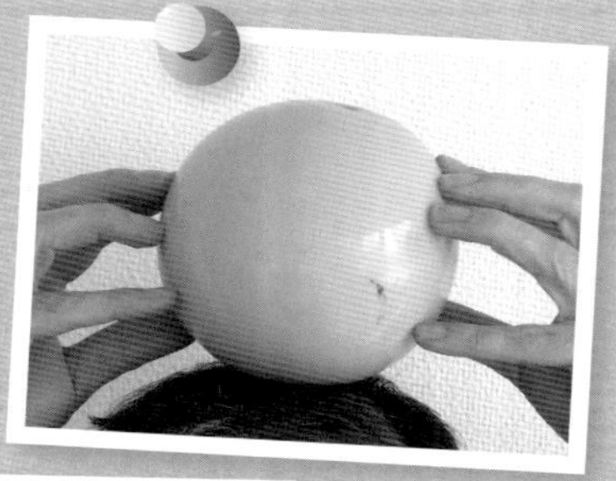

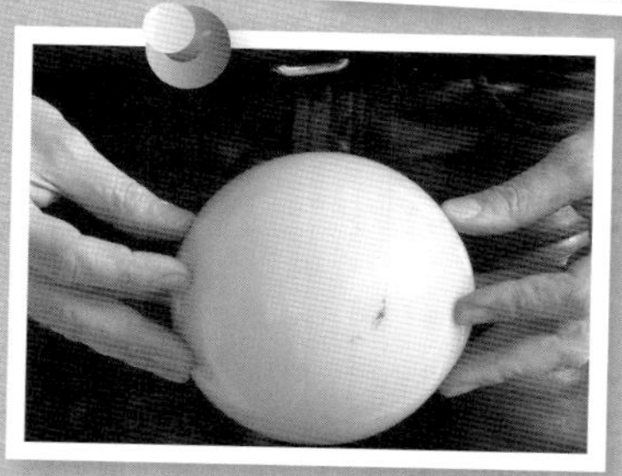

3. Wenn Runden gut laufen, einen Richtungswechsel ankündigen.
4. Das Vorgehen erläutern und von Anfang an auf Führung verzichten. Dabei werden das Anfangssignal, der Rhythmus und mögliche Reflexionspunkte der Gruppe überlassen (empfiehlt sich in Teamtrainings bzw. bei den Themen „Teamleitung" oder „Führung im Team").
5. Die Bälle durch Stangen ersetzen (Baumarkt, Gartenbedarf, ca. 80 cm lang). Diese werden im dritten Schritt nicht nach links oder rechts weitergegeben, sondern zu einem Teilnehmer gegenüber geworfen (Warnhinweis: gut üben, Verletzungsgefahr!).

## Kommentar

Erfahrungsgemäß kommt es gleich in den ersten Runden dazu, dass Bälle herunterfallen, einzelne Teilnehmer Bälle „horten" oder die Gruppe keinen gemeinsamen Rhythmus findet. In diesem Fall Tipps geben (für Fokus etc., siehe oben) bzw. erneute Proberunden einlegen.

Insbesondere bei Richtungswechseln erleben auch gut aufeinander abgestimmte Gruppen eine Phase der Verwirrung; die Bewegungen geraten aus dem Takt und die Bälle fallen herunter. Diese Beobachtungen können wunderbar in der Auswertungsrunde zum Thema „Reaktionen bei Veränderungen" herangezogen werden.

Viel Energie wird frei, sobald die Gruppe „ihren" Rhythmus gefunden hat, sodass es „flutscht", selbst wenn das Tempo deutlich anzieht.

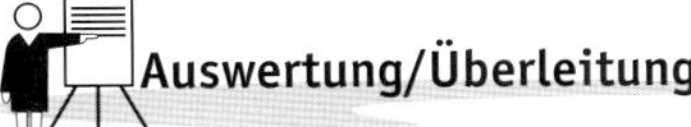

## Auswertung/Überleitung

- Ohne Auswertung (Ziel: Spaß haben, lachen) oder

- in **Teamtrainings bzw. Teambuilding-Workshops** auswerten unter den Aspekten: Kooperation (Wer grenzt sich aus und blockiert den Prozess? Wann und wodurch entstand ein Wir-Gefühl?), Entstehen von Führungsfunktionen, Prozessoptimierung (Wer fördert wie die Erfüllung der Aufgabe?) etc.

- beim Thema **Veränderungsmanagement** (Reaktionen auf Veränderungen): Was passierte, als die Richtung geändert wurde (Gefühle, Gedanken, Ergebnis)? Was heißt das, übertragen auf Veränderungsprozesse im Alltag? Was könnte eine Führungskraft tun, um die anfängliche Unsicherheit zu minimieren bzw. damit umzugehen?

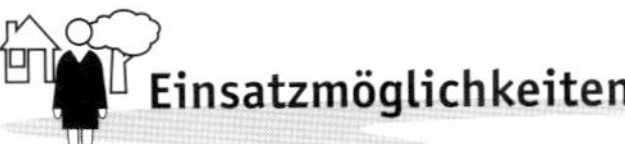

## Einsatzmöglichkeiten

- zur Auflockerung nach der Mittagspause
- in Teamtrainings, bei Teambuilding-Workshops (Kooperation, Führung, Prozessoptimierung)
- in Seminaren/Workshops zum Veränderungsmanagement als Einleitung in das Thema „Typische Reaktionen auf Veränderungen"

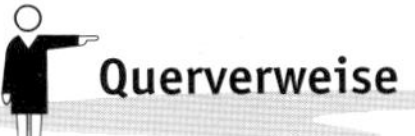

## Querverweise

erlebt in einer Fortbildung (Ich weiß leider nicht mehr, in welcher ...)

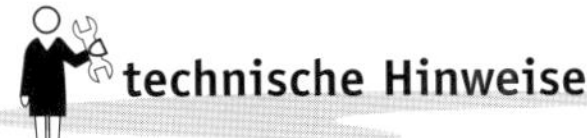

## technische Hinweise

| | |
|---|---|
| **Gruppierung** | 8–20 Teilnehmer (bei Arbeit mit Stangen max. 15) |
| **Material** | Bälle, die in eine Hand passen, aber sich möglichst in Größe und Beschaffenheit unterscheiden (je Teilnehmer ein Ball) |
| **Dauer** | 7–20 Minuten, je nach Auswertungsbedarf und -umfang |
| **Vorbereitung** | Bälle besorgen |

# Bilder einer Ausstellung

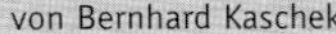

von Bernhard Kaschek

Die Teilnehmer porträtieren sich in Zweierteams und auf ungewöhnliche Weise

## Ziel

- sich auf eine fröhliche Art und Weise kennenlernen
- Herstellung eines positiven, offenen und humorvollen Lernklimas von Anfang an; „steife" und „kalte" Gruppen lockern
- Erwartungen, Lernziele und Befürchtungen der Teilnehmer können hier gesammelt und bearbeitet werden.
- speziell bei Rhetorik- und Präsentations-Trainings: eine kleine Kostprobe der aktuellen rhetorischen Fähigkeiten und der Wirkung beim Präsentieren

## Beschreibung

Der Trainer führt das Spiel als „eine Aktivität zum Kennenlernen" ein. Als Material werden geviertelte Flipchart-Bögen und dicke Filzstifte benötigt.

Die Teilnehmer werden aufgefordert, in Paaren (z. B. die Tischnachbarn) zusammenzuarbeiten. Sie sollen sich gegenseitig porträtieren und gleichzeitig interviewen. Die Porträts sollen mit der „schlechten" Hand (in der Regel ist das die linke) angefertigt werden (Material: dicker Filzstift). Auf diese Weise kommen alle Anwesenden auf dasselbe Fähigkeitsniveau.

Während die Teilnehmer zeichnen, interviewen sie sich entlang bestimmter Fragen. Die Antworten werden im rechten Teil des Blattes notiert (Platzbedarf für das Porträt: ca. 3/4 des Blattes im Querformat; Platzbedarf für das Interview: ca. 1/4 des Blattes im Querformat). Als Fragen für das Interview eignen sich:

- Name, Alter, Herkunft
- Position, Aufgabe
- Hobbys, Interessen
- Was beschäftigte Sie in den vergangenen beiden Monaten besonders?

Sie können natürlich die Fragen an das Seminarthema anpassen.

Geben Sie für diese Phase (porträtieren und interviewen) 10 Minuten Zeit. Wenn alle fertig sind, sollen die Teilnehmer den Namen ihres „Models" groß auf das Blatt schreiben.

Nun versammelt sich die Gruppe vor einer oder zwei Pinnwänden (je nach Gruppengröße). Die Teilnehmer kommen nacheinander nach vorne, pinnen ihr Werk an die Wand und stellen anhand des Porträts ihr „Model" der Gruppe vor: „Das ist Elke Seliger, sie kommt aus Köln und ist 34 Jahre alt. Sie arbeitet seit vier Jahren als Key-Account-Managerin bei uns. Sie isst gerne, liest gerne, ist Taucherin und kocht unheimlich gerne indisch."

Sofern der Trainier mitgespielt hat, beginnt er mit seinem Werk die Ausstellung und zeigt auf diese Weise den Teilnehmern die Vorgehensweise. Da die Bilder in der Regel richtig „zum Brüllen" sind, wird das Klima sofort herzlich, lebendig und positiv angeregt.

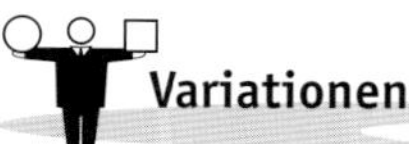

## Variationen

- Bei ungerader Anzahl der Teilnehmerzahl macht der Trainer mit.

- Es ist möglich, auch die Lernziele und Befürchtungen der Teilnehmer mit diesem Spiel zu sammeln. Dazu reichen Sie den Teilnehmern, sobald diese mit dem Malen fertig sind, je eine Moderationskarte in zwei unterschiedlichen Farben (z. B. in grün für die Lernziele und in rot für die Befürchtungen). Fordern Sie sie dazu auf, ihre persönlichen Lernziele und Erwartungen an das Seminar auf ihrer grünen Karte und ihre Befürchtungen in Bezug auf den Ablauf oder auf das Thema auf der roten Karte zu notieren. Wenn sie von ihrem Tischnachbarn mit dem Porträt vorgestellt worden sind, können sie vortreten, um der Gruppe und dem Trainer ihre Erwartungen und Befürchtungen vorzulesen. Diese beiden Karten pinnen sie dann auf ihr Porträt (ohne es zu verdecken!). Diese können dann am Ende des Trainings nochmals gemeinsam angeschaut und reflektiert werden. So können Teilnehmer und Trainer prüfen, inwieweit der Transfer erfolgt ist, ob die individuellen Lernziele erreicht worden sind oder ob die Befürchtungen sich bewahrheitet haben. **Wichtig:** Die Lernzielkarte ist eine Pflichtkarte. Die Befürchtungskarte ist fakultativ; wenn jemand keine Befürchtungen hat, soll er nicht dazu stimuliert werden, sich welche auszudenken.

## Kommentar

Vom Forming zum Performing in nur 30 Minuten: So findet die Gruppe schnell, leicht und gutgelaunt zusammen.

Bei diesem Spiel verbreitet sich augenblicklich eine heitere, gelöste, aufgeregte Stimmung. Die Teilnehmer lachen beim Zeichnen viel und tendieren dazu, die Interviews zu vergessen; 3 Minuten vor Ende der gegebenen Zeit erinnern Sie sie eventuell nochmals daran.

Wenn der Trainer die Lernziele und Befürchtungen der Teilnehmer sammelt, bekommt er enorm viele Informationen sowohl über den tatsächlichen Wissensstand der Teilnehmer als auch über die gegenwärtige Atmosphäre in der Gruppe/dem Unternehmen/der Organisation. Er kann anfangen, ihre soziale und kommunikative Kompetenz einzuschätzen. Der Trainer kann so seine Präsentation der Themen besser dem Niveau der Gruppe anpassen.

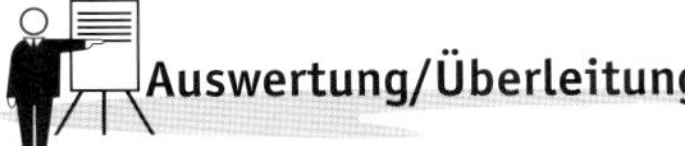

## Auswertung/Überleitung

Nach diesem Get-together kann die Vereinbarung bestimmter Spielregeln für das Seminar erfolgen, das Organisatorische geklärt, die Agenda besprochen werden. Erst dann geht man in den „Sachteil" über.

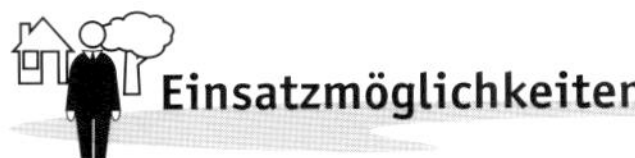

## Einsatzmöglichkeiten

Als Kennenlernspiel und Einstiegsaktivität bei allen Trainings und Workshops.

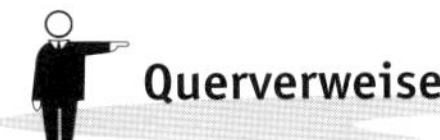

## Querverweise

keine

## technische Hinweise

**Gruppierung** bis max. 14 Teilnehmer

**Material** pro Teilnehmer:
- 1/4 Flipchartbogen
- ein dicker Filzstift
- ein Kugelschreiber
- für Spielvariante: je eine grüne und eine rote Moderationskarte

1–2 Pinnwände und Pins

**Dauer** 20–40 Minuten je nach Teilnehmerzahl

**Vorbereitung**
- Die Flipchartbögen in vier Teile schneiden.
- Bögen, Stifte und Karten auf jedem Teilnehmer-Platz legen.
- Die Fragen für das Interview auf einem Flipchart (oder über Beamer) visualisieren.

# Findet mich das Glück?

von Martin Niederhauser

Ein originelles Buch mit schrägen, poetischen und philosophischen Fragen regt zu schlagfertigen Antworten an

## Ziel

Nach dem Zufallsprinzip „Finger ins Telefonbuch stecken" werden überraschende und unerwartete Fragen gestellt, die es möglichst schnell, knapp und präzise zu beantworten gilt. Ziel ist u. a.:

- Schlagfertigkeit zu trainieren
- ein Kennenlernen zu ermöglichen
- Impulstraining (der erste Impuls ist richtig)
- Fördern des Sprechdenkens
- Vertrauen schaffen in die eigene Fantasie und somit in die Fähigkeit, eine Sinneinheit frei und verständlich zu formulieren (Vorstufe für die freie Rede)

## Beschreibung

Die Teilnehmer sitzen im Halbkreis. Der Moderator stellt dem ersten Teilnehmer, der am Rand der Gruppe sitzt, die erste Frage. Diese wird von ihm nach dem Zufallsprinzip ausgewählt, das heißt, er steckt irgendwo den Finger in das Büchlein und liest die Frage vor, auf die er getippt hat. Anschließend wird das Büchlein von einem Teilnehmer zum nächsten weitergegeben und so kommt das Buch zum Moderator zurück, der damit auch die letzte Frage beantwortet.

Das kleine schwarze Büchlein hat es in sich. Die Fragen sind unendlich komisch, überraschend und unvorhersehbar. Hier ein paar Beispiele:

- „Bin ich der Schlafsack meiner Seele?"
- „Leben die Außerirdischen bereits als Jogurt unter uns?"
- „Soll ich untertauchen?"
- „Kennt mich mein Auto?"
- „Kann ich alles, darf ich alles?"
- „Warum bin ich immer mit allem einverstanden?"
- „Liebt man mich?"
- „Geht man beim Einschlafen durch eine Wand?"

Schlagfertigkeit ist trainierbar: Nur wenn ich im Moment der Frage das Vertrauen in meinen ersten Impuls habe, gelingt mir eine überzeugende Auskunft. Schon Kleist hat dazu angeregt, die Antwort über das „allmähliche Verfertigen der Gedanken beim Sprechen" zu generieren!

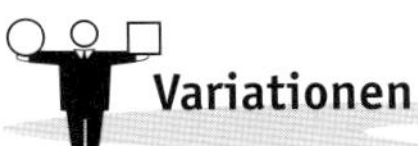

## Variationen

1. Mit dem „Kleinen Buch der Antworten" spannende Fragen aus dem Stegreif entwickeln. Dies ist die Umkehrung des Spiels und ist mindestens so anspruchsvoll wie die oben beschriebene Variante.

2. Neue Fragen nach dem gleichen Fischli/Weiss-Prinzip generieren. Beispiele: „Wie findet mich das Spielerglück?" Oder: „Sind Glückliche immer Spieler?" Oder: „Was macht süchtiger: spielen oder glücklich sein?" Nach dem gleichen Prinzip (Fragen in der Reihe weitergeben) oder nach dem Zufallsprinzip spielbar.

3. Fischli/Weiss-Fragen kombinieren mit Fragen zur konkreten Arbeitssituation: „Bin ich ein guter Manager?" „Ist unsere Unternehmenskultur ein Vorbild?" „Können andere Mitarbeiter auf mich zählen?" „Liefern wir unseren Kunden ‚good value' und Qualität?" „Ist ‚Passion' mehr als ein Schlagwort?" „Sind die Ränder der Wirklichkeit diffus?" „Beraten wir unsere Kunden gut?" „Kann man mich mit etwas Süßem trösten?"

## Kommentar

Eignet sich gut zur atmosphärischen Auflockerung mit neuen Gruppen. Es wird von Beginn weg sehr viel gelacht! Achtung: Kann süchtig machen!

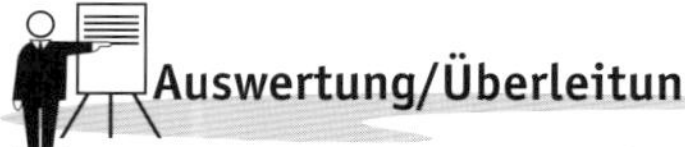

## Auswertung/Überleitung

Interviewtraining oder ein anderes beliebiges Thema aus dem Bereich Kommunikation

## Einsatzmöglichkeiten

Eignet sich neben dem Schlagfertigkeitstraining auch sehr gut für eine erste Vorstellungsrunde. Die Art und Weise der Antwort erzählt viel mehr über den Sprechenden als alle „technischen Details" wie Altersangabe oder eine komplette Liste der Ausbildungsgänge.

## Querverweise

keine

## technische Hinweise

**Gruppierung** beliebige Anzahl an Teilnehmern

**Material**
- Peter FISCHLI/David WEISS: Findet mich das Glück? Verlag der Buchhandlung Walther König, Köln
- Carol BOLT: Das kleine Buch der Antworten Scherz Verlag, Bern 2002

**Dauer**
- pro Teilnehmer 10–20 Sekunden
- kann in 2–3 Runden gespielt werden
- insg. durchschnittlich 5–10 Minuten

**Vorbereitung** keine

# Führen und Folgen

von Verena Pung

Zwei Teilnehmer führen (bzw. folgen) wechselseitig zu Musik durch den Raum

## Ziel

- Ankommen in der Situation
- Vertraut machen mit der Umgebung
- Kennenlernen der anderen Teilnehmer, Schließen erster Kontakte
- Förderung der eigenen Wahrnehmung
- Aktivierung der Sinne
- Aufbau von Vertrauen zu anderen Teilnehmern

## Beschreibung

Die Teilnehmer stellen sich im gesamten Raum auf und suchen sich jeweils einen Partner, sodass alle Teilnehmer in Zweiergruppen beieinander stehen. Je nach gerader oder ungerader Teilnehmerzahl ist der Trainer selbst aktiv oder auch nicht. Der Trainer erläutert kurz die Übung: Es geht darum, sich zu Musik im Raum zu bewegen, indem man sich wechselseitig durch den Raum führt. Dabei soll, wenn möglich, der Geführte die Augen schließen.

Die Partner sprechen sich dann miteinander ab, wer zuerst die Rolle des Führenden übernimmt. Die Teilnehmer halten sich an den locker ausgestreckten Händen. Der „Führende" bewegt sich am Besten zunächst rückwärts und versucht den Partner ohne Gefahren durch den Raum zur Musik zu geleiten. Dabei muss der Führende spüren, wie viel Sicherheit sein Gegenüber benötigt, ob die Hände sehr fest gehalten werden müssen oder nur ganz leichte Berührungen notwendig sind.

Während des Musikstückes können die Teilnehmer selbstständig die Rollen tauschen, wobei während der Übung nicht gesprochen werden soll, auch der Wechsel sollte also nonverbal geschehen.

## Variationen

Bei Teilnehmern, die sich einfach führen lassen, kann nur mit einer Hand geführt werden und zusätzlich können Richtungswechsel eingebaut werden, d. h., der Geführte geht beispielsweise rückwärts.

Es kann schon beim ersten Durchgang der Hinweis erfolgen, dass die Positionen nonverbal ausgehandelt werden müssen, dann muss man sich noch stärker auf die Körpersprache konzentrieren.

## Kommentar

Es empfiehlt sich, klassische Musik mit nicht zu schnellem Tempo zu spielen. Die Musik sollte eher leise als laut sein. Die Übung eignet sich für Personen, die sich schon kennen oder sich aufgrund ihrer Vorerfahrung relativ schnell auf andere einlassen können.

## Auswertung/Überleitung

Rückmeldung über die Befindlichkeit erfragen: Welcher „Part“ war einfacher bzw. angenehmer? Diskussion über die Frage, wie einfach es ist, loszulassen bzw. jemand anderem „blind“ zu vertrauen.

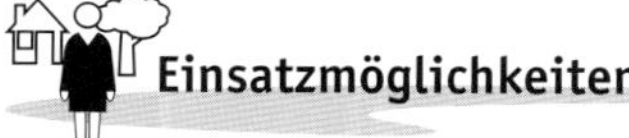

## Einsatzmöglichkeiten

Die Übung eignet sich entweder als Einstieg in ein Training oder als Teil eines Führungskräftetrainings zum Thema „Mitarbeiterführung“.

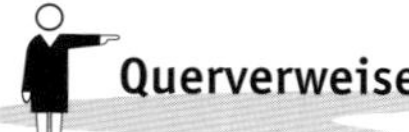

## Querverweise

keine

## technische Hinweise

**Gruppierung** je nach Raumgröße bis zu 20 Personen mit jeweils 2 Teilnehmern als Paar

**Material** CD-Spieler und Lautsprecher, eventuell Fernbedienung

**Dauer** 10–20 Minuten

**Vorbereitung** Musik auswählen und einlegen

# Gassenhauer

von Ulrich Balde

Ein Einzelner läuft vertrauensvoll in die Reihe der Mitspielenden

## Ziel

- Vertrauen in der Gruppe stabilisieren
- Motivation
- Mut

## Beschreibung

Die Teilnehmenden stehen sich etwas versetzt in zwei Reihen vis-à-vis gegenüber. Die ausgestreckten, verzahnten Arme ergeben (von oben betrachtet) das Bild eines Reißverschlusses. Etwa zehn Meter von dieser Reihe entfernt stellt sich der erste Teilnehmer als Läufer auf. Er fragt laut: „Seid Ihr bereit?“ Die Gruppe antwortet laut zurück: „Ja, alle bereit!“

Nun läuft dieser Teilnehmer mit selbst gewähltem Tempo an einem Ende der Reihe hinein und kurz vor ihm **senken (!)** sich jeweils die ausgestreckten Arme, um ihn durchzulassen (siehe Abb. nächste Seite). Sobald er die Gasse passiert hat, wird er von der Seminarleitung zum gerade Erlebten angesprochen (emotionale Entlastung).

Bevor der Nächste startet, werden die Arme wieder in die Ausgangsposition gehoben und das Ganze wiederholt sich.

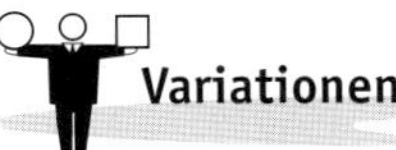

## Variationen

1. Die Teilnehmer stehen in breiter V-Form. Ein Teilnehmer läuft mit geschlossenen Augen aus ca. zehn Metern Entfernung auf die Formation zu und wird spätestens im spitzen Winkel des V sanft durch leichtes Abbremsen an den Schultern abgefangen.
2. Den gleichen Teilnehmer erneut laufen lassen – eventuell mit einer persönlichen Zielformulierung.
3. Persönliche Auswertungsfragen anschließen: „Was gab Sicherheit?“ „Was brauchst/brauchtest Du?“ „Was motiviert zu weiteren Versuchen?“
4. Indoor und outdoor einzusetzen.
5. Zwei Teilnehmer halten ein Zeitungsblatt in Brusthöhe gespannt und der Freiwillige läuft darauf zu bzw. hindurch.

## Kommentar

- Da Sicherheit und Aufmerksamkeit bei dieser Übung eine große Rolle spielen, sollten Sie als Seminarleiter den ersten Durchgang machen. So können Sie falsches Verhalten am Besten erkennen und direkt ansprechen.
- Zu diesem Zweck muss die Seminarleitung auch stets darauf achten, dass das Fragen „Seid Ihr bereit?“ und Antworten „Ja, alle bereit!“ immer eingehalten wird, da dies die Teilnehmer auf den Prozess fokussiert.

- Es gilt das Prinzip der Freiwilligkeit.
- Persönliche Grenzen sind zu respektieren.
- Auf Bodenunebenheiten achten und hinweisen.

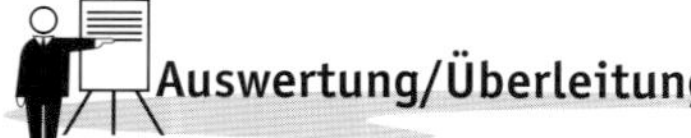

## Auswertung/Überleitung

Nach jedem Durchlauf eines Teilnehmers kurz die Befindlichkeit ansprechen. Dem Teilnehmer Raum geben für die „emotionale Entlastung". Die meisten wollen etwas sagen/mitteilen/Druck ablassen.

## Einsatzmöglichkeiten

gut geeignet als Abschluss von teamorientierten Maßnahmen

## Querverweise

keine

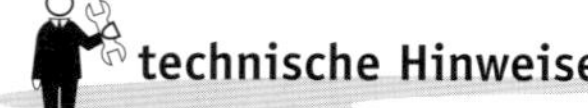

## technische Hinweise

**Gruppierung** 10–25 Teilnehmer

**Material** keines

**Dauer** 10–25 Minuten

**Vorbereitung** keine

# Heute werde ich ...

von Tobias Linke

Parallel zum Seminarprogramm verhalten sich die Teilnehmer nach vorgegebenen, den anderen unbekannten Anweisungen

## Ziel

- Verdeutlichung und Erleben von Verhaltensweisen in Gruppen
- Sensibilisierung für die Kommunikation und das Verhalten anderer Gruppenmitglieder

## Beschreibung

Die Seminarleitung lässt einen Hut mit zusammengefalteten Aufgaben (s. u.) in der Runde herumgehen. Je nach Gruppe und Zielsetzung wurden diese vorher passend formuliert:

- Ich erinnere alle anderen immer wieder an ihre Aufgaben!
- Ich achte darauf, dass heute alle genug trinken und essen!
- Ich achte darauf, dass alle gut zuhören, wenn etwas erklärt wird!
- Ich frage die Leitung ab und zu, ob ich irgendwie helfen kann!
- Ich bin immer begeistert und juble bei jeder Gelegenheit!
- Ich gehe herum und frage alle Leute, wie es ihnen geht und wie sie den Tag bisher finden!
- Wenn die Leitung etwas sagt, melde ich mich und sage, dass ich das für eine gute Idee halte, egal was es ist!
- Ich achte darauf, dass alle gut mitkommen und keiner zurückbleibt!
- Ich achte darauf, dass alle immer schön lächeln!
- Ich erinnere alle immer wieder daran, wie wichtig es ist, sich auch bei diesem Wetter mit Sonnencreme einzucremen!
- Ich gehe herum und erzähle allen Leuten meine Lieblingswitze!
- Ich fange immer wieder an, laut ein Lied zu singen!
- Ich frage immer wieder mal, ob jeder seine Regensachen dabei hat, weil es nach Regen aussieht, auch wenn die Sonne scheint!
- Ich frage immer wieder, ob wir eigentlich noch am richtigen Thema arbeiten!
- Ich gehe herum und binde allen Leuten die Schuhe zu, auch wenn sie gar nicht offen sind!
- Wenn bei einer Übung ein Freiwilliger gebraucht wird, melde ich mich wie besessen!
- Ich weise immer wieder darauf hin, dass Situationen, die einfach aussehen, oft besonders gefährlich sein können!
- Wenn alle zusammenkommen sollen, sorge ich mit dafür, dass dies auch möglichst schnell geschieht.
- Ich bin immer auf der Suche nach einem Locher und benötige ihn ganz dringend.

Jeder Teilnehmer zieht einen Zettel und liest ihn im Geheimen. Die Aufgabe darf mit niemandem getauscht und auch nicht verraten werden. Sie soll über den gesamten Tag ausgeführt werden. Die Teilnehmer starten die Ausführung ihrer jeweiligen Aufgabe unauffällig und steigern die Ausprägung im Laufe des Tages.

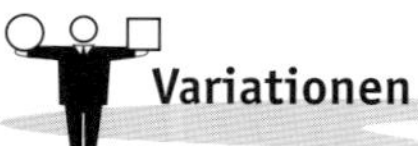

## Variationen

Je nach Gruppe lassen sich auch individuelle Aufgaben schreiben. Die hier genannten sind nur eine mögliche Variante und kommen erfahrungsgemäß gut an.

## Kommentar

Es wird viel gelacht und oft wird das Spiel auch über den Tag hinaus weitergeführt: Viele liebenswerte „Insider-Gags" bleiben in Erinnerung.

Mit der Zeit vergrößert sich Ihr Repertoire an Aufgabenstellungen.

## Auswertung/Überleitung

Am Abend/Seminarende wird geraten und aufgelöst:

- *„Wer hatte welche Aufgabe?"*
- *„Woran/wann ist es aufgefallen?"*
- *„Wurde die Aufgabe markant ausgeführt?"*
- *„Welche Aufgaben gibt es im Alltag?"*

## Einsatzmöglichkeiten

Das Spiel lässt sich super über einen ganzen Tag neben dem eigentlichen Programm spielen. Gut geeignet auch für einen Tag mit Outdoor-Aktivitäten.

## Querverweise

keine

## technische Hinweise

| | |
|---|---|
| **Gruppierung** | ab 6 Personen |
| **Material** | Aufgabenzettel, Hut oder Ähnliches |
| **Dauer** | Tagesaktion |
| **Vorbereitung** | Aufgabenzettel der Gruppe angepasst formulieren, ausschneiden |

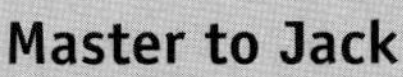

# Master to Jack

von Gesa Heiten

Aufmerksam und im Klatschrhythmus bleiben, damit man nicht ausscheidet

## Ziel

- mit Schwung in eine neue Phase des Seminars starten
- müde Teilnehmer wieder munter machen

## Beschreibung

Die Teilnehmer sitzen oder stehen im Kreis. Die Trainerin stellt die „Namen“ der Spieler vor:

- Der Name der Trainerin ist „Master“,
- links daneben steht „Jack“,
- dann geht es der Reihe nach von Nummer 1 bis zur Nummer des letzten Teilnehmers (steht dann also rechts der Trainerin).

Nun lernen alle Anwesenden zunächst den Klopf-, Klatsch- und Schnipps-Rhythmus. Die meisten kennen den Queen-Song „We will rock you“ – angelehnt an diesen Song wird der Rhythmus vorgestellt:

1. Zuerst klopfen alle mit beiden Händen auf die eigenen Oberschenkel,
2. dann klatschen alle in die Hände,
3. dann werden beide Finger geschnippst.

Sobald dieser Rhythmus sitzt und alle im gleichen Takt sind, geht es in die nächste Stufe.

Der Master beginnt:
1. klopfen und „Master“ sagen
2. klatschen und „zu“ sagen
3. schnippsen und „Jack!“ sagen

Jack macht weiter:
1. klopfen und „Jack“ sagen
2. klatschen und „zu“ sagen
3. schnippsen und „Fünf!“ sagen (bzw. eine andere beliebige Person nennen)

Die Person mit der Nummer „Fünf“ muss nun im gleichen Rhythmus übernehmen und weitermachen, beispielsweise mit „Fünf zu Sieben“ usw. Wer nicht im Rhythmus antwortet oder nicht aufpasst, muss sich auf die Position von Jack stellen. Der vorherige „Jack“ wird „Eins“, die vorherige „Eins“ wird „Zwei“ und so fort. Macht Jack einen Fehler, bleibt er „Jack“. Macht „Master“ einen Fehler, so wird er zu „Jack“.

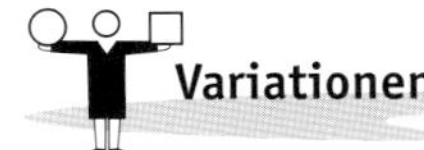

## Variationen

Ist das Spiel weiter fortgeschritten, kann die Trainerin auch auffordern, dass jeder/jede, die/der einen Fehler macht, aus dem Spiel ausscheidet. Die Nummern werden dabei nicht mehr geändert. Man muss sich nun merken, welche Nummern noch im Spiel sind. Sind nur noch drei Spieler/innen im Spiel, ist es zu Ende und die „Sieger“ werden gefeiert.

## Kommentar

Das Spiel hört sich einfacher an, als es ist. Für viele Menschen ist es eine Herausforderung, Rhythmus und Bewegung, Sprache und Denken gleichzeitig zu koordinieren. Am Anfang ist es wichtig, streng auf den Rhythmus zu achten, sonst wird das Spiel zu lasch ...

„Jack" steht im Englischen eher für den „dummen August" und in diesem Spiel wird jeder einmal „ein dummer August", der nicht den Rhythmus einhalten kann. So ist geteiltes Leid halbes Leid. Fehler führen zur Belustigung und sind nicht „schlimm" im landläufigen Sinne. Gleichzeitig bietet das Spiel die Möglichkeit, dass andere, denen man es vielleicht nicht zugetraut hätte, nach vorne kommen und mit ihrer Fähigkeit, Takt zu halten und Bewegungen zu koordinieren, brillieren.

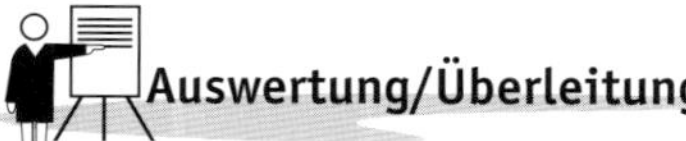

## Auswertung/Überleitung

nicht erforderlich

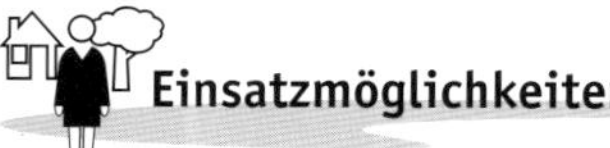

## Einsatzmöglichkeiten

vor Seminarbeginn oder nach einer längeren Pause

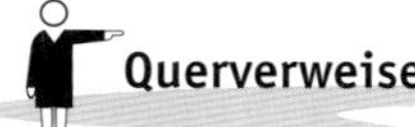

## Querverweise

Das Spiel kennen wir von Coleridge Daniels, der in Kapstadt mit Straßenkindern arbeitet und diese zunächst mit Hilfe von Spaß und Erlebnis auf Kooperation vorbereitet. Dies ist notwendig, da die meisten Straßenkinder sich in „Gangs" organisiert und in der Vergangenheit gegeneinander gekämpft haben. In seinem Seminar „Ubuntu", das jährlich im Eschwege-Institut stattfindet, gibt er seine Erfahrungen mit dieser Arbeit weiter.

## technische Hinweise

**Gruppierung** Interaktionsspiel für mind. 6 bis max. 25 Teilnehmer

**Material** keines

**Dauer** ca. 20 Minuten

**Vorbereitung** keine

# Mörderspiel

von Dietmar Prudix

Parallel zum Seminargeschehen treibt ein „Mörder" sein Unwesen

## Ziel

Ziel ist, die Gruppeninteraktion zu fördern, Spannung auch in den Pausen zu erzeugen und sich besser kennenzulernen. Die Kommunikation wird gefördert und die Wahrnehmung gestärkt. Alle Teilnehmer haben Spaß.

## Beschreibung

Zu Beginn des Spiels zieht jeder Seminarteilnehmer einen Zettel, auf dem seine Rolle vermerkt ist. Nur einmal wird die Rolle des Mörders (also nur ein Zettel mit dem Wort „Mörder") vergeben. Die übrigen Zetteln sind leer bzw. lediglich mit einem „X" beschrieben.

Gemordet wird durch das Zeigen des Zettels „Mörder" oder durch die Aussage „Du bist tot". Beim Mordvorgang dürfen keine lebenden Zeugen anwesend sein. Diejenigen, die dem Mörder zum Opfer gefallen sind, tragen sich zeitnah in eine vorbereitete Liste ein: Name des Opfers, Zeitpunkt des Mordes, Ort des Mordes (siehe Abb. nächste Seite).

Die noch lebenden Teilnehmer/innen können jederzeit einen Verdacht äußern. Dazu kann die Gesamtgruppe zusammengerufen werden, um den Verdacht zu diskutieren bzw. öffentlich zu machen. Jeder, der etwas zum Geschehen sagen möchte, beginnt mit den Worten „Ich habe einen Verdacht." oder „Ich möchte einen Verdacht äußern.". Dann muss der Name des Verdächtigen genannt werden. Die genannte Person muss wahrheitsgemäß antworten, ob sie der Mörder ist oder nicht.

Ist der Verdacht unbegründet, so ist die Person, die den Verdacht geäußert hat, ebenfalls Opfer. Ist er richtig, ist der Mörder gefunden und das Spiel kann von neuem begonnen werden.

Hinweise:

- Das Spiel kann mehrere Tage dauern.
- Die Opfer dürfen nicht durch Schreie o. Ä. auf sich aufmerksam machen.
- Der Mörder darf immer nur eine Person morden, „Massenmorde" sind nicht möglich.
- Die Opfer dürfen den Namen des Mörders nicht verraten.

## Variationen

- Der Seminarleiter kann kleine Preise ausloben, die den Ehrgeiz noch erhöhen. Zum Beispiel erhält jeder nicht entdeckte Mörder einen Müsli-Riegel oder derjenige, der den Mörder entlarvt, bekommt einen Koosh-Ball.
- Bei großen Gruppen können auch mehrere Mörder eingesetzt werden.

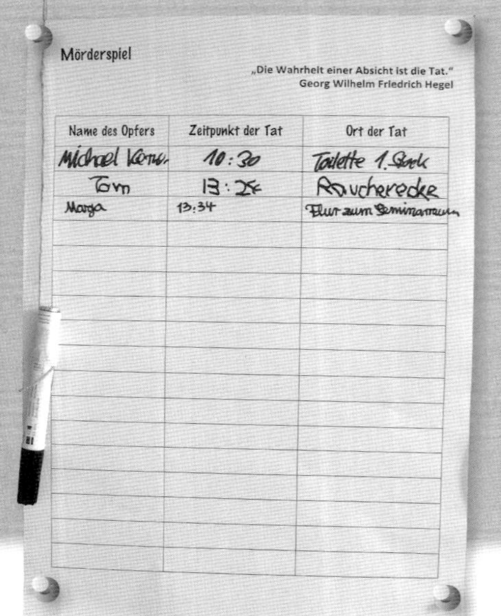

Mörderspiel

„Die Wahrheit einer Absicht ist die Tat."
Georg Wilhelm Friedrich Hegel

| Name des Opfers | Zeitpunkt der Tat | Ort der Tat |
| --- | --- | --- |
| Michael K[illegible] | 10:30 | Toilette 1. Stock |
| Tom | 13:2[illegible] | Raucherecke |
| Marga | 13:34 | Flur zum Seminarraum |

## Kommentar

- lockert stark auf
- verursacht viel Spaß und Abwechslung
- bringt die Gruppe zusammen

## Auswertung/Überleitung

- kein zu langes Debriefing nötig und sinnvoll
- auf Fragen nach der Wahrnehmung konzentrieren („*Woran habt ihr gemerkt, dass …?*")

## Einsatzmöglichkeiten

parallel zu allen Seminaren (indoor wie outdoor)

## Querverweise

bereits durch Jan Puchelt erwähnt

## technische Hinweise

**Gruppierung** Gesamtgruppe

**Material**
- Zettel entsprechend der Anzahl der Teilnehmer (ein Zettel mit „Mörder")
- vorgefertigte Liste für die Opfer

**Dauer** 1–3 Tage, Wiederholungen möglich

**Vorbereitung** Erstellen der Liste und der Zettel

# Partnerinterview

von Thomas Eckardt

Gegenseitiges Interview mit anschließender Kurzpräsentation

## Ziel

- Aktivierung der Teilnehmer
- erste Lernpartnerschaften etablieren
- Anwärmen mit der zukünftigen Thematik
- einen Teilnehmer näher kennenlernen und vorstellen

## Beschreibung

Die Teilnehmer finden sich paarweise zusammen. Hierfür können Kriterien vorgegeben werden: Lang oder kurz im Business, bekannt oder unbekannt, aus einem anderen Arbeitsbereich. Bei offenen Gruppen ist es in der Regel gegeben, dass sich die Teilnehmer häufig nicht kennen. Sollte es eine ungerade Teilnehmerzahl geben, ist auch eine Dreiergruppe, die über Kreuz Interviews führt, möglich. Auf einem Flipchart werden die Interviewthemen vorgestellt (siehe Abb. nächste Seite):

**Variante 1: „klassisch“**

- Name
- Werdegang
- Herkunft
- Persönliches
- Privates
- mein letztes Buch
- mich interessiert besonders am Seminarthema ...

**Variante 2: „originell“**

- Name
- gute Kontakte und berühmte Persönlichkeiten in meinem Umfeld
- ein peinliches Erlebnis
- meine dunkle Seite
- was mir keine(r) zutraut
- was ich schon immer mal machen wollte
- mich interessiert besonders am Seminarthema ...

Die Teilnehmer werden gebeten, nach ca. 10 Minuten die Rollen zu tauschen. Den Impuls hierzu gibt die Seminarleitung. Je nach weiterem Vorgehen können die Teilnehmer die Antworten zu den o. g. Punkten auch auf Karten schreiben, die dann dokumentiert und/oder geclustert werden.

Nach der Interviewphase werden die Teilnehmer gebeten, für die Präsentation so Platz zu nehmen, dass die Sitzordnung sich neu formiert. Der Reihe nach stellen sich die Interviewpaare vor.

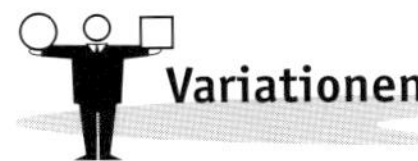

## Variationen

1. Die Kollegen stellen sich in der Ich-Form vor. Nicht: „Ich stelle Herrn Meier vor und ...“, sondern: „Ich bin Herr Meier und ...“

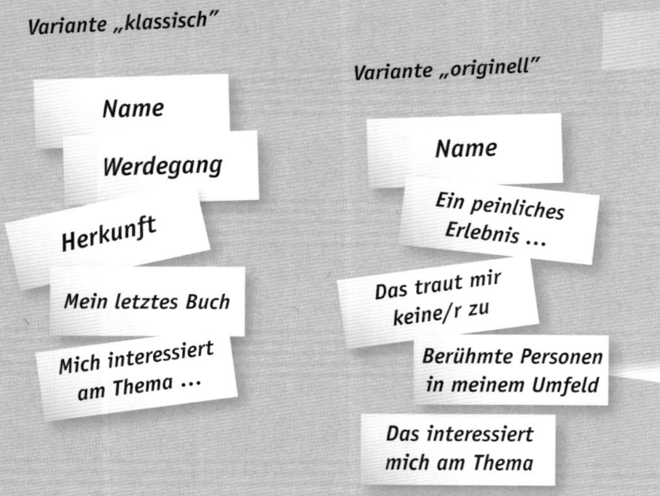


2. Lüge einbauen: Bei der Präsentation soll bei einem Thema geflunkert werden. Die Restgruppe darf nach der Vorstellung raten, welcher Punkt nicht stimmt.
3. Der Interviewte schließt die Augen.
4. andere Interviewthemen wählen, gegebenenfalls auch mit Bezug zu tagespolitischen Themen:
   - Fragen nach der Vorerfahrung
   - Erwartung an die Veranstaltung
   - Wünsche
   - Zielsetzungen
   - Weg in das Seminar
   - Wissensstände etc.
5. die Interviewpunkte als Kopie austeilen
6. mit einem Walk/Blind Walk koppeln

## Kommentar

Dieses aktivierende Verfahren hat den Vorteil, dass bereits frühzeitig eine Themenstellung für das Training oder den Workshop in das Interview mit eingeflochten werden kann.

Die Teilnhmer werden gehört und fühlen sich wertgeschätzt. Es hat sich gezeigt, dass dies eine hilfreiche Übung ist, um eine gute Arbeitsbeziehung unter den Teilnehmern zu begründen.

Wichtig: Zeitvorgabe klar einhalten!

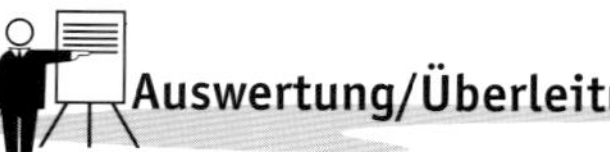

## Auswertung/Überleitung

Es ist hilfreich, nach Beendigung nachzufragen: *„Wie haben Sie sich dabei gefühlt? War diese Aufgabe schwierig für Sie? Warum wurde die Ich-Form gewählt?"* Auf diese Weise sammelt man zugleich Reflexionspunkte zum Thema Empathie.

Sinnvoll kann es zudem sein, die Ergebnisse des Interviews kurz zu kommentieren: *„Hier befinden sich Menschen mit unterschiedlichen Erfahrungshintergründen ..."* oder *„Sie teilen folgende Zielsetzungen ..."*. Sowohl Gemeinsames als auch Trennendes wird noch einmal vom Trainer verbalisiert.

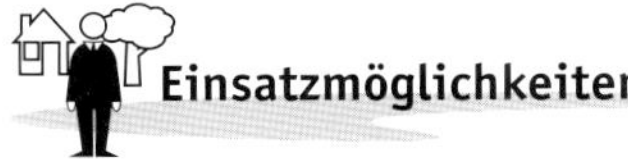

## Einsatzmöglichkeiten

- Anwärmphase
- Einstiegsphase
- Vorstellungsphase

## Querverweise

keine

## technische Hinweise

**Gruppierung** Die Teilnehmerzahl ist im Prinzip beliebig. Bei sehr großen Gruppen müssen Untergruppen gebildet werden, sodass die Teilnehmer sich in kleinen Gruppen vorstellen. Der Nachteil ist, dass das Plenum dann nicht alle Teilnehmer kennt.

**Material** Flipchart, Stifte, Papier zum Notieren sowie Kopiervorlage des Interview-Leitfadens

**Dauer** Zweimal 10 Minuten für das Interview sowie, je nach Größe der Gruppe, zwischen 15 bis 30 Minuten für die anschließende Vorstellungsrunde. Länger als eine Stunde sollte die Gesamtübung nicht brauchen (ggf. Anzahl der Fragen reduzieren).

**Vorbereitung** Chart schreiben oder einen Teil des Charts vorschreiben, Kopiervorlagen mit den Interviewfragen vorbereiten

# Quiztime

von Gert Schilling

In Anlehnung an eine bekannte Quizsendung werden Seminarinhalte spielerisch gelernt

## Ziel

- intensive Auseinandersetzung mit dem Lernstoff
- spielerischer Zugang/Zusammenfassung
- Ansporn durch leichten Wettbewerbscharakter

## Beschreibung

Die Teilnehmenden werden in drei Gruppen aufgeteilt – es gibt eine Vorbereitungs- und Durchführungsphase.

**Vorbereitung:**

- Jede Gruppe erarbeitet insgesamt sieben Fragen zum behandelten Stoffgebiet. Zu jeder Frage werden vier Antwortmöglichkeiten formuliert, von denen aber nur eine richtig ist.
- Der Schwierigkeitsgrad der Fragen ist so zu wählen, dass sie für die anderen Teilnehmenden nicht zu leicht, aber auch nicht unmöglich schwer zu beantworten sind.
- Besonders interessant wird es, wenn möglichst interessante Fragen mit kreativen Antwortmöglichkeiten zu finden sind.

**Durchführung:**

Es werden drei Runden „gespielt“: Jedes Team ist einmal in der Rolle des Moderators (Fragen stellen), der Kandidaten (Fragen als Gruppe beantworten) und des Publikums. Die vorbereiteten Fragen werden gestellt und die Antwortmöglichkeiten mit Antwort A, B, C und D präsentiert.

- Nach Beratung im Team entscheidet sich die Kandidatengruppe für eine Antwortmöglichkeit.
- Die Moderatorengruppe bestätigt die richtige Antwort oder gibt nochmals eine ergänzende Erklärung, falls die Antwort falsch sein sollte.
- Unabhängig davon, ob die Antwortauswahl falsch oder richtig war, werden alle sieben vorbereiteten Fragen gestellt. Keine Kandidatengruppe fliegt bei falscher Antwort „raus“. Sobald alle Fragen einer Gruppe gestellt worden sind, wird im Uhrzeigersinn die Aufgabenrolle „Moderator/Kandidat/Publikum“ gewechselt und die „neuen Moderatoren“ stellen ihre vorbereiteten Fragen.
- Natürlich gibt es auch drei Joker, die jede Kandidatengruppe je einmal einsetzen kann:
  - Den 50/50 Joker, bei dem zwei falsche Antworten aus der Antwortwahl ausgeschlossen werden können.
  - Der Publikumsjoker, bei dem die Publikumsgruppe ihr Votum (richtige Antwort A, B, C, oder D) auf Moderationskarten schreibt und für die Kandidatengruppe sichtbar hochhält.
  - Der Telefonjoker, bei dem per Handy eine beliebige (in diesem Fall unvorbereitete und wahrscheinlich überraschte) Person angerufen und um Mithilfe gebeten werden kann. Falls niemand erreicht wurde, ist der Joker „verbraucht“. Dafür gibt es kein so strenges Zeitlimit für die Dauer des Telefonats.
- Am Ende hat die Gruppe „gewonnen“, die die meisten Fragen richtig beantwortet hat.

Hilfreich ist, wenn die Teilnehmenden die vier Antwortmöglichkeiten visualisieren. Zum Beispiel auf Moderationskarten oder über eine Beamerpräsentation. Die Visualisierung der Frage ist in der Regel nicht nötig. Hier reicht es, sie verbal zu stellen. Wenn Sie eine Pinnwand vorbereiten mit den „Gewinnstufen" und den Jokern, die bei Gebrauch durchgestrichen werden, haben Sie eine motivierende Visualisierung zu Ihrem Quiz (siehe Abb).

Dadurch, dass im Team geraten wird, geben Sie dem einzelnen Teilnehmenden ein sichereres Gefühl. Natürlich haben Sie nicht nur für das „Siegerteam", sondern für alle Gruppen einen kleinen Gewinn parat.

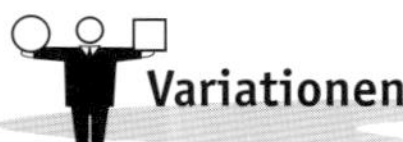

## Variationen

- Falls Sie mehr oder weniger Zeit haben, können Sie die Anzahl der vorzubereitenden Fragen variieren.
- Sie haben selbst Fragen entwickelt und fungieren als Moderator mit nur zwei Gruppen und zwei Durchläufen im Wechsel Kandidatengruppe/Publikumsgruppe.

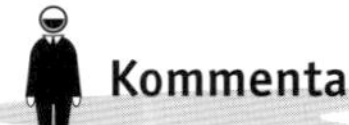

## Kommentar

Wenn die Teilnehmenden die Fragen und Antworten selbst formulieren, können Sie ihnen „Material" wie Bücher, Kopien oder Skripte zur Verfügung stellen, in denen die Teilnehmenden dann selbstständig recherchieren.

## Auswertung/Überleitung

Eventuell könnte man im Anschluss fragen, zu welchen Themenbereichen die Teilnehmenden sich noch zusätzliche Informationen wünschen.

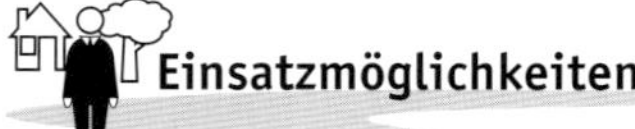

## Einsatzmöglichkeiten

Für alle Bereiche, in denen ein neues Themengebiet für die Teilnehmenden erschlossen werden soll.

## Querverweise

keine

## technische Hinweise

**Gruppierung** Die drei Gruppen sollten maximal so groß sein, dass in der Kleingruppe noch gut gemeinsam gearbeitet werden kann (max. 6 Teilnehmer pro Kleingruppe, insgesamt 18 Teilnehmer).

**Material**
- Pinnwand mit Gewinnstufen und Joker
- Handy
- eventuell Beamer
- eventuell Infomaterial für die Teilnehmer
- Gewinn für alle

**Dauer**
- mit vorbereiteten Fragen: 20–40 Minuten
- wenn die Teilnehmenden die Fragen selbst vorbereiten: 50–80 Minuten

**Vorbereitung**
- Pinnwand mit Gewinnstufen und Joker
- eventuell Infomaterial für die Teilnehmenden

# Sich die Bälle zuspielen

von Rudolf A. Schnappauf

Sich gegenseitig die Bälle zuspielen und möglichst viele Bälle im Spiel halten

## Ziel

- Müdigkeit in Wachheit, Konzentration und Aufmerksamkeit verwandeln
- Gegeneinander in Miteinander transformieren
- Interesse, Aktivität und Beteiligung statt Langeweile generieren

## Beschreibung

Die Teilnehmer stellen sich im Kreis auf. Die Spielleitung erklärt die Aufgabenstellung: *„Wir stellen jetzt fest, wie gut Sie sich die Bälle zuspielen und wie viele Bälle Sie gleichzeitig im Spiel halten können. Wir beginnen langsam und zunächst nur mit einem Ball. Der Werfer sucht sich einen Partner als Empfänger aus und wirft ihm den Ball zu. Dieser wirft ihn einem weiteren Empfänger zu, bis alle einmal angespielt worden sind und der Ball wieder zum Startpunkt zurückgekehrt ist."*

- *„Anweisung 1: Bitte merken Sie sich nur, von wem Sie den Ball bekommen und an wen Sie den Ball weitergeben."*
- *„Anweisung 2: Schauen Sie Ihren Werfer an und achten Sie darauf, ob Ihr Empfänger auch fangbereit ist, bevor Sie werfen."*
- *„Anweisung 3: Werfen Sie den Ball in einem möglichst hohen Bogen zu, dann bleibt viel mehr Zeit zum Fangen."*

*„Wir wiederholen diese Zuspiel-Runde mit einem Ball noch einmal – doch diesmal schneller."*

Anschließend bringen Sie einen zweiten Ball ins Spiel, eine Runde später einen dritten usw., bis alle Bälle im Spiel sind. Die maximal mögliche Ballzahl entspricht der Hälfte der Teilnehmer (bei 10 Personen 5 Bälle, bei 12 Personen 6 Bälle etc.). Brechen Sie spätestens dann ab, wenn die Gruppe die maximale Zahl der Bälle zwei Runden lang im Spiel halten konnte, ohne dass ein Ball zu Boden fiel. Beifall und Anerkennung spenden!

## Variationen

Sie verteilen die maximale Anzahl der Bälle unter den Gruppenmitgliedern und fordern diese auf, sich gegenseitig die Bälle mit dem Ziel zuzuwerfen, möglichst viele zugleich in der Luft zu haben, ohne dass ein Ball auf den Boden fällt.
Erst nach ca. drei Minuten geben Sie die Anweisungen wie in der Beschreibung genannt. Erfragen oder erläutern Sie anschließend, wie es möglich ist, dass viele Aufgaben zugleich im Team erfolgreich erledigt werden können. Planung, Organisation, Struktur, Ordnung, klare Abstimmung, Blickkontakt, Aufmerksamkeit, Rücksicht, Vorausschau etc. sind erforderlich, dann ist es ganz leicht.

## Kommentar

Für Gruppen von 6 bis ca. 20 Personen geeignet (bei größeren Teilnehmerzahlen in Kleingruppen von 10–15 Personen aufteilen).

Weisen Sie darauf hin, sich die Bälle in einem hohen Bogen zuzuwerfen (Bewegung der Wurfhand von unten nach oben), dann hat jeder viel mehr Zeit zum Schauen und Fangen.

Das Spiel ist in Räumen mit niedriger Decke (unter 2,5 Meter), vielen zerbrechlichen Sachen und vielen Möbeln, unter die ein Ball rollen kann, weniger geeignet. In diesem Fall lieber nach draußen gehen.

Ab etwa einem Meter Abstand zu den Nebenleuten wird es leichter, da der Kreis größer wird und sich die Flugbahn verlängert.

Bitte achten Sie vor allen Dingen bei Brillenträgern auf die Sicherheit und unterbrechen Sie, wenn zu hart geworfen wird.

## Auswertung/Überleitung

Sie können danach mit jeder Art von Seminarinhalt fortfahren.
Sie können auch auf eine Auswertung bezüglich Teamarbeit komplett verzichten und die Übung einfach nur zum Spaß und als kurzen Energizer machen.

## Einsatzmöglichkeiten

Jederzeit, wenn eine kurze, kleine Bewegungspause für alle gemeinsam sinnvoll ist. Die Übung belebt, macht wach und konzentriert. Sie fördert den Ehrgeiz und den Teamgeist.

## Querverweise

siehe auch „Namenjonglage“ in Axel RACHOW: Ludus & Co, managerSeminare, Bonn 2002

## technische Hinweise

| | |
|---|---|
| **Gruppierung** | Geht mit allen Menschen, die zwei Augen und zwei Arme haben und stehen können; wenn sie auch noch werfen und fangen können, ist alles bestens. |
| **Material** | Am besten eignen sich Jonglierbälle aus Leder oder Kunstleder – gerne auch gemischt (siehe Abb.). |
| **Dauer** | 3–7 Minuten, je nach Gruppengröße |
| **Vorbereitung** | keine |

# Speed-Dating

von Martina Blotzki

In Kurzkontakten werden wichtige Teilnehmerdaten auf unterhaltsame Weise ausgetauscht

## Ziel

- Kennenlernen (vor allem in großen Gruppen)
- Energiereicher Austausch von Informationen
- sich auf das Wesentliche beschränken
- Anliegen und Erwartungen reflektieren
- klar und eindeutig kommunizieren
- konzentriert und aktiv zuhören
- Feedback geben und erhalten

## Beschreibung

Die Teilnehmer sitzen sich an Tischen oder auf Stühlen paarweise gegenüber.

Die Methode kann z. B. mit Bezug auf den Film „Shopping“ (hier geht es um die Partnerwahl per Speed-Dating) eingeführt werden: *„Manchmal ist es wichtig, innerhalb kurzer Zeit dem anderen das Wesentliche mitzuteilen. Darum geht es auch bei der nun folgenden Kennenlern-Runde ...“*

Nun haben die Paare je nach Einsatz zwei bis fünf Minuten Zeit, sich über vorher festgelegte Themen zu unterhalten (z. B. Person, Trainingsinhalte, Erwartungen, Feedback etc.). Nach jeweils der Hälfte der Zeit ist der andere Gesprächspartner an der Reihe. Dazu gibt die Trainerin ein akustisches Signal.

Ein zweites akustisches Signal fordert zum Wechsel zu einem nächsten, noch „unbekannten“ Gesprächspartner auf. Dabei spielt es keine Rolle, ob die zuvor ausgetauschten Informationen vollständig gegeben bzw. verstanden wurden.

Die Platzwahl wird dabei entweder der Gruppe überlassen oder durch einen Laufzettel und entsprechend nummerierte Plätze festgelegt.

Im Anschluss an die Paargespräche werden die Teilnehmer von ihrem jeweils letzten Gesprächspartner vorgestellt. Dabei können spannende Informationen, interessante Gemeinsamkeiten oder markante Unterschiede kurz benannt werden.

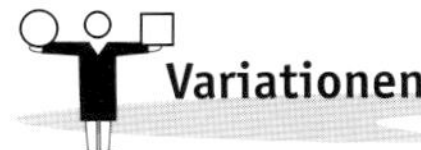

## Variationen

1. Notizen sind erlaubt/nicht erlaubt.
2. Nachfragen ist erlaubt/nicht erlaubt.
3. Teilnehmer geben einander Feedback (z. B. erster Eindruck, Selbstbild-Fremdbild-Abgleich).
4. Erwartungen, Themenwünsche oder Ziele der Veranstaltung werden herausgearbeitet.
5. Vorstellung am Schluss: Eine/r sitzt vorne und die anderen nennen nach einem Signal alle Details, an die sie sich erinnern können.

## Kommentar

Eine rasante Variante, um sich besser kennenzulernen. Der Trainer achtet darauf, dass der Wechsel schnell erfolgt. So bleibt die Dynamik im Spiel. Die Tatsache, dass nicht von allen Teilnehmern immer alle Infos in der gegebenen Zeit übermittelt werden können, kann auch zum Thema gemacht werden (*„Was bedeutet Perfektion in dem gegebenen Kontext? Loslassen? Verzicht und Risikobereitschaft?"*).

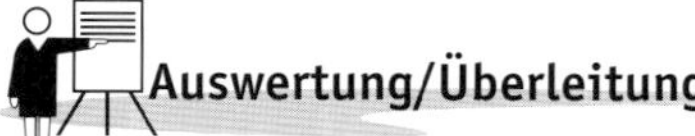

## Auswertung/Überleitung

Die gesammelten bzw. behaltenen Informationen können von den Teilnehmern auf vielfältige Art weiter bearbeitet werden:

- Selektive Wahrnehmung: Was habe ich zu den einzelnen Personen erfahren, was ist mir wichtig gewesen?
- Gemeinsamkeiten: Welche Auffassungen, Interessen, Hobbys etc. sind ähnlich gewesen?
- Themenpriorisierung: Was ist den meisten wichtig gewesen?
- Zeitmanagement: Was hat mir an der Vorgehensweise gefallen? Was hat mich gestört? Welchen Bezug hat dies zu meinem Arbeitsplatz?

## Einsatzmöglichkeiten

- Teamtraining
- Kommunikationstrainings
- Zeitmanagement-Seminare
- Veränderungsprozesse
- Kennenlern-Energizer zu Beginn

## Querverweise

keine

## technische Hinweise

**Gruppierung** 10–30 Teilnehmer

**Material** keines

**Dauer** 20–60 Minuten

**Vorbereitung** nach Bedarf Reihenfolge auf einem Laufzettel eintragen und austeilen; Plätze entsprechend markieren

# Voldemorts Fluch

von Erich Ziegler

Die Gruppe versucht, Lord Voldemort unschädlich zu machen

## Ziel

- Energieaufbau
- Kooperation

## Beschreibung

Ein Spieler („Lord Voldemort") hat einen Softball, mit dem er andere Spieler verfluchen kann. Indem er sie damit berührt, können sie sich nicht mehr bewegen. Sein Ziel ist es, die ganze Gruppe zur Unbeweglichkeit zu verdammen.

Sobald jemand erstarrt ist, kann er befreit werden. Hierfür müssen die anderen einen Käfig um den Erstarrten bilden. In dieser Konstellation sind sie immun, dürfen sich aber auch nicht weiter bewegen. Bewegen dürfen sich alle Spieler prinzipiell nur, wenn sie gerade alleine und nicht verflucht sind.

Lord Voldemort kann gefangen werden, wenn vier oder mehr Spieler ihn umringen und sich dabei an den Händen halten. Aber auch hier gilt: Bewegung nur ohne Kontakt zu anderen Spielern! Und das ist natürlich gefährlich ...

## Variationen

keine

## Kommentar

Einfaches Fangen-Spiel für die ganze Gruppe, das allerdings gute Kooperation erfordert.

## Auswertung/Überleitung

Energiespiel, keine Auswertung nötig

## Einsatzmöglichkeiten

zwischendurch zur Auflockerung

## Querverweise

keine

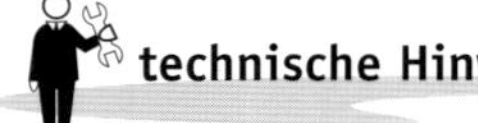

## technische Hinweise

**Gruppierung** alle

**Material** Softball, gewickelter Schal o. Ä.

**Dauer** 10 Minuten

**Vorbereitung** keine

# Zip Zap Boing

von Gabriele Braemer

Wach werden und aufmerksam bleiben durch das Weitergeben von kurzen Befehlen

## Ziel

- entspannen, auflockern
- Wahrnehmungssensibilität und Aufmerksamkeit steigern
- flexible Reaktionsfähigkeiten und konstruktives Interaktionsverhalten trainieren
- die gemeinsame Energie (wie auch bei gutem, spontanem Teamwork) halten

## Beschreibung

Die Gruppe stellt sich im Kreis auf. Dabei wird auf ausreichenden Abstand geachtet.

**Stufe 1: „Zip“**

- Der Trainer gibt ein „Zip“ an seinen rechten Nachbarn weiter, indem er ihn anschaut und mit einer Hand und klarer Geste in seine Richtung „Zip“ ruft.
- Dieser dreht sich schnell zu seinem rechten Nachbarn um und gibt diesem ebenfalls den beschriebenen Zip-Impuls mit Geste weiter. (Wichtig ist, das „Zip“ so klar und so schnell wie möglich durch den Kreis fliegen zu lassen.)

**Stufe 2: „Zap“**

- Nach einigen Runden „Zip“ führt der Trainer zusätzlich einen „Zap-Impuls“ ein. „Zap“ wird mit Blickkontakt und beiden Händen weitergegeben, allerdings nicht zum unmittelbaren Nachbarn, sondern es muss mindestens eine Person dazwischen stehen.
- Alle Teilnehmer geben nun je nach Wahl „Zip“ oder „Zap“ weiter.

**Stufe 3: „Boing“**

- Bleiben die Teilnehmer mit „Zip“ und „Zap“ gut im Fluss, führt der Trainer den „Boing-Impuls“ ein: Er wird – mit beiden Händen und abweisender Geste nach oben – dann genutzt, wenn jemand einen „Zip-“ oder „Zap-Impuls“ weder annehmen noch weiterleiten möchte. Bei „Boing“ gehen „Zip-“ und „Zap-Impulse“ an den Sender zurück.
- Anschließend alle drei Impulse wahlweise einsetzen.

**Stufe 4: in die Hocke gehen** („in die Hocke gehen“ kann nur eingesetzt werden, wenn jemand ein „Zip“ bekommt und es nicht annehmen möchte)

- Der angesprochene Teilnehmer geht in die Hocke, sodass das „Zip“ über ihn zum nächsten Nachbarn hinweg fliegt.

**Stufe 5: Finale**

- Die Teilnehmer setzen wahlweise alle vier Impulse ein.

## Variationen

keine

## Kommentar

Wichtig ist, das Tempo beizubehalten und möglichst genau und unmissverständlich an die empfangende Person zu adressieren.
Auch bei Regelabweichungen werden die Teilnehmer ermutigt weiterzumachen, anstatt auf das Fehlverhalten anderer hinzuweisen.

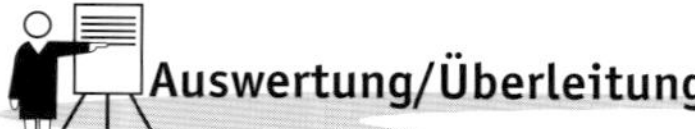

## Auswertung/Überleitung

- Entweder ohne Reflexion (das Wort „Boing“ wird von den Teilnehmern häufig im weiteren Seminarverlauf als Metapher oder Signalbegriff für Kommunikationsblockaden eingesetzt) oder
- im Rahmen von Teamtrainings und Kommunikationsseminaren: Anhand der Art und Weise, wie die Teilnehmer „Zip“, „Zap“ etc. weitergeben (verschlafen, ungenau, präzise, mit Spaß etc.), kann das grundlegende Kommunikationsverhalten der Gruppe angetestet oder reflektiert werden.

## Einsatzmöglichkeiten

Eignet sich zur Aktivierung nach Pausen, nach Theorieblöcken oder mit anschließender Reflexion in Teamtrainings und Kommunikationsseminaren.

## Querverweise

Fortbildung zum MBE (Master of Business Entertainment) bei
Emil Herzog, Schweiz

## technische Hinweise

| | |
|---|---|
| **Gruppierung** | 8–16 Teilnehmer |
| **Material** | keines |
| **Dauer** | 5–8 Minuten als Spiel, ca. 20 Minuten bei Reflexion über das Gruppen-/Kommunikationsverhalten |
| **Vorbereitung** | keine |

# Teams fordern

## Kapitel IV

1 **Blinde Bildbeschreibung im Team**
Stefanie Große Boes — Seite 135

2 **Bottle-Sounds**
Hinnerick Broeskamp — Seite 139

3 **Bottle-Symphony**
Hinnerick Broeskamp — Seite 141

4 **Der Eier-Zielwurf**
Werner Simmerl — Seite 145

5 **Die schnellen Bälle**
Hans-Heinrich Reinhardt — Seite 147

6 **Erfinderbörse**
Johannes Sauer — Seite 149

7 **Führung mit Kugelschreibern: Wer übernimmt den Lead?**
Matthias Zurfluh — Seite 153

8 **Kaskade**
Guenter Kamb — Seite 157

9 **Kerzenproblem**
Adelheid Frost — Seite 161

10 **Logistik**
Guenter Kamb — Seite 163

11 **Mikado light**
Sabine Kranz-Thien — Seite 165

12 **Team & Stifte**
Miriam Breitsameter — Seite 167

13 **Wer ist der beste Dompteur?**
Dorothea Driever-Fehl — Seite 169

Wer Teams trainiert oder formiert, braucht Übungen und Spiele, die Teamelemente wie Rollen, Charakter oder Kommunikation sichtbar machen. Hier hat ein jeder Trainer seine Lieblinge – ab und an möchte man jedoch auch einmal das Repertoire erweitern, vielleicht sind auch bestimmte Teamübungen schon in der Gruppe bekannt. Dreizehn erfrischende Herausforderungen für Teams warten in diesem Kapitel auf den Einsatz.

**Stefanie Große Boes** variiert mit der „Blinden Bildbeschreibung im Team" einen Klassiker der Gruppendynamik – hilfreich sind vor allem ihre detaillierten Beschreibungen und Auswertungsfragen. Ganz anders fordert **Hinnerick Broeskamp** seine Teams: Leere Plastikflaschen bringt die Gruppe in „Bottle Sounds" und „Bottle Symphony" zum Tönen. Kombiniert mit Wettkampfelementen, gedanklichen Grenzüberschreitungen und kreativen Lösungswegen wird aus dem Geräuscherzeugen eine gut auszuwertende Teamsequenz.

Hüpfende Eier und rollende Bälle charakterisieren die folgenden Spiele: **Werner Simmerl** koppelt das Werfen von Gummi-Eiern beim „Eier-Zielwurf" mit einem Diskussionsprozess über Zielvereinbarungen. Bei **Hans-Heinrich Reinhardt** hingegen sind es „Die schnellen Bälle", die auf der einen Seite für eine unkomplizierte Teamaktivität sorgen und auf der anderen Seite auch noch das kommunikative und kreative Potenzial der Gruppe fordern.

Probleme und deren Lösung sind das gemeinsame Merkmal alle Teamübungen – dass dieses auf unterschiedlichen Wegen, in unterschiedlichen Settings und mit verschiedenen Materialien (die alle einfach zu beschaffen sind) funktioniert, demonstrieren die folgenden Autoren: **Johannes Sauer** regt bei der „Erfinderbörse" neben Kreativität auch Geschicklichkeit und Phantasie an. **Matthias Zurfluh** hingegen reduziert auf einfache Kugelschreiber. Gekoppelt mit der Frage nach „Führung mit Kugelschreibern: Wer übernimmt den Lead?" wird daraus eine detaillierte Betrachtung der Führungsarbeit. Auch **Guenter Kamb** hat mit seiner „Kaskade" die gezielte Auswertung von vorneherein im Blick. Als Medium dient ihm hier ein Kletterseil – drumherum inszeniert er einen Produktionsablauf mit unterschiedlichen Rollen und Funktionen für die Teammitglieder.

Haben Sie schon einmal eine Kerze an der Pinnwand brennen sehen, eine Plastikkiste mit Krimskrams als logistische Herausforderung betrachtet oder Ihre Teilnehmer in der Auseinandersetzung um Mikadostäbe erlebt? Dann lassen Sie sich von **Adelheid Frost** das puristische „Kerzenproblem" schildern oder wenden die „Logistik" von **Guenter Kamb** in Ihrer eigenen Teammaßnahme an. Richtig spannend ist auch der Dreh- und Angelpunkt von „Mikado light" von **Sabine Kranz-Thien**: (Wann) Werden die Teilnehmer den entscheidenden Einfall haben?

Ähnlich geht es bei **Miriam Breitsameter** zu – nur sind es hier „Team & Stifte", die vom Team als Wettbewerbs- oder Kooperationschance betrachtet werden können. Entscheidend ist die selbst gewählte Kommunikation. Das arbeitet auch **Dorothea Driever-Fehl** heraus, wenn sie in einem eindrücklichen Experiment der Frage nachgeht: „Wer ist der beste Dompteur?" Die Auswirkungen verschiedener Arten der Kommunikation werden sofort deutlich.

# Blinde Bildbeschreibung im Team

von Stefanie Große Boes

Von Team zu Team wird eine Bildvorlage übertragen

## Ziel

- Einstieg ins Thema Kommunikation
- Verdeutlichung der Komplexität von scheinbar „einfachen" Kommunikationsprozessen
- Aktivierung aller Teilnehmer
- Auflockerung
- Schaffung einer gemeinsamen Erlebnisbasis, gerade bei Teilnehmern aus unterschiedlichen Geschäftsbereichen
- Stärkung des Teamgeistes

## Beschreibung

Der Trainer bittet die Teilnehmer, sich in zwei ungefähr gleich große Teams aufzuteilen. Die beiden Gruppen werden durch Pinnwände voneinander getrennt, die als Sichtschutz fungieren.

Im ersten Durchgang erhält Gruppe A eine Bildvorlage vom Trainer. Auf dieser Vorlage (siehe Abb. nächste Seite) sind verschiedene geometrische Objekte zu sehen. Gruppe B bekommt ein Flipchart mit einem leeren Blatt.

Gruppe A beschreibt Gruppe B, was sie auf dem Blatt sieht. Die Teilnehmer von A wechseln sich beim Beschreiben ab. Auch beim Zeichnen wechseln sich innerhalb der Gruppe B die Teilnehmer so ab, dass eine Prozesskette (Reihenfolge) entsteht und jeder Teilnehmer mehrmals an der Reihe ist. Die Teilnehmer dürfen sich innerhalb ihrer Gruppe helfen und können über den Sichtschutz hinweg auch Nachfragen stellen.

Am Ende des ersten Durchgangs hängt der Trainer die Original-Bildvorlage neben das Ergebnis der Zeichnenden. Das Team kommentiert frei und erhält dann die Möglichkeit, Absprachen zur Prozessoptimierung für den zweiten Durchgang zu treffen. Im zweiten Durchgang wechseln die Gruppen die Seiten und jedes Team erhält eine neue Bildvorlage.

## Variationen

1. Einige Teilnehmer nehmen an der Übung als Beobachter teil und erhalten Beobachtungsfragen (siehe Punkt „Auswertung/Überleitung"). In der Auswertungsrunde steuern sie ihre Beobachtungen bei.
2. Nach dem Ende der ersten Runde wechseln die Gruppen nicht nur die Seiten innerhalb des Teams, sondern auch die Teams untereinander. So entstehen neue Gruppen.

## Kommentar

Die Übung lockert vor allem zu Anfang eines Seminars auf und erzeugt Kontakt zwischen den einzelnen Teilnehmern. Der Trainer erhält schnell Einblick in unternehmens- bzw. teaminterne Kommunikationsstrukturen.

Zu Beginn der Übung ist es wichtig darauf zu achten, dass die Teilnehmer sich in ihren Gruppen auch tatsächlich beim Beschreiben bzw. Zeichnen abwechseln.

Es ist nicht erforderlich, dass der Trainer während der Übung das gesamte Teamgeschehen überwacht. Er/Sie sollte aber auf jeden Fall die einzelnen Auswertungsrunden vor dem Seitenwechsel innerhalb der Teams begleiten und anleiten. Dies ist in der Regel unkompliziert, da die meisten Teams nicht zeitgleich fertig werden.

## Auswertung/Überleitung

Die Teilnehmer werden gebeten, sich zunächst zu zweit über die folgenden Auswertungsfragen zu verständigen. Diese können lauten:

- *„Was war besonders hilfreich im Prozess?"* (Beispiel: welche Wortwahl, welches Verhalten auf beiden Seiten, welche Erklärungsversuche?)
- *„Was war weniger hilfreich/hinderlich im Prozess?"*
- *„Was hat Ihnen besser gefallen: das Beschreiben oder das Zeichnen des Bildes?"*
- *„Wer hatte die Verantwortung für das ‚richtige' Ergebnis? Der Zeichnende oder der Beschreibende?"*
- *„Wie wurde innerhalb Ihrer Gruppe gearbeitet?"* (Beispiel: Half man sich gegenseitig oder musste jeder seine Aufgabe alleine bewältigen?)
- *„Wie sind Sie mit Misserfolg im Team umgegangen? Was galt als ‚Misserfolg' im Prozess?"*
- *„Inwieweit haben Sie als Team beim Seitenwechsel die Möglichkeit zur Prozessoptimierung genutzt?"*
- *„An welche Situation in Ihrem Berufsalltag erinnert Sie die gerade gemachte Erfahrung?"*

Im Anschluss werden die Fragen im Plenum besprochen, der Trainer hält die Antworten auf einem Ergebnis-Chart fest. Werden die Charts sichtbar aufgehangen, kann man im Seminarverlauf immer wieder auf die Ergebnisse zurückgreifen.

## Einsatzmöglichkeiten

- Einführung in verschiedene Kommunikationsthemen:
  - Gesprächsführung
  - Kommunikation für Führungskräfte
  - Kundenkommunikation
  - Telefontraining
  - Teamkommunikation
- zu Beginn eines Konfliktseminars
- Teamentwicklung
- Projektmanagement, z. B. Kommunikation im Projekt, Prozessoptimierung, Umgang mit Fehlern, Umgang mit Kompetenzwechseln, Umgang mit Verantwortung

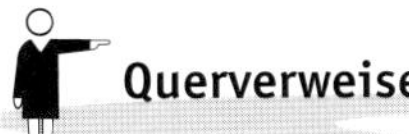

## Querverweise

Weiterentwicklung in Anlehnung an Klaus ANTONS: Praxis der Gruppendynamik, Hogrefe, Göttingen 2000.

## technische Hinweise

**Gruppierung** Teilnehmerzahl unbegrenzt; ab vier Teilnehmer pro Team, ein Team besteht immer aus zwei Gruppen

**Material**
- pro Team zwei verschiedene Bildvorlagen
- pro Team ein Flipchart mit zwei leeren Flipchartblättern
- wenn möglich, eine Moderationswand als zusätzlichen Sichtschutz pro Team
- Klebeband oder Pins zum Aufhängen der Bildvorlagen
- mind. ein Stift pro Team für die Zeichnenden

**Dauer**
- 30–45 Minuten für die Übung
- 15–30 Minuten für die Auswertung

**Vorbereitung**
- Bildvorlagen im Vorfeld erstellen (siehe Beispiele)
- im Seminarraum ausreichend Platz schaffen und Flipcharts und Moderationswände aufstellen (kann auch mithilfe der Teilnehmer kurzfristig durchgeführt werden)

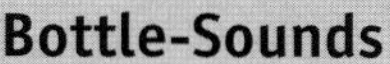

# Bottle-Sounds

von Hinnerick Broeskamp

Kooperative Klangproduktion mit leeren Plastikflaschen

## Ziel

- vorhandenes Potenzial „realistisch" einschätzen
- kreative Lösungsstrategien entwickeln
- Wahrnehmung intensivieren
- Konzentration stärken
- aktives/differenziertes Zuhören lernen

## Beschreibung

Alle Teilnehmer erhalten eine leere 1,5-Liter-Plastikflasche. Am besten geeignet sind dünnwandige, runde, quer gerillte Wasserflaschen.

Die Teilnehmer bilden Gruppen von zwei bis vier Personen und erhalten die Aufgabe, mit den Flaschen möglichst viele in Tonhöhe und Klang eindeutig voneinander unterscheidbare „Sounds" zu erzeugen. Dabei dürfen die Flaschen ausschließlich mit den Händen und dem Oberkörper berührt bzw. bearbeitet werden.

Nach einer Experimentierphase von ca. 15 Minuten werden die „Sounds" im Plenum vorgeführt und bewertet: Ein „Sound" zählt nur, wenn er vom jeweiligen Spieler mindestens vier Mal nacheinander identisch erzeugt wird. Gewonnen hat die Gruppe, die die meisten „Sounds" gefunden und vorgeführt hat.

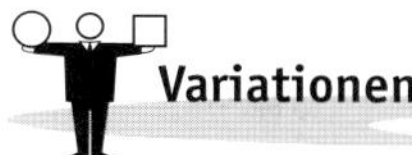

## Variationen

1. Jede Gruppe bestimmt vor Spielbeginn, wie viele „Sounds" sie mindestens entdecken und vorführen wird. Erreicht sie die vorgegebene Anzahl, erhöht sich das Ergebnis um diesen Wert. Wird die Anzahl nicht erreicht, wird der Wert abgezogen. Beispiele:
   - Gruppe 1 glaubt 15 „Sounds" zu finden. Vorgeführt werden 28 „Sounds". Ergebnis = 43 Punkte
   - Gruppe 2 glaubt 55 „Sounds" zu finden. Vorgeführt werden 39 „Sounds". Ergebnis = 16 Punkte
   - Gruppe 3 glaubt 28 „Sounds" zu finden. Vorgeführt werden 36 „Sounds". Ergebnis = 64 Punkte
2. Jede Gruppe bestimmt ein Mitglied, welches mit nur einer Flasche die von der Gruppe gefundenen „Sounds" präsentiert.
3. Die Gruppenmitglieder einigen sich in der Experimentierphase auf bestimmte „Sounds", welche dann bei der Vorführung von allen identisch klingend gemeinsam vorgetragen werden. Diese Variation bedarf einer besonderen Feinabstimmung der Mitglieder untereinander. Sie ist besonders geeignet bei der Arbeit mit festen Teams.

## Kommentar

Im Vordergrund steht die Freude am Entdecken neuer Möglichkeiten im Zusammenspiel verschiedener Wahrnehmungsmodi. Die „Punktergebnisse" sind eher zweitrangig. Die Erfahrung zeigt, dass die Anzahl mögli-

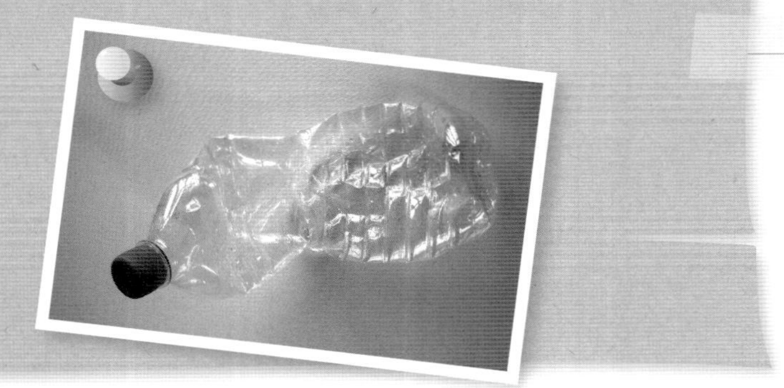

cher „Sounds“ von den Teilnehmern meistens unterschätzt wird. Häufig geschieht es, dass alle Gruppenmitglieder sofort beginnen, mit ihren Flaschen zu experimentieren, ohne vorher strategische Überlegungen im Hinblick auf die Vorführung anzustellen. Bei der Freude am Spiel wird nicht bedacht, dass die Flaschen nach „Gebrauch“ nicht wieder in ihren ursprünglichen Zustand versetzt werden können (siehe Abb.). Damit sind alle „Sounds“, welche nur mit einer jungfräulichen Flasche erzeugt werden können, nicht mehr vorführbar. Es ist also strategisch wichtig, wenigstens eine Flasche für die Präsentation unberührt zu lassen.

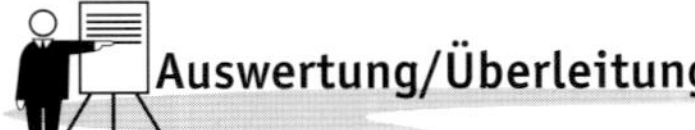

## Auswertung/Überleitung

- *„Welche Strategie war für das Ergebnis besonders wichtig?“*
- *„Mit welcher inneren Haltung ist jeder einzelne von Ihnen der Flasche begegnet?“*
- *„Welchen Einfluss hatte diese Haltung auf das Ergebnis?“*
- *„Gibt es Parallelen zur Haltung gegenüber Mitarbeitern, Teamkollegen?“*
- *„Wie sind die Gruppen vorgegangen? Hat jeder Einzelne für sich experimentiert? Wurde eine gemeinsame Strategie entwickelt?“*
- *„Wie sind die Abstimmungsprozesse gelaufen?“*

## Einsatzmöglichkeiten

- Trainingseinstieg/gegenseitiges Kennenlernen
- Einschätzung des eigenen Potenzials und des Potenzials anderer
- Teamentwicklung
- Förderung der Wahrnehmungssensibilität
- aktives Zuhören

## Querverweise

„Bottle-Sounds“ ist eines von verschiedenen Spielen, welche Hinnerick Broeskamp für die Trainingsarbeit entwickelt hat. Zum Spiel gibt es einen „Bottle-Sounds“-Videoclip, der gut geeignet ist, um sich selbst auf das Spiel einzustimmen. Den Videoclip können Sie per Mail bei info@decampofilm.de bestellen (15 Euro zzgl. MwSt. und Versand).

## technische Hinweise

**Gruppierung:** Einzelgruppen von 2–4 Teilnehmern

**Material:** Identische 1,5-Liter-Plastikflaschen mit Verschlüssen. Am besten geeignet sind dünnwandige und quer gerillte Flaschen. Diese bieten die meisten „Sound“-Möglichkeiten.

**Dauer:** ca. eine Stunde mit Auswertung; wenn man es nur als Einstieg nimmt, ca. 30 Minuten

**Vorbereitung:** leere Flaschen besorgen

# Bottle-Symphony

von Hinnerick Broeskamp

Ein Plastikflaschenorchester spielt eine viersätzige Symphonie

## Ziel

- Entwicklung von Team- und Führungskompetenzen
- erleben der Teamentwicklungsphasen in kurzer Zeit
- beobachten und analysieren von Teamentscheidungsprozessen
- Entwicklung kreativer Umsetzungs- und Lösungsstrategien

## Beschreibung

Der Seminarleiter teilt die Gruppe in zwei Teilgruppen („Orchester") von vier bis zehn Personen plus jeweils ein bis zwei Beobachtern. Die Gruppen haben die Aufgabe, innerhalb von 20 bis maximal 30 Minuten mit präparierten Flaschen (siehe „Material") ein viersätziges Musikstück, die so genannte „Bottle-Symphony" zu erarbeiten.

Wie bei einer richtigen Symphonie sollen sich die vier Sätze in ihrem Charakter (Tempo, Art des Anschlagens/Bewegens der Flaschen, Lautstärke, Rhythmus etc.) klar und eindeutig voneinander unterscheiden. Jeder Satz hat einen eindeutigen Anfang und ein klares Ende. Zwischen den Sätzen gibt es immer eine kurze Pause, einen Moment der Stille.

Jetzt nimmt sich jeder Teilnehmer eine Flasche aus dem „Instrumentenpool". Die Anzahl der Flaschen kann dabei der Anzahl der Teilnehmer exakt entsprechen oder darüber hinausgehen. Letzteres gibt den Teilnehmern eine größere Auswahlmöglichkeit.

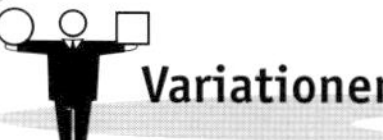

## Variationen

1. zum Thema Teamführung/Führungsstile: Es wird vor Beginn des Spiels für jede Gruppe ein „Orchesterleiter" bestimmt. Der Seminarleiter erklärt nur den „Orchesterleitern" das Spiel und beauftragt sie dann mit der Umsetzung. Die Art der Umsetzung und des Führungsstils ist dabei dem „Orchesterleiter" entweder freigestellt oder wird vom Seminarleiter vorgegeben.

2. Der Seminarleiter kündigt das Spiel als „Bottle-Symphony"-Wettbewerb an: „Deutschland sucht die Super-Bottle-Symphony". Die Beobachter bilden dann eine Jury und prämieren die Aufführungen.

3. Je nach vorhandener Zeit werden den Teilnehmern nur leere Flaschen und entsprechendes Füllmaterial zur Verfügung gestellt bzw. sie müssen sich dieses „outdoor im Tagungshaus" besorgen.

4. Bei den Aufführungen im Plenum haben die „Orchestermitglieder" die Augen geschlossen. Dies führt zu einer Intensivierung der auditiven Wahrnehmung.

## Auswertung/Überleitung

In der ersten Phase erfolgt die Auswertung in den Gruppen/„Orchestern". Dabei beschreiben die Teilnehmer ihre persönlichen Erfahrungen.

- Wie habe ich mich als Mitglied des „Bottle-Orchesters" erlebt? Konnte ich meine Erfahrungen/Ideen einbringen?
- Wie habe ich den Entscheidungsprozess empfunden, wie die Aufführung?
- Wie habe ich die anderen erlebt, die Kommunikation untereinander? Haben wir uns gegenseitig angeregt/behindert?

Danach beschreiben die Beobachter im Plenum die wahrgenommenen Entwicklungsprozesse der Gruppen/„Orchester".

- Wie wurden die einzelnen Sätze entwickelt? Wie liefen die Entscheidungsprozesse über Art und Charakter? Waren alle am Entscheidungsprozess beteiligt?
- Wer ergriff welche Initiative, wer hat welche Aufgaben/Führungsaufgaben übernommen?
- Welche Entwicklungsphasen waren in den Gruppen zu beobachten?

In der dritten Phase erfolgt eine mögliche Übertragung der Erfahrungen/Beobachtungen auf die Rollen am Arbeitsplatz, im Team oder auf Führungsaufgaben.

- Welche Parallelen habe ich zu meinem Verhalten im Arbeitsalltag entdeckt? Welche neuen Möglichkeiten im Umgang mit Mitarbeitern, mit neuen Aufgaben?

## Kommentar

Die Übung ist sehr gut geeignet als praktischer Einstieg sowohl in das Thema Teamentwicklung/Teamphasen als auch Teamführung/Führungsstile. Je nach Zielsetzung sollten die verschiedenen Variationen zum Einsatz kommen.

Manchmal ist es auch sinnvoll, vor Beginn der Übung kurz einige Möglichkeiten der Klangerzeugung mit einer Flasche zu demonstrieren, um so die Fantasie der Teilnehmer anzuregen.

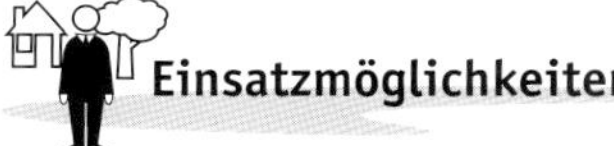

## Einsatzmöglichkeiten

- Teamentwicklung/Teamphasen
- Führungskräftetraining
- Kommunikation
- Planung und Zielerreichung

## Querverweise

„Bottle-Symphony" ist eines von verschiedenen Spielen, welche Hinnerick Broeskamp für die Trainingsarbeit mit Plastikfalschen entwickelt hat (siehe auch das vorhergehende Spiel „Bottle-Sounds").

## technische Hinweise

**Gruppierung** pro Kleingruppe 4–10 Teilnehmer plus 1–2 Beobachter

**Material:** 1,5-Liter-Plastikflaschen, die jeweils mit unterschiedlichen Materialien (Sand, kleinen Steinen, Reis, Erbsen, Nudeln, dünnen Holzstäben, Schraubenmuttern etc.) präpariert sind, so dass jede einen eigenen Klangcharakter hat. Nicht zuviel Material einfüllen. Es reicht, wenn der Boden gut bedeckt ist (siehe Abb. links). Keine scharfen Gegenstände wie Nägel o. Ä. verwenden, da die Flaschen beschädigt werden könnten und Verletzungsgefahr besteht. Für die Variation leere Flaschen und Füllmaterial bereitstellen.

**Dauer** ca. 90–120 Minuten mit Auswertung

**Vorbereitung** Flaschen präprieren

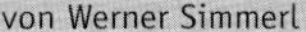

# Der Eier-Zielwurf

von Werner Simmerl

Hüpfende Gummi-Eier regen zum Nachdenken über Zielvereinbarungen an

## Ziel

Es wird bewusst gemacht, dass Zielvereinbarungen lediglich das Ziel haben können, Motivation und Anstrengung auszulösen. Wenn das gelingt, haben sie ihren Sinn erfüllt. Es kann nicht sein, dass die Belohnung am Ende an die „Vorhersage-Qualität" geknüpft wird. Diese Erkenntnis sollte zu einer nützlichen Weiterentwicklung des Zielvereinbarungssystems führen.

## Beschreibung

In einem Wettbewerb zwischen Einzelnen oder Teams werden Zielvereinbarungen getroffen, wie viele „Eier" in einem Papierkorb als Ziel landen sollen. Das Problem ist nur: Es sind Gummi-Eier, die unberechenbar springen.

1. Papierkorb in der Mitte des Raumes aufstellen und um den Papierkorb mit einem Seil oder einer Schnur einen Kreis mit ca. 3 m Durchmesser legen
2. Ansage: *„Jetzt geht es um das Thema Zielvereinbarungen und Ihren Umgang damit."*
3. *„Bilden Sie dazu vier leistungsfähige Teams."* (bei 12 Teilnehmern)
4. *„Es geht darum, diese Gummi-Eier außerhalb des Kreises stehend so zu werfen, dass sie aufspringen und dann im Papierkorb landen."*
5. *„Bevor wir allerdings starten:*
   *a) Geben Sie Ihrem Team einen guten Wettkampfnamen.*
   *b) Vereinbaren Sie im Team, wie viele Treffer Sie bei insgesamt zwölf Würfen landen werden. Es ist übrigens so, dass Sie in Ihrer Zielvereinbarung völlig frei sind, es hängt allerdings Ihr Lohn für das kommende Jahr davon ab. Wenn Sie z. B. festlegen, dass Sie drei Eier versenken werden, erhöht sich der Jahreslohn für Ihr Team um 30 Prozent. Schaffen Sie dann aber nur zwei Treffer, haben Sie das Ziel verfehlt und es gibt keinen Euro mehr. Gelingt Ihnen mehr, als Sie vereinbart haben, erhalten Sie pro Mehrtreffer nur drei Prozent mehr Jahreslohn, weil uns als Unternehmen die Planungssicherheit fehlt."*
6. *„Bitte legen Sie jetzt Ihre Ziele fest. Geübt werden darf erst nach der Zielvereinbarung."*
7. *„Jetzt dürfen Sie fünf Minuten lang üben, allerdings nicht mit dem Original-Ziel-Papierkorb."*
8. *„Jetzt starten wir mit dem ersten Durchgang des Wettkampfes."*
9. Kurze Reflexion in den Teams nach dem ersten Durchgang mit dem Ziel, den folgenden zweiten Durchgang zu verbessern
10. Zweiter Durchgang
11. Erneute kurze Reflexion in den Teams
12. Dank für das Engagement, so wie es Chefs am Ende eines Jahres in der Regel ausdrücken

## Variationen

Dieser Wettkampf kann auch mit Einzelspielern oder in Partnerarbeit durchgeführt werden. Man kann auch die Belohnung dahingehend verändern, dass a) nur das erfolgreichste Team die Lohnerhöhung bekommt oder b) es für jeden vereinbarten und nicht erreichten Treffer zehn Prozent Lohnabzug im kommenden Jahr gibt.

## Kommentar

Nicht einsetzen, wenn die Teilnehmer keine Chance haben, das bestehende Zielvereinbarungssystem weiterzuentwickeln.

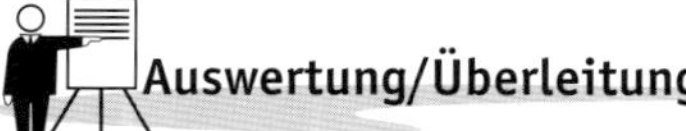

## Auswertung/Überleitung

- *„Wo sind Analogien zu Ihrem Zielvereinbarungssystem?"*
- *„Wie stark haben Sie sich Mühe gegeben – und wodurch wurde das ausgelöst?"*
- *„Was muss ein gutes Zielvereinbarungssystem leisten – und was nicht?"*
- *„Welche Ideen kommen Ihnen für Ihren Alltag?"*

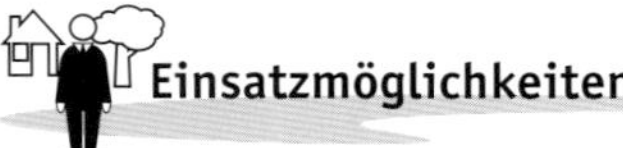

## Einsatzmöglichkeiten

Gut bei Organisationsentwicklungen und wenn es darum geht, das Zielsystem zu überdenken. Sehr nützlich auch in Führungstrainings zur Sensibilisierung der Führungskräfte, welchen Einfluss Zielvereinbarungssysteme haben und wie unsinnig es ist, die Belohnung an die Prognosequalität zu hängen.

## Querverweise

Gummi-Eier z. B. zu beziehen über: www.trainings-ideen-shop.de bei Trainings-Ideen Simmerl, Tel. 09571 4333, Fax: 09571 4303, trainings-ideen@simmerl.de; 3,30 Euro ab 10 Stück im Eierkarton

## technische Hinweise

| | |
|---|---|
| **Gruppierung** | bei jeder Teilnehmerzahl einsetzbar, auch in Großgruppen |
| **Material** | ▶ pro Teilnehmer ein Gummi-Ei<br>▶ pro 12 Teilnehmer ein ca. 4 m langes Seil<br>▶ pro 12 Teilnehmer ein Papierkorb |
| **Dauer** | je nach Ausführung und Reflexion 10–30 Minuten |
| **Vorbereitung** | zwei Minuten zur Platzierung des Wurfkreises und des Papierkorbs |

# Die schnellen Bälle

von Hans-Heinrich Reinhardt

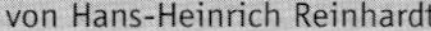

Eine Handvoll Bälle regt zur kreativen Lösungssuche und zur Effizienzsteigerung an

## Ziel

Den Teilnehmern wird während des Spiels bewusst, dass effiziente Teamarbeit nur gelingt, wenn sich alle einbringen, jeder Engagement zeigt, Ideen anderer aufgegriffen und weiterentwickelt werden und eingefahrene Abläufe infrage gestellt werden dürfen. Die kreative Lösungssuche findet mit Kopf, Herz und Hand statt.

## Beschreibung

Als Utensilien benötigt man lediglich 6–8 Tennisbälle, am besten in einer länglichen Verkaufsdose, eventuell noch ein Moderationskärtchen mit der Aufschrift: „Jede Hand berührt jeden Ball!" (Spielbedingung)

Das Spiel sollte dann eingesetzt werden, wenn man entweder die Merkmale guter Teams vermitteln will oder generell eine Auflockerung im Seminar herbeiführen möchte. Das Spiel dauert insgesamt nur ca. zehn Minuten.

Die Teilnehmer sitzen üblicherweise im Halbkreis oder in U-Form an Tischen. Der Spielleiter zeigt die Bälle und die Spielbedingung und gibt nun die Bälle, einen nach dem anderen, dem ersten Teilnehmer in die Hand. Dieser reicht sie sich selbst in die andere Hand und von da aus seinem nächsten Nachbarn, der sie wiederum sich selbst und dann dem nächsten gibt. Das Verfahren beginnt bewusst so umständlich, damit möglichst viele Teilnehmer erwartungsvoll den jeweils Hantierenden anschauen. Mit großer Wahrscheinlichkeit gehen unterwegs immer wieder einmal Bälle zu Boden, sodass der Fluss unterbrochen wird. Das sorgt für unkonzentriertes und langsames Durchreichen der Bälle. Der Spielleiter sagt am Ende der Runde, wie lange es gedauert hat (meist 2–3 Minuten bei etwa 12–20 Teilnehmern).

Am besten lässt man den Vorgang gleich noch einmal wiederholen und drängt auf zügige, sorgfältige Weitergabe, wobei sich der Zeitbedarf meistens nur unwesentlich verbessert.

Dann lässt man der Gruppe bzw. dem Team etwa drei Minuten Diskussionszeit, wie denn die Bedingung erfüllt werden könne, aber die Zeit auf unter 20 Sekunden zu drücken sei (Der Rekord lag bei einer meiner Seminargruppen bei sechs Sekunden). Durch kreative Ideensammlung, engagierte Einzelbeiträge und vor allem der Änderung des Prozessablaufs werden die Lösungen gesammelt und ausprobiert. Dann gibt der Trainer/Spielleiter die erneute Aufforderung, die Aufgabe durchzuführen. Mit wenigen Ausnahmen finden die Gruppen/Teams eine zügige Lösung, die dennoch die Spielbedingung erfüllt.

Zur Auswertung kann man die Frage stellen, was Teamarbeit so effizient macht und ggf. die Beiträge am Flipchart visualisieren. Der bei der Durchführung ansteigende Adrenalinspiegel sorgt für eine Belebung der Gesamtsituation.

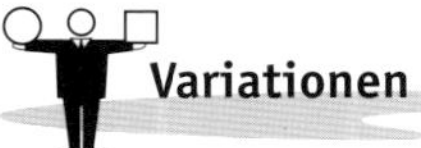

## Variationen

Je nach Gruppengröße kann man die Zahl oder Art der Bälle (Jonglierbälle, Kinderbälle, Golfbälle) variieren, auch unterschiedliche Ballgrößen bringen neue Schwierigkeiten in die Aufgabe. Das Spiel funktioniert auch mit Gegenständen, die zum Thema passen, sofern diese bruchsicher und ohne Verletzungsgefahr sind (z. B. einfache Arbeitshandschuhe).

## Kommentar

Im Seminarraum muss soviel Freifläche vorhanden sein, dass die gesamte Teilnehmerzahl dort im Kreis stehen kann. Ein zu kleiner oder zu enger Seminarraum sollte verlassen und die Übung dann besser im Foyer oder im Freien durchgeführt werden.

## Auswertung/Überleitung

Man kann in der anschließenden Diskussion die Vor- und Nachteile der Teamarbeit besprechen oder danach fragen, ob es Sinn macht bzw. erlaubt ist, Ablaufprozesse so infrage zu stellen, dass man effizientere Verfahren finden kann.

## Einsatzmöglichkeiten

Sehr vielfältige Einsatzmöglichkeiten rund um die Themen: Teamarbeit, Ablaufprozesse, Auflockerung, Mut zum Risiko, Aufbruchstimmung zur Umsetzung ...

## Querverweise

Eine ähnliche Spielidee wurde mir erstmals bekannt in einem Seminar von Trainer Volker Rockstroh, Waldkappel, die ich dann in eigenen Seminaren weiterentwickelt habe.

## technische Hinweise

| | |
|---|---|
| **Gruppierung** | idealerweise Gruppen- oder Teamgröße von 8–20 Personen, ansonsten weitere Aufteilung in Kleingruppen |
| **Material** | 6–8 Bälle |
| **Dauer** | ca. 10–12 Minuten |
| **Vorbereitung** | Kärtchen mit Spielbedingung: „Jede Hand berührt jeden Ball!"; für ausreichend Platz sorgen |

# Erfinderbörse

von Johannes Sauer

Mit vorgegebenen Materialien werden funktionstüchtige Maschinen geplant, gebaut und präsentiert

## Ziel

- Kreativität anregen
- kooperieren
- Kompetenzen & Ressourcen nutzen
- sich neuen Herausforderungen stellen
- zielorientiert arbeiten
- präsentieren & moderieren

## Beschreibung

Kleingruppen von maximal 3–5 Personen erhalten die Aufgabe, aus unterschiedlichen Alltagsgegenständen eine funktionstüchtige Maschine zu entwickeln.

Die Teams erhalten unterschiedliche Räume (oder Abtrennungen durch Moderationswände) und je Team exakt die gleichen Materialien (s. u.). Zudem erhält jedes Team ein Entwicklungsbudget (10 Einheiten = Moderationskarten, Münzen, Schokoladentafeln etc.).

Die Teams gehen an ihre Produktionsstätten und finden dort die Materialien sowie das Entwicklungsbudget. Sie bekommen eine Gesamtzeit von 60 Minuten und müssen diese eigenverantwortlich in Ideensammlung, Planung, Zukauf, Fertigung, Test und Präsentationsvorbereitungszeit einteilen.

Zehn Minuten nach Spielbeginn öffnet das Kreativcenter (Tisch bei der Spielleitung). Dort können zusätzliche Materialien besichtigt und erworben werden. Um Reiseaufwand zu sparen, darf jeweils nur ein Einkäufer je Team das Kreativcenter besuchen.

Nach 50 Minuten beginnen die max. fünfminütigen Präsentationen vor dem Vorstand (Spielleitung und Beobachter). Bewertet werden

- Design,
- Funktionalität,
- Produktionsaufwand,
- Nutzen,
- Marketingideen.

Der Vorstand trifft eine sofortige Entscheidung.

## Variationen

- andere Materialien einsetzen
- Die Teams erhalten unterschiedliche Materialien (Diese Variante bietet sich an, wenn die Teams räumlich nicht voneinander getrennt sind.)
- Zeiten verlängern bzw. verkürzen
- Während der Aktionsphase zusätzliche Anforderungen des Vorstands benennen, z. B.: *„Gewicht max. 223 Gramm"* (Briefwaage mitnehmen) oder *„Muss in einen A4-Karton passen …"*
- Preise für den Zukauf von Materialien im Spiel verändern: erhöhen, verringern, Mengenstaffel, Kombi-Angebote etc.

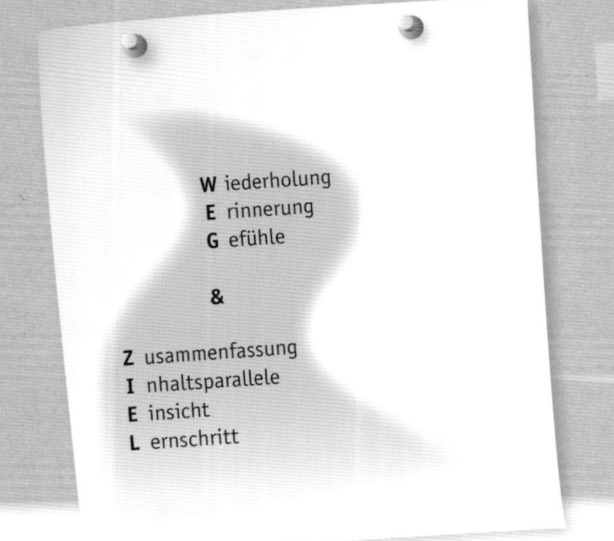

## Auswertung/Überleitung

Für die Auswertung eignet sich ein Schema, wie z. B. „Weg & Ziel" von Hans-Georg Renner:

| | | |
|---|---|---|
| **W** iederholung | – | *„Was ist geschehen?"* |
| **E** rinnerung | – | *„Was lief gut/weniger gut?"* |
| **G** efühle | – | *„Welche Gefühle waren da & wie war ihr Einfluss?"* |
| **&** | | |
| **Z** usammenfassung | – | *„Was lernen Sie daraus?"* |
| **I** nhaltsparallele | – | *„Sehen Sie eine Verbindung zum Alltag?"* |
| **E** insicht | – | *„Was werden Sie definitiv tun/ändern?"* |
| **L** ernschritt | – | Neues Verhalten in der nächsten Aufgabe ausprobieren |

## Kommentar

Der tatsächliche Nutzen der Maschine spielt bei der Erfindung keine Rolle – wichtig ist die Funktionstüchtigkeit der Erfindung und eine kreative Umsetzung im Team. So wurde beispielsweise in der Vergangenheit aus einer Mausefalle, Chinastäbchen, einem Stück Gartenschlauch und einer Glasmurmel, die die Mausfalle aktivierte, eine funktionstüchtige Eier-Köpfmaschine entwickelt (siehe Skizze rechts). Aus den gleichen Materialien konstruierte eine andere Gruppe eine Papierschleudermaschine, die einem den Gang zum Mülleimer ersparte.

In die Auswertung lassen sich gut bekannte Teammodelle (wie z. B. TMS® = Team Management System) einbeziehen.

## Einsatzmöglichkeiten

- Teamtraining
- im Kontext von Projektmanagement-Seminaren und zielorientierter Zusammenarbeit
- wenn es auch einmal etwas heiterer zugehen darf …

## Querverweise

keine

## technische Hinweise

**Gruppierung** Kleingruppen à 3–5 Teilnehmer/innen in (nahezu) beliebiger Anzahl

**Material** z. B.: Mausefalle, Zollstock, Holzstäbe, Gummibänder, Expander, Klebeband, Textilgewebeband, Luftpumpe, Gartenschlauchstücke.
Die Auswahl der Materialien trägt zu einem großen Teil zur Akzeptanz und Spielfreude bei: Sie sollen neugierig machen, originell sein und zum Gestalten reizen.

**Dauer** Aktionszeit: eine Stunde
Auswertung: 25–60 Minuten (je nach Vorgehen), bei Videoeinsatz entsprechend länger

**Vorbereitung**

- Beschaffung der Materialien
- Flipchart mit Aufgabenstellung zeichnen
- Bewertungskriterien für Präsentation und Auswertung definieren

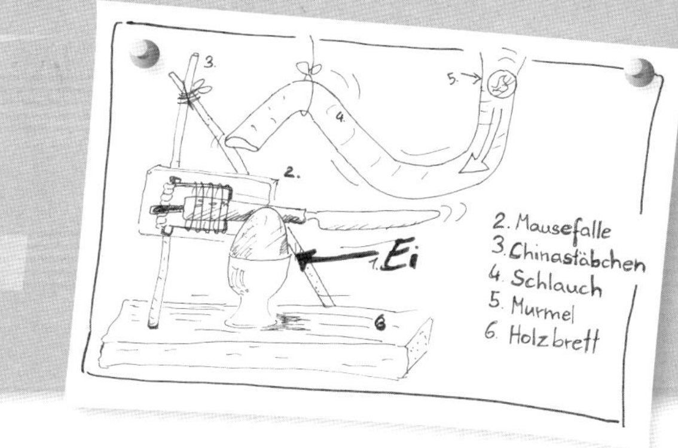

# Führung mit Kugelschreibern: Wer übernimmt den Lead?

von Matthias Zurfluh

Ein origineller Entscheidungsprozess mit Kugelschreibern zeigt das Verhalten und die Rollen einer Gruppe auf

## Ziel

Der Einzelne und die Gruppe müssen sich mit der Frage beschäftigen, welche Merkmale eine Gruppe bilden und welche nicht zusammengehören. Die eigentliche Frage dreht sich aber nicht um die Merkmale als solche. Vielmehr geht es darum zu beobachten und zu erleben, wie Gruppen eine Problemstellung analysieren, Strukturen definieren und Lösungswege finden und umsetzen. Die Teilnehmenden lernen das Teamverhalten der Gruppe und ihre eigene Rolle darin kennen.

## Beschreibung

Den Teilnehmern werden Kugelschreiber verteilt. Es gibt z. B. Kugelschreiber mit folgenden Merkmalen und Merkmalskombinationen:

- Kugelschreiber mit Mine
- Kugelschreiber mit entfernter Mine
- Mine immer draußen
- Kugelschreiber mit Außenfarbe rot
- Kugelschreiber mit Außenfarbe blau
- Kugelschreiber mit Außenfarbe grün
- Kugelschreiber mit der Minenfarbe schwarz
- Kugelschreiber mit der Minenfarbe blau
- Kugelschreiber mit Mine zum „Herausdrücken"
- Kugelschreiber mit Mine zum „Herausdrehen"
- etc.

Die Merkmale der verteilten Kugelschreiber müssen mindestens je zweimal auftreten. Mögliches Beispiel bei fünf Teilnehmern:

- Teilnehmer 1: Kugelschreiber mit Mine, Außenfarbe rot, Mine zum Drücken, Minenfarbe blau
- Teilnehmer 2: Kugelschreiber mit Mine, Außenfarbe rot, Mine immer draußen, Minenfarbe schwarz
- Teilnehmer 3: Kugelschreiber ohne Mine, Außenfarbe blau, Mine zum Drücken, Minenfarbe blau
- Teilnehmer 4: Kugelschreiber mit Mine, Außenfarbe blau, Mine zum Drehen, Minenfarbe schwarz
- Teilnehmer 5: Kugelschreiber mit Mine, Außenfarbe grün, Mine zum Drehen, Minenfarbe schwarz

**Wichtig:** Vor allem bei geringer Teilnehmerzahl sollte darauf geachtet werden, dass die sich unterscheidenden Merkmale nicht alle binär sind (z. B. „mit Mine"/„ohne Mine"); sonst ist die Bildung von zwei je möglichst großen Gruppen zu einfach.

Die Teilnehmer erhalten die Aufgabe, zwei je möglichst große Gruppen zu bilden (bei fünf Teilnehmern idealerweise eine Gruppe mit drei, eine mit zwei Teilnehmern). Die Gruppenzugehörigkeiten müssen sie anhand der vorhandenen Kugelschreiber-Merkmalsgruppen festlegen. (Beispiel: „Teilnehmer 2, 4 und 5 bilden eine Gruppe, weil bei allen die Minenfarbe schwarz ist; Teilnehmer 1 und 3 bilden eine Gruppe, weil sie einen Kugelschreiber haben, bei dem die Mine zum Drücken ist.")

istockphoto

Weitere 1–3 Teilnehmer erhalten die Rolle als Beobachter und machen sich auf einem entsprechenden Beobachtungsbogen zu grundsätzlichen Leitfragen Notizen (vgl. „Auswertung/Überleitung"). Die Beobachter halten sich im Hintergrund – sitzend oder stehend; sie dürfen auch mit ein bis zwei Meter Abstand um das Team herum wandern, falls das der Beobachtung dient.

Der Spielleiter gibt anfangs Anweisungen. Dem Team werden keine ergänzenden Fragen beantwortet (insbesondere dürfen die Merkmalseigenschaften nicht weiter erläutert werden – auch nicht in Form von Beispielen).

Die Arbeitsanweisung lautet etwa folgendermaßen: *„Ihr seid ein Team und müsst zusammen folgende Aufgabe lösen: Bildet zwei Gruppen. Die beiden Gruppen müssen beide so groß wie möglich sein. Ihr seid fünf Teammitglieder, das heißt, im Idealfall schafft ihr es, euch in eine Gruppe mit drei und in eine mit zwei Mitgliedern aufzuteilen. Wer in welche Gruppe gehört, müsst ihr anhand der Kugelschreiber, die an euch im Anschluss verteilt werden, festlegen. Die Kugelschreiber haben verschiedene Merkmalseigenschaften; einige stimmen mit anderen überein, andere nicht. Grundsätzlich gilt: Teammitglieder mit Kugelschreibern, die übereinstimmende Merkmalseigenschaften aufweisen, können zusammen eine Gruppe bilden. Natürlich wird auf Zeit gespielt. Viel Glück!"*

Die Teilnehmer sitzen als Team um einen großen Tisch oder an mehreren zusammengerückten kleineren Tischen. Dann werden die Kugelschreiber verteilt.

## Variationen

1. Anstelle von zwei Gruppen lässt man die Teilnehmer drei oder noch mehr Gruppen bilden.
2. Anstelle der Vorgabe von je „möglichst großen Gruppen" kann die Aufgabe sein, möglichst viele kleine Gruppen zu bilden.

## Kommentar

Falls ein Team mehrheitlich aus Alpha-Tieren besteht, kann sich die Übung hinziehen; ebenso, falls gar kein Alpha-Tier in der Gruppe ist. Nach max. 20 Minuten sollte das Spiel abgebrochen werden (um die Spannung nicht zu verlieren); der Abbruch und die damit einhergehende Nichterfüllung der Teamaufgabe müssen im Debriefing thematisiert werden.

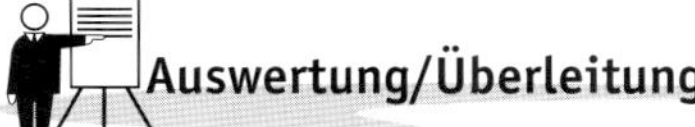

## Auswertung/Überleitung

1. Abfrage der subjektiven Eindrücke und Empfindungen der einzelnen Teilnehmer bei Erfüllung der Aufgabe (offene Runde ohne Flipchart)

2. Abfrage der Beobachtungen durch die Beobachter auf Flipchart; dabei werden die folgenden Teamarbeitsschritte getrennt betrachtet:
   - Wie ist die Vorbereitung im Team verlaufen? (War allen die Aufgabenstellung klar; war allen klar, wie vorzugehen war? Wurde versucht Klärung zu schaffen?)
   - Wie ist die Analysephase gelaufen? (Welche Kugelschreiber mit welchen Merkmalen sind überhaupt im Spiel? Ist ein logisches Vorgehen erkennbar?)
   - Phase der Festlegung und Definition (Welche Merkmale werden berücksichtigt, um die Aufgabe zu lösen? Wer bestimmt?)
   - Umsetzungsphase (Ist jeder Teilnehmer mit der Gruppenaufteilung einverstanden und nach wie viel Zeit gibt es definitive Gruppen, aus denen keiner mehr ausschert? Wird erläutert, warum das Team der Ansicht ist, die Aufgabe korrekt gelöst zu haben?)

   Beantwortung der grundsätzlichen Leitfragen durch alle Teilnehmer auf Flipchart:
   a) Herrscht Chaos oder Struktur?
   b) Wird der Lead von jemandem übernommen? Immer von der gleichen Person?
   c) Wie viel Zeit wird für die einzelnen Teamarbeitsschritte (1. Vorbereitung, 2. Analyse, 3. Definition, 4. Umsetzung) benötigt? In welche Schritte lohnt es sich, Zeit zu investieren?
   d) Ist das Team bzw. sind die einzelnen Teilnehmer zufrieden?
   e) Gibt es nur eine Lösung? Was könnte man anders oder eventuell besser machen?
   f) Welche Parallelen lassen sich zu der eigenen realen Arbeit im Team ziehen?

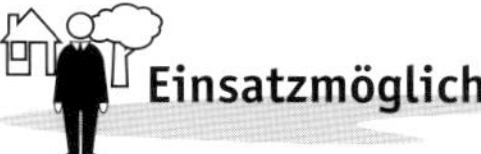

## Einsatzmöglichkeiten

Eignet sich
- für Gruppen, die in der Realität als Team oder in Abteilungen zusammenarbeiten und
- für alle Teilnehmer in Bezug auf das Erleben der eigenen Persönlichkeit und der Verhaltensmuster in einem Teamprozess

## Querverweise

keine

## technische Hinweise

**Gruppierung** 6–16 Teilnehmer (inkl. 1–3 Beobachter)

**Material**
- Kugelschreiber mit entsprechenden Merkmalen
- Beobachtungsbogen für Beobachter
- Flipchart

**Dauer**
- Teamaufgabe: 5–20 Minuten (je nach Komplexität der Merkmalskombinationen und Gruppengröße)
- Debriefing: 5–20 Minuten

**Vorbereitung** keine

# Kaskade

von Guenter Kamb

Eine geometrische Figur wird in unterschiedlichen Arbeitsschritten im Team gebildet

## Ziel

- Zusammenspiel über mehrere Ebenen hinweg
- verständliche Vermittlung von Informationen
- eindeutige Anweisungen geben
- Eigenverantwortung wahrnehmen

## Beschreibung

Die Gruppe wird in drei Teilgruppen aufgeteilt:

- Planer (max. zwei Personen)
- Gruppenleiter (max. drei Personen)
- Produktionsteam (alle anderen)

Die drei Teams erhalten ihre Aufgabenstellungen und ziehen sich an dafür vorgesehene Orte zurück (akustische Trennung). Nach 15 Minuten gehen die Planer zu einem Meeting bei den Anleitern. Nach weiteren 15 Minuten beginnt die max. 30-minütige Ausführung. **Wichtig:** Unbedingt darauf achten, dass das Produktionsteam das Seil nicht sieht!

### 1. Aufgabenstellung an die Planer

Ihr Bereich besteht aus drei Untergruppen: den Planern, den Gruppenleitern und dem Produktionsteam. Sie sind die Planer.

**Aufgabe des Produktionsteams:** Aus einem an den Enden zusammengeknoteten Seil ist nach bestimmten Regeln ein Quadrat zu formen. Dabei ist auf höchste Genauigkeit zu achten. Die Ressource (Seil) erhält das Produktionsteam erst zu Beginn der Ausführung. Das gesamte Projekt dauert maximal 60 Minuten.

**Aufgabe der Planer:** Die Aufgabe der Planer ist, einen Plan zur Lösung der Aufgabe zu entwerfen. Der Plan wird in einer Besprechung an die Gruppenleiter vermittelt. Die Gruppenleiter wiederum müssen mit dem Produktionsteam den Plan umsetzen.

**Regeln**

- Sie haben 15 Minuten Zeit, den Plan zu entwerfen.
- Für die Vermittlung des Plans an die Gruppenleiter haben Sie ebenfalls 15 Minuten Zeit.
- Nachdem der Plan an die Gruppenleiter übermittelt wurde, endet ihre Zuständigkeit. Sie dürfen den weiteren Prozess zwar verfolgen, aber nicht eingreifen (keine verbale oder körpersprachliche Intervention). Bitte nehmen Sie die Rolle der Beobachter ein.
- Es darf nur das zur Verfügung gestellte Seil benutzt werden.
- Als Hilfsmittel steht Ihnen Moderationsmaterial zur Verfügung.
- Weitere Hilfsmittel sind auch während der Ausführung nicht zugelassen.
- Das Produktionsteam hat max. 30 Minuten Zeit für die Umsetzung.
- Die ausführenden Teammitglieder tragen während der Ausführung Augenbinden, sie sind also „blind".

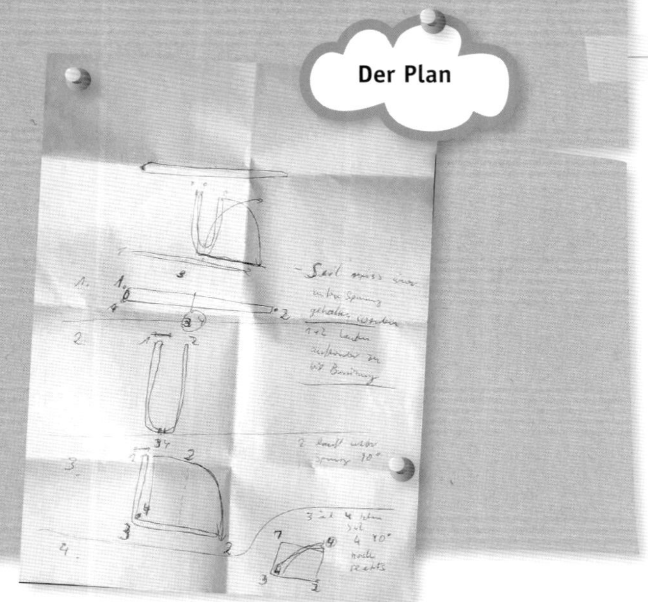


Die Ressource (Seil) wird vom Spielleiter zu Beginn der Ausführung ins Spiel gegeben.

## 2. Aufgabenstellung an die Gruppenleiter

Ihr Bereich besteht aus drei Untergruppen: den Planern, den Gruppenleitern und dem Produktionsteam. Sie sind die Gruppenleiter.

**Aufgabe:** Die Planer werden auf Grundlage bestimmter Vorgaben einen Plan für die Abwicklung eines Projekts entwickeln. Dieser Plan wird Ihnen von den Planern vorgestellt. Ihre Aufgabe ist es, das Projekt das Ihnen von den Planern vorgestellt wird, mit den Mitarbeitern des Produktionsteams umzusetzen. Wie Sie die Umsetzung gestalten, ist Ihnen überlassen.

**Regeln**

- Für die Entwicklung des Planes haben die Planer 15 Minuten Zeit. Währenddessen sammeln und diskutieren Sie an einem Flipchart: „Welche Merkmale besitzt ein gutes Auftragsklärungsgespräch zu Projektbeginn?"
- Es folgt eine 15-minütige Besprechung, in der Sie mit den Planern den Auftrag klären.
- In den folgenden max. 30 Minuten haben Sie und Ihr Produktionsteam Zeit für die Umsetzung.
- Die ausführenden Teammitglieder tragen während der Ausführung Augenbinden, sind also „blind".
- Das Produktionsteam darf nur das zur Verfügung gestellte Seil benutzen, weitere Hilfsmittel sind nicht zugelassen.
- Die Augenbinden müssen angelegt werden, bevor das Material zur Verfügung gestellt wird. Die ausführenden Mitarbeiter dürfen das Material nicht sehen.
- Die Gruppenleiter dürfen weder das Seil noch die Mitarbeiter des Produktionsteams anfassen.

Das Material wird vom Spielleiter ins Spiel gegeben, wenn das Produktionsteam den Auftrag ausführt.

## 3. Aufgabenstellung an das Produktionsteam

Ihr Bereich besteht aus drei Untergruppen: den Planern, den Gruppenleitern und dem Produktionsteam. Sie sind die Mitarbeiter des Produktionsteams.

Ihr Bereich hat den Auftrag zu einem bestimmten Projekt erhalten. Der Auftrag ist bei den Planern eingegangen. Diese werden den Auftrag an die Gruppenleiter vermitteln. Die Gruppenleiter werden den Auftrag mit Ihnen zusammen umsetzen. Sie wissen lediglich, dass es einen Auftrag geben wird, Art, Umfang und notwendige Ressourcen sind Ihnen unbekannt.

**Aufgabe:** Während der ersten 30 Minuten sammeln und diskutieren Sie an einem Flipchart Kriterien für eine gute Führungsarbeit: „So möchten wir, dass Führungskräfte Informationen an uns weitergeben." (Diese Liste wird Bestandteil der Auswertung sein.) Nutzen Sie die Zeit der Vorbereitung, um sich auf den unbestimmten Auftrag vorzubereiten.

**Regeln**

- Es dürfen außer den vorgegebenen Materialien keine weiteren Hilfsmittel benutzt werden.
- Während der Ausführung des Auftrags tragen Sie Augenbinden; das Team arbeitet „blind".
- Die Augenbinden dürfen vor Abschluss des Auftrags nicht abgenommen werden.
- Die Gruppenleiter dürfen weder das Seil noch die Mitarbeiter des Produktionsteams anfassen.

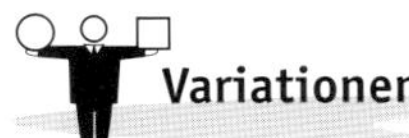

## Variationen

keine

## Kommentar

Das Spiel ist eine besonders reizvolle Variante des Klassikers „Seilequadrat". Die Anleiter stehen besonders im Rampenlicht. Dennoch darauf achten, dass sich die Auswertung nicht nur auf deren Rolle fokussiert.

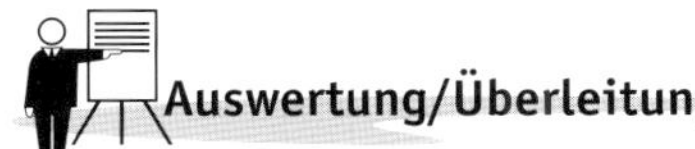

## Auswertung/Überleitung

Mögliche Auswertungsaspekte sind:

- Absprachen über die Ebenen hinweg
- Klarheit über Ziele und Zusammenhänge: War allen klar, worum es ging? Hatten alle eine Vorstellung vom Ziel?
- Aufgabenverteilung: War jedem klar, was er zu tun hatte?
- Genauigkeit der Information: Waren die Informationen verständlich?
- Einbindung der Beteiligten: Konnten sich alle einbringen? Wie? Wie nicht?

- Mitdenken, Eigenverantwortung übernehmen: Wie wurde mit den Ideen Einzelner umgegangen?
- Rückfragen zulassen oder einfordern: Was kann ich tun, auch wenn ich keine Informationen habe?
- Ideen anderer zulassen
- Einhaltung der Regeln
- Wenn Sie mit einer Gruppe arbeiten würden, die morgen diese Aufgabe zu lösen hätte, welche Tipps würden Sie den Planern, den Anleitern und dem Arbeitsteam geben?

Häufig werden Vorgaben zu starr, ohne Handlungsspielräume für die nächste Ebene weitergegeben (kann bei unvorgesehenen, ungeplanten Situationen zu Konflikten führen). Teilweise werden auch nicht alle Mitglieder des Produktionsteams eingebunden und stehen dann, meist ohne jede Information, herum.

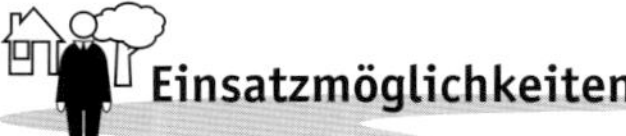

## Einsatzmöglichkeiten

Das Spiel eignet sich für Führungstrainings, Teamtrainings und Seminare für Ausbilder. Es zeigt Gefahren bei der Kommunikation über mehrere Ebenen hinweg.

## Querverweise

keine

## technische Hinweise

**Gruppierung** geeignet für 10–15 Personen

**Material**
- je nach Gruppengröße ein Seil. Sollte gut anzufassen sein, am besten eignen sich statische Kletterseile von 10–20 m Länge.
- Schlafmasken bzw. Augenbinden für das Arbeitsteam
- Papier (Flipchart) und Stifte für die Planer

**Dauer**
- Spiel ca. 60 Minuten
- Auswertung ca. 30 Minuten plus

**Vorbereitung** Die Anweisungen für die einzelnen Gruppen müssen schriftlich vorliegen.

# Kerzenproblem

von Adelheid Frost

Im Team wird eine brennende Kerze tropfsicher an der Wand befestigt

## Ziel

- Kommunikations-, Kooperationsbereitschaft sowie Teamfähigkeit aufzeigen und verdeutlichen
- Stärken/Schwächen des Einzelnen und des gesamten Teams erkennen
- gruppendynamische Prozesse im Team/Projekt erleben
- Problemlösungen außerhalb üblicher Denkmuster aufzeigen

## Beschreibung

Die Gruppe wird in Teams aufgeteilt. Jedes Team erhält:

- eine Christbaumkerze (oder eine kleine Geburtstagskuchen-Kerze)
- eine Schachtel Zündhölzer
- eine Schachtel Reißzwecken

Die Aufgabe wird der/den Gruppe/n mitgeteilt: Eine brennende Kerze muss mit diesen Utensilien in 15 Minuten tropfsicher an der Moderationswand/Korkpinnwand befestigt werden.

Weitere Angaben werden nicht gemacht – die Teams können sofort mit der Aktivität beginnen.

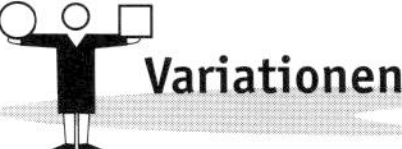

## Variationen

1. Die Aufgabe kann sowohl von einer einzelnen Person, einem Team oder mehreren Teams durchgeführt werden.
2. Bei einem Training mit Videoaufzeichnung werden drei Teams gebildet. Jedes Team erhält eine andere Ressource: Team A bekommt die Kerze, Team B die Reißzweckenschachtel, Team C die Streichholzschachtel. Der Zeitplan wird angepasst:
   - 5 Minuten Zeit zur Teamberatung
   - 10 Minuten Zeit zur Verhandlung mit den jeweils anderen Teams
   - 5 Minuten Zeit für die Durchführung
3. Ohne Möglichkeit zur Videoaufzeichnung werden vier Teams gebildet, das vierte Team hat die Beobachterrolle.

## Kommentar

Dieses Spiel kommt sehr gut an, wenn die Ergebnisse und Erkenntnisse aus dem Spiel unmittelbar danach an dem eigentlichen Thema weiterbearbeitet werden.

Lösung: Die Kerze wird in einer der beiden Schachteln entweder mit einem Wachstropfen direkt in der Schachtel fixiert oder mit einer Reißzwecke durch den Schachtelboden hindurch in der Schachtel befestigt. Die Schachtel wird am Rand mit Reißzwecken an der Pinnwand befestigt, die Kerze angezündet (siehe Abb. nächste Seite).

## Einsatzmöglichkeiten

- Kommunikation, Kooperation
- Teambildung
- Prozessoptimierung/Problemlösung

## Querverweise

seit ca. acht Jahren fester und erfolgreicher Übungs-/Spielbestandteil

## technische Hinweise

**Gruppierung** von einer einzelnen Person beim Coaching bis hin zu Großgruppen verteilt auf viele Teams

**Material**
- (pro Team) eine Christbaumkerze, eine Schachtel Reißzwecken, eine Schachtel Streichhölzer
- Aufgabenbeschreibung für TN (am PC/am Flipchart)
- ggf. Liste mit Beobachteraufgaben

**Dauer**
- bei einer Person und Teams ohne Ressourcenteilung: Durchführung: 15 Minuten, Reflexion: 30 Minuten
- bei mehreren Teams mit Ressourcenteilung und Beobachteraufgabe: Durchführung: 20 Minuten, Reflexion/Videoanalyse bei 15 Teilnehmern: ca. 45–60 Minuten

**Vorbereitung**
- Material beschaffen
- Aufgabenbeschreibung für Teilnehmern visualisieren
- ggf. Beobachteraufgaben auflisten

## Auswertung/Überleitung

- Bei Training mit Kamera: Videoanalyse.
- Bei einem Training ohne Aufzeichnung gibt das Beobachter-Team einen Bericht zu vorgegebenen Aspekten wie: Kommunikation, Kooperation, Teamarbeit, Gruppendynamik ...

Vertiefende Trainerfragen können sich anschließen:
- *„Welche Strategie wurde in welchem Team wie verfolgt?"*
- *„Wo sehen Sie Gemeinsamkeiten/Abweichungen zu Ihrem Projekt ‚...' bzw. zu Ihrer Aufgabe ‚...'?"*
- *„Welche Erkenntnisse lassen sich auf Ihren Berufsalltag übertragen?"*

# Logistik

von Guenter Kamb

Ein Team muss eine wachsende Zahl von Gegenständen transportieren

## Ziel

- Warming-up
- zur Auflockerung zwischendurch
- als metaphorisches Spiel zum Thema „Umgang mit Belastungssituationen"

## Beschreibung

Die Teammitglieder stellen sich hintereinander in einer Reihe auf. Der Trainer gibt nacheinander verschiedene Gegenstände ins Spiel. Die Gegenstände müssen über den Kopf nach hinten und durch die Beine wieder von hinten nach vorne transportiert werden (siehe Fotos nächste Seite). Dabei sollte kein Gegenstand verloren gehen.

Gegenstände, die vorne ankommen, werden wieder über den Kopf nach hinten gegeben, sodass im Verlauf des Spiels immer mehr Gegenstände transportiert werden müssen. Es sollten so viele Gegenstände ins Spiel gebracht werden, dass die Gruppe eine deutliche Belastung erfährt.

Irgendwann kann der Trainer eine zusammengeklappte Transportbox, einen Beutel, eine Tasche o. Ä. ins Spiel bringen. (Was passiert? Wird die Box bzw. Tasche zum Bündeln genutzt oder nur als weiterer Gegenstand im Kreislauf betrachtet?)

## Variationen

- Während des Transports dürfen die Gruppenmitglieder nicht miteinander sprechen.
- Wer einen Gegenstand fallen lässt, bekommt die Augen verbunden.

## Kommentar

- Achtung! Für manche Menschen kann das Durchreichen zwischen den Beinen unangenehm sein!
- Nicht geeignet, wenn Röcke getragen werden!

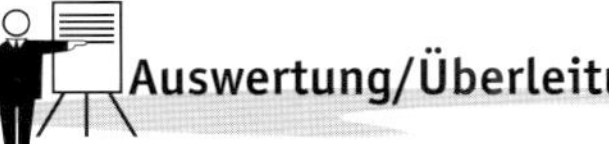

## Auswertung/Überleitung

- *„Wie wurde mit der Belastung umgegangen?"*
- *„Was war zu viel? Die Menge? Das Tempo?"*
- *„Sind alle Gegenstände im Spiel verblieben?"*
- *„Gab es Absprachen?"*
- *„Hat sich eine bestimmte Lösung durchgesetzt?"* (z. B. Tempoänderung, Rhythmus, Kisten zum Sammeln)
- *„Was hat Sie dazu bewogen, diese Lösung zu akzeptieren?"*
- *„Wie läuft diese Abstimmung im ‚richtigen Leben'?"*

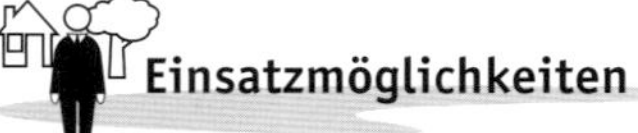

## Einsatzmöglichkeiten

- ohne Auswertung als Warming-up oder zum Aufwachen zwischendurch
- mit Auswertung als metaphorisches Spiel zum Thema „Umgang mit Belastung" (Absprachen, Lösungen zur Erleichterung finden etc.)

## Querverweise

Klassiker aus der Jugendarbeit

## technische Hinweise

**Gruppierung** ab 8 Personen (bei größeren Gruppen eine zweite oder dritte Reihe einrichten)

**Material**
- alles, was man anpacken kann.
- keine zu schweren oder zu sperrigen Gegenstände benutzen
- eine zugeklappte Transportkiste, Tragebeutel, großes Tuch (als Möglichkeit, Gegenstände zusammenzufassen)

**Dauer**
- ca. 10–15 Minuten (ohne Auswertung)
- Auswertung: nach Bedarf

**Vorbereitung** Geeignete Gegenstände bereithalten (oder spontan aus der Situation heraus der Umgebung entnehmen)

# Mikado light

von Sabine Kranz-Thien

Große Mikadostäbe regen zu kreativen Lösungen und Teamwork an

## Ziel

- eine kreative Lösung demonstrieren
- die Gruppe aktivieren
- in das Thema Teamarbeit einsteigen
- Auflockerung der Gruppe

## Beschreibung

In einer Einführung lädt die Leitung alle 8 bis 10 Teilnehmer zu einem Experiment ein und vergibt die dafür benötigte Rolle der „guten Fee". Die übrigen Teilnehmer werden zu Beobachtern ernannt und erhalten Leitfragen (siehe Punkt „Auswertung/Überleitung").

Die **Aufgabe** an das Spielteam lautet: Gewinnen Sie, so viel Sie können!

**Regeln:**

1. Greifen Sie sich so viele Mikadostäbe, wie Sie bekommen können.
2. Altbekannte Mikadoregeln und deren Punktwertung gelten nicht.
3. Sie dürfen keine Verletzungen erzeugen. Ansonsten sind alle Rechtsmittel erlaubt.
4. Jeder Stab in jeder Hand zählt bei der abschließenden Wertung 10 Punkte.
5. Verhandeln Sie im Team, um das Ergebnis zu optimieren.
6. Das Endergebnis wird nach 10–15 Minuten festgestellt.

**Vorgehen:**

1. Die „gute Fee" wirft die Mikadostäbe.
2. Die Spielphase beginnt und läuft ca. 10–15 Minuten. (Kurz vor Ende der Zeit beginnen die Beobachter laut von 10 an rückwärts zu zählen bis zum Stopp.)
3. Die Beobachter monitoren den Prozess.

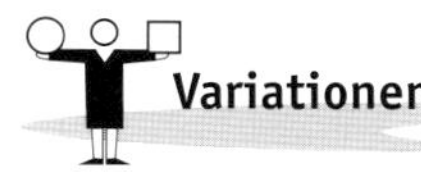

## Variationen

1. Die Werte der Mikadostäbe werden einbezogen. Auf dem Flipchart muss es dann eine Übersicht der Mikados und ihrer Punktzahl geben.
2. Sie ergänzen um die Anforderung: Maximieren Sie das Ergebnis! (als Hinweis, Beobachter und Trainer/in einzubeziehen).

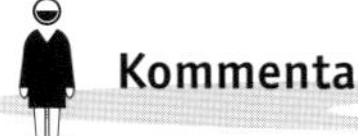

## Kommentar

Wichtig ist, die Teilnehmer darauf hinzuweisen, dass die ursprünglichen Mikadoregeln – keine Bewegung der Stäbe, Zählen der Punkte – nicht gültig sind. Beschränken Sie sich ausschließlich darauf, die Regeln zu wiederholen und möglichst wenig ergänzende Kommentare oder Erläuterungen zu geben (Das bringt u. U. das Team auf eine bestimmte Fährte.).

**Anmerkung:** Sie werden feststellen, dass die Teilnehmer zunächst so viele Stäbe sichern und greifen, wie sie bekommen und halten können.

Vom Einzelkämpfer ...

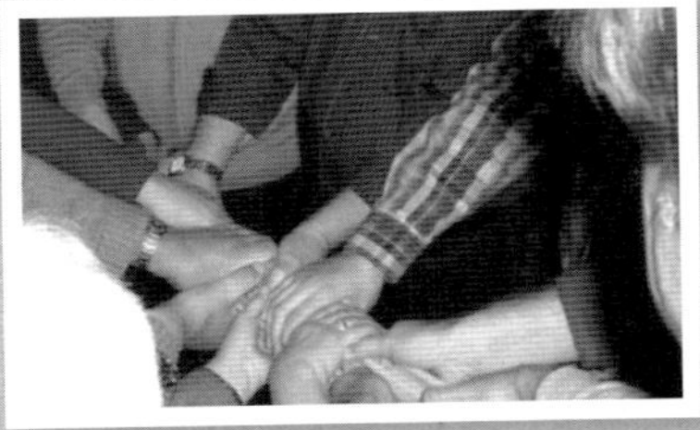

Es kommt vor, dass Teilnehmer versuchen, einander Stäbe wegzunehmen oder sich abzugrenzen. In der letzten Phase wird in der Regel über die Steuerung von einem oder mehr Teilnehmern Kooperation erzeugt mit dem Ziel, dass alle Teilnehmer alle Stäbe anfassen (siehe Fotos). Eventuell kommt der Gruppe dann auch die Idee, die Beobachter zu integrieren.

## Auswertung/Überleitung

Diese kurze Sequenz beinhaltet schon die wesentlichen Bestandteile eines Teamprozesses: Problemstellung, Regeln, Leitfrage, vom Individuum zum Team, erfolgreiche Umsetzung.

1. Lassen Sie zunächst die Beobachter sprechen: *„Wer hat welche Phasen und welche Entwicklung, ggf. auch welche Einzelaktionen, wahrgenommen?“*





2. Befragung der Teilnehmer mittels Blitzlicht: *„Wie haben Sie die Situation erlebt?“*
3. Auswertung: *„Was hätte getan werden können, um den Kuchen maximal zu vergrößern (to enlarge the pie ...)?“* – Integration der Beobachter, Integration des Trainers.

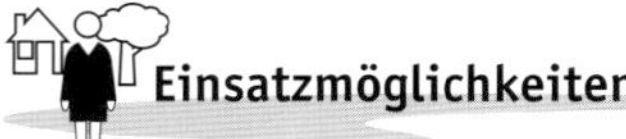

## Einsatzmöglichkeiten

Teamentwicklung, Zusammenarbeit, Führung, Kreativität, Veränderungsprozesse, allgemeine Auflockerung

## Querverweise

keine

## technische Hinweise

| | |
|---|---|
| **Gruppierung** | Teilnehmerzahl beliebig, aktive Gruppe ca. 10–12 Teilnehmer |
| **Material** | 20–30 Mikadostäbe, vorzugsweise Maxi-Mikado von ca. 80 cm Stablänge. Eindrucksvoll sind auch Mikadostäbe von ca. 1–1,50 m Länge, die Sie sich im Baumarkt aus Blumenstäben oder Ähnlichem schneiden lassen können. |
| **Dauer** | ca. 10–15 Minuten Mikado light, 10–20 Minuten Auswertung, je nach Intensität und Fokus |
| **Vorbereitung** | Mikadostäbe beschaffen |

# Team & Stifte

von Miriam Breitsameter

Zwischen Kleingruppen wird über Arbeitsmaterialien verhandelt

## Ziel

- Entscheidungen treffen
- Kompromisse erarbeiten
- das Ganze anstelle des individuellen Vorteils sehen

## Beschreibung

Die Gruppe wird in drei Kleingruppen mit 3–5 Teilnehmern eingeteilt. Das erste Team erhält einen Anspitzer, das zweite Team vier abgebrochene Bleistifte und das letzte Team einen großen Stapel kleiner Notizzettel. Die Gruppen geben sich einen Gruppennamen.

Ein Plakat mit der Anleitung wird aufgedeckt und sofort die Zeit gestartet. Aufgabe ist es, nach 10–25 Minuten möglichst viele mit dem Gruppennamen beschriebene Zettel bei der Spielleitung abzugeben. Die Seminarleitung ergänzt, dass das Spiel in sich ständig abwechselnden Phasen verläuft, deren einzelne Länge nicht vorgegeben ist.

1. **Besprechung:** Die Gruppenmitglieder sollen stets als Gruppe handeln. Es bleibt ihnen überlassen, wie sie zu ihrer Entscheidung kommen.
2. **Verhandlung:** Besteht im Team Einigung über die Vorgehensweise, kann verhandelt werden. Zu einer oder beiden anderen Gruppen wird Kontakt aufgenommen und der jeweilige Vorschlag unterbreitet.

   *Wichtig:* Über neue Vorschläge und Vorgehensweisen muss wieder Einigkeit innerhalb der Teams bestehen.
3. **Ausführung:** Die Gruppen sind zu einer Einigung gekommen und führen die Aufgabenstellung durch. Es dürfen hierbei nur die bereitgestellten Materialien benutzt werden.

Das Spiel endet, wenn entweder die Zeit abgelaufen ist oder die vorhandenen Notizzettel beschriftet sind. Die Zettel werden gezählt und die Sieger ermittelt.

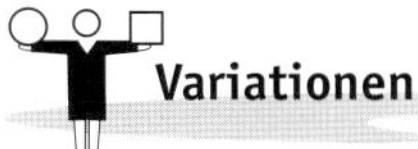

## Variationen

- In großen Gruppen mit sechs Teams arbeiten.
- Zeiten verändern: kürzere Zeiten erhöhen den Stress, längere geben Raum für Absprachen.

## Kommentar

Die Aufgabenstellung lässt Interpretationsspielräume – die Aufgabe kann als Wettbewerb verstanden (meistens ist das so) oder kooperativ gelöst werden. Als Seminarleitung muss man auf beide Momente vorbereitet sein. In der Regel wird wettbewerbsorientiert gestartet und irgendwann „fällt dann der Groschen“.

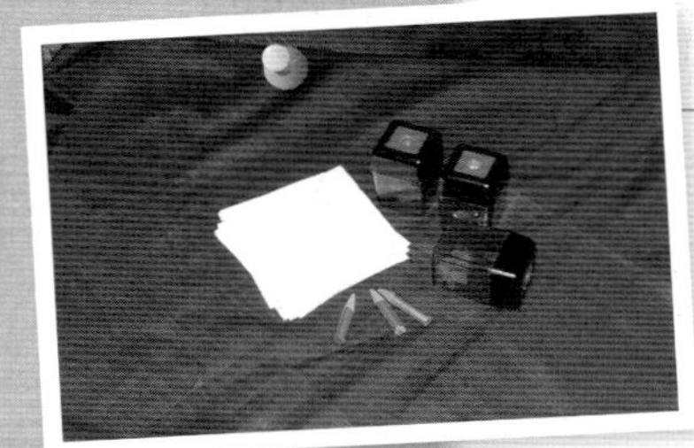


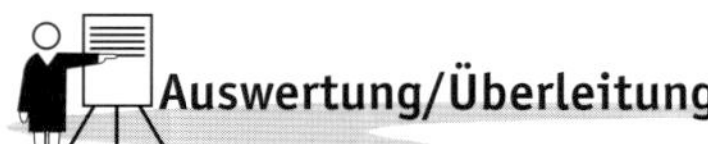

## Auswertung/Überleitung

Bei Werner Simmerl kann man die (universelle) Auswertungsfrage lernen: *„Welche Unterschiede und Gemeinsamkeiten zu Ihrer Praxis konnten Sie feststellen und welche Erkenntnisse ziehen Sie aus diesem Spiel?"*

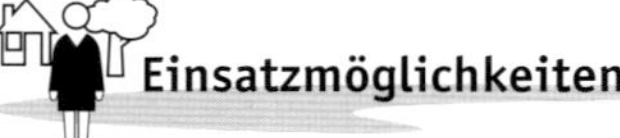

## Einsatzmöglichkeiten

Rund um die Themen Konflikt und Kooperation: Welche Konflikte haben sich gezeigt? Welche Vorgehen zur Lösung wurden gezeigt/erdacht? Welche (körper-)sprachlichen Signale konnten wahrgenommen werden?

## Querverweise

keine

## technische Hinweise

| | |
|---|---|
| **Gruppierung** | ▶ in Kleingruppen<br>▶ 9–30 Teilnehmer |
| **Material** | ▶ Bleistifte<br>▶ Anspitzer<br>▶ Notizzettel |
| **Dauer** | 20–35 Minuten |
| **Vorbereitung** | Material zusammenstellen |

# Wer ist der beste Dompteur?

von Dorothea Driever-Fehl

In einem Experiment ist zu beobachten, welches Feedback hilft erwünschtes Verhalten zu entwickeln

## Ziel

- Erkennen: Was hilft Menschen, ein erwünschtes Verhalten zu zeigen?
- Folgerungen formulieren: Was muss ich wie tun, damit ich andere erfolgreich beeinflusse?
- Abwechslung, Aktivität und Spannung
- entdeckendes Lernen

## Beschreibung

Bei dem Experiment sollen drei Versuchspersonen eine Bewegungsabfolge erraten – und zwar ohne zu sprechen, sondern indem sie möglichst viele, unterschiedliche Bewegungen ausprobieren und Schlüsse aus dem Feedback ihres „Dompteurs" ziehen. Im Anschluss reflektiert die Gruppe die Beobachtungen, überträgt sie auf ihren (Berufs-)Alltag und formuliert Tipps, wie man Menschen effektiv beeinflussen kann.

**1. Einführung in das Experiment durch den Trainer**

Mit den folgenden Sätzen können Sie Ihren Teilnehmern die Übung erläutern: *„Als Leiter des Forschungsinstituts für psychologische Menschenführung begrüße ich Sie herzlich und danke Ihnen, dass Sie an diesem interessanten, wissenschaftlichen Experiment teilnehmen werden. Wir wollen testen, inwieweit Strategien aus der Tierschulung, wie sie von Dompteuren eingesetzt werden, auch bei Menschen erfolgreich wirken können. Der Ablauf sieht so aus: Drei freiwillige Versuchspersonen werden gleich den Raum verlassen. Ich bereite den Rest der Gruppe dann hier auf das Experiment vor. Wenn wir damit fertig sind (nach etwa 10 Minuten), rufe ich die Versuchspersonen einzeln wieder herein. Diese müssen dann eine Bewegungsabfolge erraten – und zwar ohne zu sprechen, sondern indem sie verschiedene Bewegungen einfach ausprobieren. Jede Versuchsperson hat einen ‚Dompteur', der ihr mit Feedback hilft, die richtige Bewegung zu finden."*

**2. Vorbereitung**

Die drei Versuchspersonen ziehen je eine Nummer (1, 2 oder 3), die bestimmt, in welcher Reihenfolge sie später hereinkommen, und verlassen den Raum.

Inzwischen bereiten Sie mit den anderen Teilnehmern das Experiment vor. Sie zeigen der Gruppe den Bewegungsablauf, der erraten werden soll: die am Körper herunterhängenden Arme seitlich vom Körper bis Schulterhöhe anheben, dann die Handinnenflächen nach oben drehen, die ausgestreckten Arme über den Kopf zusammenführen, so dass sich die Handinnenflächen berühren, und dort ein Mal in die Hände klatschen (siehe Abb. nächste Seite).

Jeder Dompteur soll später alle Bewegungen der jeweiligen Versuchsperson so kommentieren, dass diese möglichst schnell den richtigen Bewegungsablauf findet. Dabei darf er aber nur eine festgelegte Skala benutzen. Dompteur Nr. 1 darf nur die falschen Bewegungen seiner Versuchsperson Nr. 1 mit „kalt", „kälter" oder „eiskalt" kommentieren, je

nachdem, wie stark die Bewegung von der richtigen Bewegung abweicht. Beispiel: „kalt", wenn die Versuchsperson im Stehen ein Bein hebt, „kälter", wenn sie sich bückt, „eiskalt", wenn sie umhergeht. Der Dompteur schweigt, wenn die Versuchsperson beginnt, die Arme zu bewegen.

Dompteur Nr. 2 darf nur die Bewegungen seiner Versuchsperson Nr. 2 kommentieren, die in die richtige Richtung gehen, und zwar mit „warm", „wärmer" und „heiß". Beispiel: „warm", wenn die Versuchsperson die Arme bewegt, „wärmer", wenn sie die herabhängenden Arme seitlich anhebt, und „heiß", wenn sie die Arme seitlich über Schulterhöhe hinaus anhebt. Der Dompteur schweigt, wenn die Versuchsperson sich z. B. bückt, umhergeht oder ihre Beine bewegt.

Dompteur Nr. 3 darf sowohl alle „richtigen" als auch alle „falschen" Bewegungen der Versuchsperson Nr. 3 kommentieren, also alle sechs Kategorien benutzen (warm, wärmer, heiß und kalt, kälter, eiskalt). Das bedeutet, dass idealerweise die Versuchsperson auf jede Bewegung eine Rückmeldung erhält.

Das ist gar nicht so leicht, wie es sich anhört, denn für die Dompteure ist es sehr schwierig, die Bewegungen konsistent und schnell zu bewerten. Für die Versuchspersonen ist es schwierig, das Ausbleiben von Feedback richtig zu deuten und schnell Bewegungsalternativen anzubieten. Sie sollten daher die obigen Beispiele einmal kurz mit den Dompteuren durchspielen.

**3. Durchführung des Experiments**

Versuchsperson Nr. 1 wird hereingerufen. Sie stellen ihr nun ihren Dompteur vor, erklären ihr, welche Art von Feedback der Dompteur ihr geben wird (kalt, kälter, eiskalt), und erläutern: *„Sie haben drei Minuten Zeit, um eine von uns festgelegte Bewegungsabfolge so schnell wie möglich zu finden. Das gelingt am besten, wenn Sie viele Bewegungen ausprobieren. Dann bekommen Sie auch viele Hinweise von Ihrem Dompteur."*

Auf gleiche Weise wird mit den Versuchspersonen Nr. 2 und Nr. 3 verfahren, die nacheinander hereingerufen werden. Nach jedem Durchgang soll die Gruppe applaudieren, denn es gehört schon etwas Mut zu der Übung.

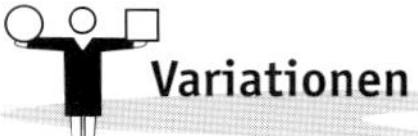

## Variationen

- Die Anzahl der Kategorien für die Dompteure auf „warm" und „kalt" reduzieren, zumal es erfahrungsgemäß wenigen Dompteuren gelingt, eine konsistente Abstufung vorzunehmen.
- Die ganze Gruppe als Dompteur agieren lassen, z. B. durch Summen für „warm" und Zischen für „kalt". Eine Abstufung kann die Gruppe durch die Lautstärke anzeigen.
- andere Bewegungen testen
- Sie können die Story mit dem Forschungsinstitut noch stärker ausschmücken oder ganz darauf verzichten und die Übung einfach so als Experiment laufen lassen.

Da die Vorbereitung des Experiments in der Gruppe etwas dauert, können Sie den Versuchspersonen während der Wartezeit die Aufgabe geben, Stichworte auf die Fragen zu notieren:

- „Was hilft Menschen erwünschtes Verhalten zu entwickeln?"
- „Was ist eher hinderlich/hilft wenig?"

Diese Ergebnisse ergänzen später die Auswertung des Experiments.

## Kommentar

**Zum Einsatz der Übung:**

- Die Übung sollte man erst dann machen, wenn die Gruppe miteinander „warm" geworden ist, da die drei Versuchspersonen sich exponieren und Mut aufbringen müssen.
- Man sollte sie nicht machen, wenn Spannungen, Konflikte und Ängste in der Gruppe erkennbar sind.

**Erfahrungen:** Wie schnell die richtige Bewegungsabfolge gefunden wird, hängt davon ab, wie präzise und konsistent das Feedback des Dompteurs ist, wie kreativ und systematisch die Versuchsperson verschiedene Bewegungen ausprobiert und wie schnell sie die richtigen Schlüsse aus dem Feedback ziehen kann. Das bedeutet, dass manchmal die beiden ersten Versuchspersonen die Bewegung schneller erraten als die dritte Versuchsperson, obwohl diese ja das reichhaltigste Feedback bekommt und „eigentlich" am besten abschneiden müsste. Daher kann man allein auf Basis der Schnelligkeit, mit der die Bewegung erraten wird, nicht die Überlegenheit des positiven *und* negativen Feedbacks ableiten (Sehr selten passiert es sogar, dass die dritte Person am schlechtesten abschneidet!). Darauf kommt es primär aber auch gar nicht an. Das Schöne ist: Es kann bei diesem Experiment nichts schief gehen! Denn alles, was nicht „klappt", kommt auch in der Realität vor und kann Aha-Effekte auslösen.

**Erkenntniswert der Übung:** Nur negatives Feedback ist irritierend. Die meisten Versuchspersonen haben große Schwierigkeiten, das Ausbleiben des negativen Feedbacks korrekt als „Jetzt bin ich auf dem richtigen Weg!" zu deuten.

Wenn Feedback zu selten ist, nicht zeitnah, nicht kleinschrittig und widersprüchlich, dann ist es schwer, das richtige Verhalten zu entwickeln. Unklarheiten über das Ziel führen zu einem „Stochern im Nebel". Zum Beispiel haben die Teilnehmer oft ganz andere Vorstellungen über die Art der Bewegung, die sie erraten sollen. Manche denken, es sei eine sinnvolle Alltagsbewegung, wie z. B. ein Fenster zu öffnen.

Es geht auch nicht um ein 1:1 in den Alltag übertragbares Experiment, denn allein die Beschränkung des Feedbacks auf drei resp. sechs Wörter ist ja künstlich. Das Experiment ist ein lebendiger Einstieg in eine

Diskussion darüber, wie und wann Feedback am besten wirkt, und beeindruckt die meisten Teilnehmer nachhaltig.

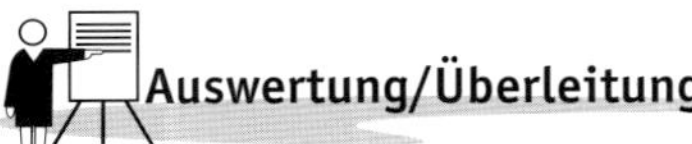

## Auswertung/Überleitung

**Erste Auswertungsrunde:** Die Teilnehmer werten ihre Erfahrungen in zwei Gruppen anhand folgender Fragen aus:

- Was hilft Menschen, erwünschtes Verhalten zu zeigen?
- Was macht es Menschen schwer, erwünschtes Verhalten zu zeigen?

und notieren jeweils Stichworte auf ein DIN-A3-Blatt (oder Flipchart), zunächst strikt bezogen auf das Experiment.

**Zweite Auswertungsrunde:** Die Gruppen tauschen ihre Blätter und kommentieren/ergänzen die Erkenntnisse, indem sie sie auf die (berufliche) Kommunikation beziehen. Eine Empfehlungsliste enthält dann z. B.:

- sowohl erwünschtes/richtiges als auch unerwünschtes/falsches Verhalten benennen
- Feedback zeitnah und kleinschrittig geben
- möglichst konkret, eindeutig und spezifisch formulieren
- Ziele müssen klar und transparent sein

**Transfer:** Erfahrungsgemäß reagieren die Teilnehmer sehr nachdenklich auf die Erkenntnis, wie wenig hilfreich und irritierend nur negatives Feedback ist und wie häufig in der beruflichen (und privaten) Kommunikation die Devise herrscht: „Solange ich nichts sage, ist alles in Ordnung.“ Daher bietet sich als Anschlussübung eine Übung zu ermutigendem, positiven Feedback an, indem die Teilnehmer sich in der Gruppe gegenseitig positives Feedback geben (siehe auch Spielbar II, S. 213, „Pluskarten“).

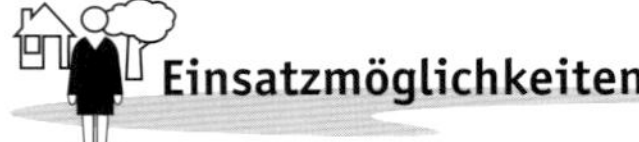

## Einsatzmöglichkeiten

- Kommunikation, Motivation, Führung
- vor oder nach einer klassischen Feedback-Übung (z. B. dreiteilige Ich-Botschaft nach Thomas Gordon, vierteilige Botschaft nach Marshall B. Rosenberg etc.), in der es um spezifische, nicht wertende Formulierungen geht

## Querverweise

Angeregt durch eine ähnliche Übung in einem Beitrag der Wirtschaft & Weiterbildung (Toolbox, Nov./Dez. 2002, S. 24). Dort ging es um die Fragen: Was steuert Verhalten stärker: Anweisungen oder Feedback? Die Worte des Vorgesetzten oder die Firmen-/Gruppenkultur?

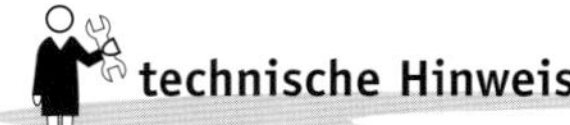

## technische Hinweise

| | |
|---|---|
| **Gruppierung** | Mindestgröße 6 Personen, ideal 12–18 Personen. Die Gruppe kann aber auch bis zu vierzig Leute umfassen, sofern die Versuchspersonen den Mut haben anzutreten. |
| **Material** | Flipchart, Stifte, Stoppuhr/Timer |
| **Dauer** | 30–45 Minuten |
| **Vorbereitung** | keine |

# Zum Thema arbeiten

## Kapitel V


1 **Appreciative Getting Together**
Bernhard Kaschek Seite 175

2 **Brücke zur Verbesserung**
Matthias Zurfluh, Eric Scherer Seite 177

3 **Customer Satisfaction**
Thomas Dorsheimer Seite 181

4 **Das 3 x 3 gegen das Mittagstief**
Svetla Todorova Seite 183

5 **Das Hemd meiner Nachbarin**
Ulrich Nijhuis Seite 185

6 **Entscheidung zwischen den Stühlen**
Ursula Kraemer Seite 187

7 **Fünf-Stühle-Rotation**
Andreas Väth Seite 189

8 **Haufenweise**
Barbara Schäfer-Ernst Seite 191

9 **IPC – Go west**
Michael Luther Seite 193

10 **Murmel-Feedback**
Tobias Linke Seite 197

11 **Rollenwechsel**
Matthias Eisenhuth Seite 199

12 **Schnapp den Hut**
Gabriele Braemer Seite 201

13 **Spitfire**
Gabriele Braemer Seite 203

14 **Tool Repeater**
Silke Riesner Seite 205

15 **Yes or No?**
Silke Riesner Seite 209

Die hier vorgestellten Übungen und Spiele verstehen sich als Ausgangspunkt in ein Thema hinein. Oder: Sie werden zum Thema, denn sie transportieren viele Aspekte des Themas. Hier steht weniger die spielerische Leichtigkeit im Vordergrund, sondern es wird ein etwas ernsterer Spielraum geboten.

**Bernhard Kaschek** eröffnet mit einem „Appreciative Getting Together". Er sucht in dieser Startsequenz nicht nach oberflächlichen Kennenlernfakten, sondern nach dem, was den Menschen ausmacht.

Nicht direkt zu adaptieren, aber dennoch interessante Spielideen kommen von **Thomas Dorsheimer** sowie **Matthias Zurfluh** und **Eric Scherer**. Letztere stellen mit der „Brücke zur Verbesserung" eine komplexe Spielidee vor, die sie an die Kundensituation anpassen und als Kick-off für ganze Veränderungsprozesse nutzen. „Customer Satisfaction" hingegen ist ein einsatzfertiges Brettspiel: Auspacken, durchlesen und loslegen. Alle Autoren geben Hinweise zum Bezug der Spiele.

**Svetla Todorova** fordert zum Zeichnen von Symbolen auf und gestaltet mit dem „3 x 3 gegen das Mittagstief" einen ermunternden Rückblick auf das Thema.

Gleich mehrere Autoren/innen stellen Stühle in den Mittelpunkt des Spielgeschehens: Bei **Ulrich Nijhuis** wechseln die Teilnehmer bei „Das Hemd meiner Nachbarin" Stühle und Sichtweisen, bei **Ursula Kraemer** geht es um eine „Entscheidung zwischen den Stühlen" und bei **Andreas Väth** werden in einer „Fünf-Stühle-Rotation" verschiedene Ebenen der Kommunikation betrachtet.

Zum Thema arbeitet auch **Barbara Schäfer-Ernst**, wenn Sie „Haufenweise" die Meinungen ihrer Teilnehmer abfragt – ein schönes Vorgehen, wenn man ein Stimmungsbild zum Thema einholen möchte. **Michael Luther** inszeniert einen spielerischen Dialog, indem er plakative Rollen schafft und diese in „IPC – Go West" in verschiedenen Aktionsformen ausleben lässt.

Zwei Autoren regen mit ihren Spielideen dazu an, das Geschehen aus der Metaposition zu betrachten: **Tobias Linke** lässt die Teilnehmer untereinander ein „Murmel-Feedback" geben und bei **Matthias Eisenhuths** „Rollenwechsel" wird die Rolle der Moderationsarbeit spielerisch reflektiert.

Die Spontaneität und Flexibilität ihrer Teilnehmer fordert **Gabriele Braemer** in zwei Spielen heraus: „Schnapp den Hut" verdeutlicht dabei die Fokussierung und damit die Gebundenheit unserer Aufmerksamkeit und mit dem Spiel „Spitfire" können Sie dann einen großen Schritt hin zur Spontaneität machen.

Heiter, anregend und mit deutlichem Übungserfolg geht es beim „Tool Repeater" zur Sache. Wissen und Tempo sind gefragt, Punkte werden verteilt und ganz nebenbei wird auch noch das Gelernte wiederholt. Ebenfalls von **Silke Riesner** und ebenfalls vielseitig einsetzbar ist „Yes or No". Ausführlich koppelt sie diese Übung an das Thema Konflikte – gibt aber auch wertvolle Hinweise zum Einsatz in anderen Themenfeldern.

# Appreciative Getting Together

von Bernhard Kaschek

In einer Eröffnungsrunde nennen Teilnehmer wertschätzende Assoziationen

## Ziel

- ein Klima gegenseitiger Wertschätzung bilden
- einen achtsamen Umgang miteinander anregen
- eine Voraussetzung dafür schaffen, dass Kreativität und kooperatives Verhalten gedeihen können

## Beschreibung

Die Teilnehmer sitzen im Stuhlkreis und hören eine meditativ vorgetragene Einleitung: „Entspanne Dich und verbinde Dich mit der Energie dieser Gruppe, mit diesem Moment. Gehe keinem anderen Gedanken mehr nach."

Mit einem Teilnehmer beginnend, sprechen alle zusammen betont den Vornamen der ersten Person aus, z. B.: J-o-a-c-h-i-m. Dann beginnt einer der Teilnehmer. Er ist innerlich mit Joachim und seinem Wesen verbunden; vielleicht hat er die Augen geschlossen. Er beginnt das, was er sagen will, mit: „Was ich an Deinem Wesen besonders attraktiv finde, ist ..."

Es geht jedoch nicht darum, irgendwelche offensichtlichen Eigenschaften oder Fähigkeiten aufzuzählen („Du bist ein ausgezeichneter Manager", „Du kannst dich so gut organisieren" etc.), sondern darum, etwas tiefer in das Wesen der anderen Person zu blicken und dort das zu entdecken, was diese Person so wertvoll für alle macht, das zu sehen, was die Basis besonderer Fähigkeiten ausmacht und diese erst ermöglicht.

Beispiel: „Was ich an Deinem Wesen besonders attraktiv finde, ist Deine Gabe, auch in schwierigen Zeiten noch für jeden ein gutes Wort zu haben. Du strahlst eine große Ruhe aus und kannst Dich dadurch immer allen Situationen und Menschen gut widmen."

Die Reihenfolge der Personen, die etwas zu Joachim sagen, spielt keine Rolle. Die Abstimmung darüber, wer als nächster etwas sagt, erfolgt einfach durch Blickkontakt. Niemand *muss* etwas sagen.

Für jeden Teilnehmer wird dieselbe Zeit, in der er etwas über sich erfahren kann, festgelegt. Für ca. zehn Teilnehmer haben sich drei Minuten pro Person als gut erwiesen. Nach drei Minuten kommt dann die Person links vom ersten Teilnehmer dran. Wieder sprechen alle gemeinsam und langsam den Vornamen der Person aus usw.

Nachdem jede Person in dem Appreciative Getting Together genannt und ihr wertschätzende wesentliche Dinge gesagt wurden, fassen sich alle Teilnehmer an den Händen. Dabei weisen alle Daumen nach links. Das bedeutet, dass die Handfläche der linken Hand jedes Teilnehmers nach oben weist, die Handfläche der rechten Hand nach unten.

So sitzen die Teilnehmer für ca. eine halbe Minute in Stille und mit geschlossenen Augen. Sie lassen das Gesagte nachwirken. Dann drückt der Trainer/Moderator mit der linken Hand die Hand seines Nachbarn. Der gibt das Zeichen weiter. Wenn der Händedruck wieder beim Trainer/Moderator ankommt, ist das Appreciative Getting Together beendet.

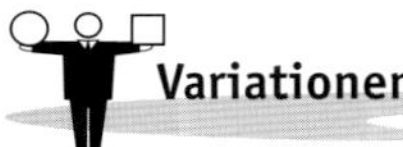

## Variationen

keine

## Kommentar

Diese Form der Begegnung unterscheidet sich von anderen dadurch, dass die Menschen aus ihrer Rolle, die sie im Unternehmen innehaben, heraustreten können. Es geht darum, dass sie sich hier als Menschen begegnen dürfen. Diese Art der Begegnung ist, das belegen immer mehr Management- und Organisationsstudien, die Grundlage dafür, um auf hohem Niveau etwas zu leisten und gemeinsame Ziele zu erreichen.

Man kann das Appreciative Getting Together gut anwenden, wenn z. B. in Teams Spannungen herrschen. Dadurch wird die Perspektive von den trennenden Aspekten auf solche der Wertschätzung gelenkt. Aber auch Teams, die schon gut miteinander arbeiten, können diese Aktivität zur weiteren Festigung ihrer Zusammenarbeit gewinnbringend nutzen.
Man muss sich indes nicht kennen, um das Appreciative Getting Together durchzuführen. In aller Regel genügen bereits die wenigen Minuten, in denen die Teilnehmergruppe im Raum zusammenkommt, um einen wesentlichen Eindruck von den anderen Personen zu bekommen; das Hineinspüren, während man im Stuhlkreis sitzt, liefert uns genügend Erkenntnisse zu den anderen Menschen.

Wichtig ist, dass der Trainer/Moderator die vereinbarte Zeit pro Teilnehmer überwacht und einhält. Ein nützlicher Hinweis für die Teilnehmer könnte zudem sein, dass es im Grunde genommen nur positive Eigenschaften gibt, wenn es um das „Wesen" eines Menschen geht.

## Auswertung/Überleitung

Eine Auswertung und Bewertung der Aktivität ist nicht notwendig und wegen der Gefahr des Zerredens auch nicht unbedingt gewünscht, kann aber, wenn gut moderiert, erfolgen. Nach dieser Aktivität kann die Gruppe beispielsweise gut in jedwede Art von Kreativprozess gehen, sich über Konfliktthemen austauschen oder einfach wieder auseinandergehen.

## Einsatzmöglichkeiten

In Konfliktsituationen; bei Mobbing; zur Einleitung von Kreativprozessen; zur Selbstbesinnung eines Teams; zur weiteren Stärkung bereits gut funktionierender Teams; zur Kreation von echten Beziehungen untereinander; zur Auflösung versteckter, unguter persönlicher Absichten; zur Herstellung einer freundlichen, authentischen Gesinnung zueinander.

## Querverweise

keine

## technische Hinweise

| | |
|---|---|
| **Gruppierung** | im Stuhlkreis; geeignet für Gruppengrößen ab 4 Personen bis ca. 20, aber auch durchaus im 2er-Gespräch einsetzbar. |
| **Material** | keines |
| **Dauer** | bei 10 Personen ca. 30 Minuten (drei Minuten pro TN) |
| **Vorbereitung** | keine |

# Brücke zur Verbesserung

von Matthias Zurfluh und Eric Scherer

Ein Verbesserungsprozess wird simuliert

## Ziel

- Auftauen der Workshop-Teilnehmer
- Workshop-Teilnehmer werden selbst aktiv (mit Kopf und Hand)
- Erleben der Konsequenzen, wenn in der Wertschöpfungskette von Beginn an Fehler auftauchen
- Erleben eines Veränderungsprozesses im Kleinen
- Erkennen von Leitsätzen für Veränderungsprozesse
  - Arbeiten im Team
  - Direkte und offene Kommunikation
  - Gestaltungs- und Umsetzungsverantwortung muss selbst wahrgenommen werden
- Teambildung für Veränderungsprozess
- Eigene Rolle für Veränderungsprozess wird verstanden und wahrgenommen

## Beschreibung

Die Spielleitung über 2–3 Stunden und die Moderation in den Debriefing-Phasen sind entscheidend für den Erfolg des Spiels. Das Spiel kann daher nur von erfahrenen Trainern nachgespielt werden. Weniger erfahrene Trainer oder firmeninterne Mitarbeiter sollten durch ein Train-the-Trainer-Programm an die Aufgabe herangeführt werden. Auf jeden Fall braucht es eine beratende und konzeptionelle Phase, bevor das Spiel konkret durchgeführt wird. Dadurch ist gewährleistet, dass der Kunde seine spezifischen Anforderungen einbringen kann. Entsprechend werden sämtliche Spielmaterialien auf Basis der vorhandenen Vorlagen angepasst (je nach Branche, vorhandener Spielzeit und spezifischer Aussage variieren z. B. die Komplexität der Brücke, die Anzahl und Art der Regeln etc.). Ablauf:

**Durchführung 1. Runde: Traditionelle Organisation**

- Teams müssen eine Brücke aus Kunststoffbauteilen bauen.
- Die Vorgaben dazu liefert der Kunde (siehe Abb. nächste Seite).
- Jeder Mitspieler übernimmt eine Rolle im Unternehmen und befolgt vorgegebene Regeln.

- Reflexion
  - Nach Abschluss einer Spielrunde werden die Eindrücke gesammelt.
  - Die Beobachter zeigen typische Handlungsmechanismen auf.
  - Am Ende der Reflexion werden Verbesserungsvorschläge gesammelt, falls nötig bewertet und umgesetzt.
  - Die Verbesserungsvorschläge müssen von der Spielleitung genehmigt werden (▸ Rahmenbedingungen für akzeptable Änderungen).

**Durchführung 2. Runde: Innovative Organisation**

- Dito, aber neue – verbesserte – Regeln.

- Reflexion
  - Nach Abschluss einer Spielrunde werden die Eindrücke gesammelt.
  - Die Beobachter zeigen typische Handlungsmechanismen auf.
- Lernphase/Debriefing
  - Best practice bezüglich Veränderung aus dem Spiel.
  - Leitsätze für Veränderung für die betroffene Unternehmung.

*Regelkarte mit Rollenbeschreibung*

**Konstruktion**

**Aufgabe:**
- Aufzeichnung des Kundenwunsches
- Weiterleitung des Auftrags an die betroffenen Stellen (Einkauf und Produktion)

**Profil:**
- Sitzt hauptsächlich am Schreibtisch
- Hat wenig Kontakt zur Produktion

**Regeln:**
- Darf nicht mit Kunden sprechen
- Hat Block und Schreiber
- Darf nicht bauen

Regeln:
- Nur der Kundenberater und der Kunde sind/dürfen außer Haus.
- Jede Mitarbeiterin, jeder Mitarbeiter hat zusätzliche Regeln.
- 20–30 Minuten Zeit, um den Kundenauftrag erfolgreich auszuführen.

Folgende Rollen werden von der Spielleitung besetzt:
- Kunde
- Moderation/Debriefing
- Lieferant von Bauteilen

Folgende Rollen sind vom Team zu besetzen:
- Chef
- Kundenberater/Verkäufer
- Konstruktion
- Beschaffung
- Montage
- Beobachter

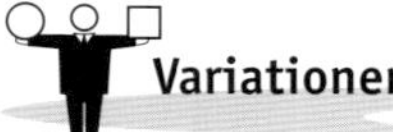

## Variationen

Anpassung auf konkrete Kundenbedürfnisse gemäß Analysen und Zieldefinitionen mit dem Kunden (erfordert viel Organisationswissen und Beraterkompetenz).

## Kommentar

- Kann in der ersten Phase des „Scheiterns“ sehr emotional werden und braucht einen Spielleiter/Trainer mit natürlicher Autorität und guter Menschenkenntnis.

- Das Spiel muss von einem sehr erfahrenen Spielleiter/Trainer geleitet werden, da es sehr lange geht und sich – je nach Teilnehmergruppe – sehr unterschiedlich entwickeln kann.
- Das Debriefing ist enorm wichtig: in diesem Teil werden die „handgreiflichen Erlebnisse" in die reale Welt transferiert und somit nachhaltig verankert.
- Im Rahmen der Reflexion nach den jeweiligen Spielphasen und v. a. während des Debriefing werden die Parallelitäten zur realen Arbeitswelt hergestellt.

## Auswertung/Überleitung

Haupterkenntnisbereich: Was sind Voraussetzungen für erfolgreiche Verbesserungsprozesse?

- Gemeinsame Einsicht, dass die Situation Verbesserungspotenzial hat.
- Probleme und Potenzial sind an der Sache, nicht an der Person aufgehängt.
- Bereitschaft für Verbesserungen und zu Kompromissen.
- Machbare Maßnahmen und Schritte definieren (machbar = begreifbar, zeitlich verdaubar, überschaubar, zahlbar).
- Gemeinsames Umsetzen und Überprüfen der Maßnahmen (neue Regeln werden von allen eingehalten und getragen).

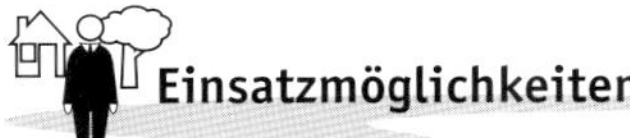

## Einsatzmöglichkeiten

- Kick-off für eine neue Kultur der ständigen Verbesserung
- Kick-off vor größeren Change-Vorhaben
- Sensibilisierung zu unterschiedlichen Prozessthemen

## Querverweise

keine

## technische Hinweise

**Gruppierung** 9–14 Teilnehmer (inkl. 1–3 Beobachter)

**Material**
- Als Bauteile lassen sich zum Beispiel Bauteile von Rokenbook verwenden
- Eine Regelkarte pro Mitarbeiter (vgl. Abb. links)
- Ein zentraler Verkauf von Bauteilen außer Haus
- Musterlösung außer Haus (Prototyp beim Kunden)
- Bonbons als Zahlungsmittel
- Flipchart

**Dauer** ca. 2–3 Stunden

**Vorbereitung** intensiv

# Customer Satisfaction

von Thomas Dorsheimer

Ein Brettspiel zur Verbesserung der Kundenorientierung

## Ziel

- spielerisch lernen, was Kundenorientierung bedeutet
- Aspekte der Verbesserung der Kundenorientierung kennenlernen

## Beschreibung

Im Brettspiel „Customer Satisfaction" werden im Theorieteil wichtige Lerninhalte zu den Themen Kundeninformationen, -bedürfnisse und -service vermittelt. Der Praxisteil dient dem Erfahrungsaustausch und der Sammlung von Vorschlägen und Ideen zum Thema Kundenorientierung. Darüber hinaus ist ein Commitment-Teil integriert, der Aufgaben enthält, die von den Mitspielern innerhalb einer Woche nach dem Spiel gelöst und präsentiert werden.

4–6 Teilnehmer sitzen um jeweils ein Spielbrett, auf dem es Kartenstapel zu Theorie und Praxis des Themas gibt.

**Im Theorieteil finden sich vier Kartenstapel:**

1. **Kartenstapel „Kundeninfos":** Die Karten beinhalten Fragen zum Stellenwert und zur Art der Informationen zwischen Kunden und Unternehmen. Beispiel: „Welche Kundeninformationen sind für ein Unternehmen besonders wichtig?"
2. **Kartenstapel „Kundenbedürfnisse":** Thematisiert werden das Erkennen und Beachten von Kundenbedürfnissen. Beispiel: „Was sind drei wesentliche Bausteine der Kundenzufriedenheit?"
3. **Kartenstapel „Kundenservice":** In diesem Kartenstapel wird der Kundenservice in den Mittelpunkt gestellt. Beispiel: „Welchen Service erwartet ein Kunde?"
4. **Kartenstapel „Bonus":** In diesem Kartenstapel befinden sich die richtigen Antworten zu den Fragen, die im Theorieteil gestellt werden. Im Spielverlauf besteht die Möglichkeit, diese Karten bzw. Informationen untereinander zu tauschen.

**Der Praxisteil enthält drei Kartenstapel:**

1. **Kartenstapel „Erfahrungen":** Die Mitspieler tauschen ihre Erfahrungen und Meinungen zu dem Thema Kundenorientierung in der Praxis aus.
2. **Kartenstapel „Vorschläge":** Ausgehend von der Zielsetzung, die Kundenorientierung im Unternehmen zu verbessern, entwickeln die Mitarbeiter Lösungsvorschläge und Ideen.
3. **Kartenstapel „Commitment":** Dieser Kartenstapel enthält praxisnahe Aufgaben, die innerhalb einer Woche **nach** dem Spiel gelöst werden müssen. Am Ende der Woche setzen sich die Mitspieler zusammen und stellen sich die Lösungen gegenseitig vor. Die Commitment-Karten enthalten Aufgaben aus allen relevanten Kundenthemen, wie z. B. Aufgaben zum Kundenverständnis („Fragen Sie einen Techniker, was er unter Kundenorientierung versteht!") oder Aufgaben zum Thema Kundenkontakt („Rufen Sie einen Kunden an und erfragen Verbesserungsvorschläge bzw. wie zufrieden er mit dem Produkt ist!").

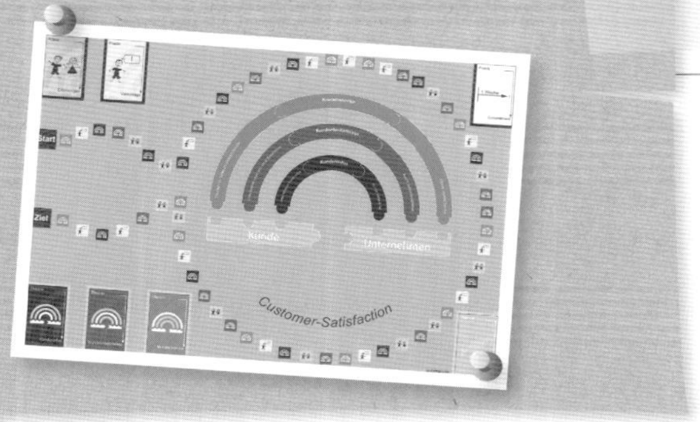


Mit Würfel und Spielfiguren bewegen sich die Spieler durch den Theorie- und Praxisteil. Während des Spielverlaufs wählt jeder Mitspieler maximal drei Aktionskarten aus. Dies hat den Vorteil, dass jeder Mitspieler die gleiche Anzahl von Aktionen ausführen muss, aber dabei gleichzeitig nach seinen Fähigkeiten und Neigungen auswählen kann (z. B. Kommunikationsaufgabe oder Verbesserungsvorschlag).

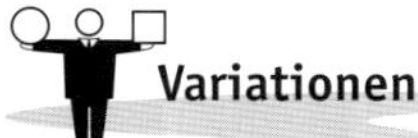

## Variationen

Das Spiel kann sowohl mit Mitarbeitern aus der gleichen Abteilung als auch abteilungsübergreifend gespielt werden. Aus einem Paket von Themen und Aufgaben kann das Spiel auch individuell zusammengestellt werden. Der Praxisteil bezieht sich in der Regel auf den Theorieteil, um die Lerninhalte nachhaltig zu verinnerlichen.

## Kommentar

Das Spiel benötigt keinen Moderator. Dadurch wird das Teambuilding unterstützt.

## Auswertung/Überleitung

Während des Spiels sammeln die Mitarbeiter Aufgaben, die innerhalb einer Woche nach dem Spiel gelöst werden. Die Lösungen werden dann z. B. im Rahmen eines Teammeetings gegenseitig vorgestellt.

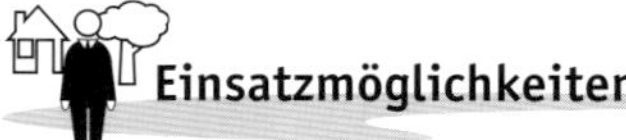

## Einsatzmöglichkeiten

- im Rahmen eines Trainings zur Kundenorientierung
- separat als Einzelspiel in verschiedenen Abteilungen
- bei Veränderungsprozessen
- in der Mitarbeitereinarbeitungsphase

## Querverweise

zu beziehen unter www.bicini.de (249,– Euro)

## technische Hinweise

| | |
|---|---|
| **Gruppierung** | 4–6 Teilnehmer |
| **Material** | Brettspiel, Spielfiguren, Würfel, Spielkarten |
| **Dauer** | 45–60 Minuten |
| **Vorbereitung** | keine, auspacken und spielen |

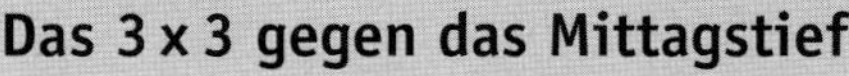

# Das 3 x 3 gegen das Mittagstief

von Svetla Todorova

Durch das Zeichnen von Symbolen wird nach der Mittagspause ein Einstieg mit Bezug zum Vormittag gestaltet

## Ziel

- die Müdigkeit nach der Mittagspause bekämpfen
- das am Vormittag vermittelte Wissen wiederholen
- die Gruppe wieder zusammenbringen und auf das Thema lenken

## Beschreibung

Der Moderator lässt die Gruppe nach der Mittagspause wieder zusammenkommen und verteilt an alle Teilnehmer jeweils ein leeres DIN-A3-Blatt. Jeder Teilnehmer hat nun die Aufgabe, ein großes Quadrat auf das Blatt zu zeichnen und dieses wiederum in neun kleinere Quadrate zu teilen (3 x 3). Anschließend soll jeder für sich an neun Ideen, Techniken oder Eindrücke denken, die er im bisherigen Verlauf des Seminars entdeckt hat, und diese wiederum durch eine kleine Zeichnung oder ein Symbol pro Quadrat visualisieren (siehe Abb. nächste Seite). Die Teilnehmer haben dafür zehn Minuten zur Verfügung.

Im Anschluss kommt die Gruppe im Kreis zusammen, jeder steht/sitzt dabei vor seinem Plakat, das vor seinen Füßen liegt. Der Moderator erläutert, dass er nun einen Stift (oder einen Ball) in der Gruppe kreisen lassen und dabei Musik anmachen wird. Wenn die Musik stoppt, muss der Teilnehmer, der gerade den Stift in die Hand hält, vortreten und eine seiner Ideen bzw. Symbole vorstellen.

Hier einige Beispiele für Musikstücke, die für diese Aktivität passend sind (Bitte GEMA-Richtlinien beachten!):

- Twist and Shout, The Beatles
- Cosmic Girl, Jamiroquai
- 60 Miles an Hour, New Order
- Baila Me, Gipsy Kings
- Thunder in my Heart, Kingdom Hearts
- Pokito a poko, Chambao (ab 25. Sekunde)
- Fuoco nel Fuoco, Eros Ramazzotti

Der Präsentierende stoppt die Musik nach jeweils 20–30 Sekunden. Auf diese Weise werden 2–3 Runden durchgeführt.

## Variationen

Einen zweiten Stift in die Gegenrichtung kreisen lassen; wenn die Musik stoppt, präsentieren beide Teilnehmer, die gerade einen Stift in der Hand haben, nacheinander jeweils eine ihrer Ideen.

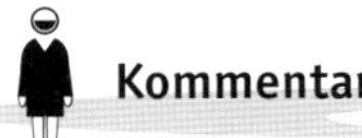

## Kommentar

Achten Sie darauf, dass jeder Teilnehmer zumindest einmal zu Wort kommt und vor die Gruppe tritt.

## Auswertung/Überleitung

Sobald die Teilnehmer wieder im Seminar „angekommen“ sind – munter und konzentriert –, kann man mit der Bearbeitung der vorgesehenen Inhalte fortsetzen.

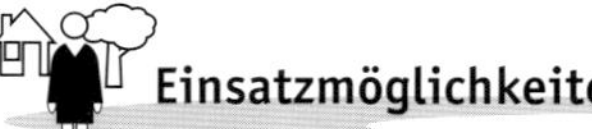

## Einsatzmöglichkeiten

sowohl auflockernd in Präsentationen als auch im Training zu unterschiedlichsten Themen

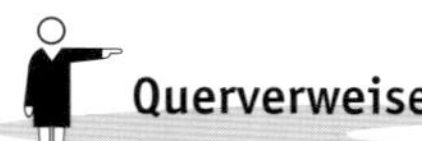

## Querverweise

kennengelernt bei David Gibson, Eureka, London

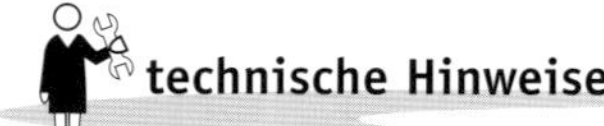

## technische Hinweise

| | |
|---|---|
| **Gruppierung** | beliebig |
| **Material** | DIN-A3-Blätter, Kulis und einen bzw. zwei Stifte |
| **Dauer** | 10–15 Minuten |
| **Vorbereitung** | DIN-A3-Blätter, Kulis und einen Stift (bzw. einen Ball) besorgen |

# Das Hemd meiner Nachbarin

von Ulrich Nijhuis

Eine Diskussion wird aus der Rolle des Sitznachbarn geführt

## Ziel

- fremde Sichtweisen und Unterschiedlichkeit erleben
- Einfühlungsvermögen in andere verbessern (Empathieschulung)
- Spaß im Spiel mit Rollen
- Gruppenzugehörigkeit (Gruppenkohäsion) verbessern

Durch die Übernahme der Rolle meines Nachbarn bzw. meiner Nachbarin (Identifikation) erlebe ich eine andere Sichtweise und möglicherweise eine mir fremde Welt. Wie gut kann ich diese Unterschiedlichkeit ertragen?

## Beschreibung

Die Teilnehmerinnen und Teilnehmer stellen sich im Stuhlkreis hinter ihren Stuhl. Um die Identifikation zu erleichtern, legen alle Teilnehmenden ein Namensschildchen auf ihren Stuhl. Dann wechseln alle Teilnehmenden um eine Position nach rechts (oder links) und versuchen, sich mit der neuen Identität anzufreunden.

Der Gruppenleiter bzw. die Gruppenleiterin gibt ein Diskussionsthema vor (z. B. Kilometergeld Ja/Nein, Lösung von Alltagsproblemen in der Firma, neue Ideen für ein Verfahren) und alle Teilnehmenden diskutieren aus ihren angenommenen, neuen Perspektiven. Nach einiger Zeit (eher kürzer und „spotartig") wird wieder gewechselt und ein neues Thema diskutiert.

## Variationen

1. Der Wechsel kann auch flexibler gestaltet werden: *„Alle tauschen mal ihre Plätze, so wie es sich gerade ergibt!"*
2. Spannend ist auch die Diskussion nur eines Themas, möglicherweise sogar eines betrieblichen. Hier allerdings muss der Gruppenleiter bzw. die Gruppenleiterin darauf achten, dass das Thema nicht zu sehr „ausgeknauscht" wird. Manchmal macht es in solchen Fällen Sinn, die Rollenwechsel auf zwei oder drei zu begrenzen.

## Kommentar

1. Die Teilnehmerinnen und Teilnehmer sollten sich bereits kennengelernt haben. Diese Übung ist besonders für Teams geeignet.
2. Die Übung kann bei Gruppen/Teams bis zu sechs Personen einmal komplett durchgespielt werden. Bei größeren Gruppen/Teams sollten max. vier Rollenübernahmen stattfinden, der Wechsel der Positionen kann dann um zwei Stühle nach rechts (oder links) erfolgen.
3. Immer wieder darauf hinweisen: In der Kürze liegt die Würze! Die Themen nicht zu lang diskutieren, sondern eher nur kurz andiskutieren.
4. Der Gruppenleiter bzw. die Gruppenleiterin sollte darauf achten, dass sich alle an der Diskussion beteiligen.
5. Eine aktuelle Tageszeitung ist hilfreich bei der Auswahl von Diskussionsthemen.

## Auswertung/Überleitung

Auswertungsfragen können sein:

- *„Wie gut ist mir das Hineindenken in eine andere Person geglückt?"*
- *„Bei welchen Rollen hatte ich Schwierigkeiten (und was sind mögliche Gründe dafür)?"*
- *„Habe ich mich als Mann/Frau in der Gegenrolle wohlgefühlt, oder eher nicht? (Wie ist mir der Geschlechterwechsel geglückt?)"*
- *„Welche Rolle spielte das Hineinversetzen in eine Person anderen Alters/mit einer anderen Dauer der Betriebszugehörigkeit?"*

Je nach Dauer, Gruppengröße und Zielsetzung erfolgt die Auswertung

1. im Plenum oder
2. in zwei oder drei Einzelgruppen zu drei bis vier Personen.

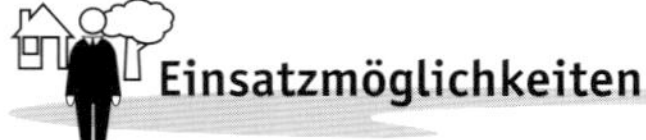

## Einsatzmöglichkeiten

- Teambildungsprozesse und -workshops
- Veränderungsprozesse und -workshops
- Konfliktklärungsworkshops (Mediationsarbeit)
- in sehr verkürzter Form auch als Lockerungsübung nach dem Mittagessen geeignet (dann allerdings die Auswertung nur ganz kurz machen: *„Wie ging es mir in der Rolle des anderen?"*)

## Querverweise

keine

## technische Hinweise

| | |
|---|---|
| **Gruppierung** | 4–12 Personen (am besten sind Teams) |
| **Material** | Flipchart zur Auswertung |
| **Dauer** | ca. 30 Minuten |
| **Vorbereitung** | (möglichst polarisierende und strittige) Diskussionsthemen benennen, ein gutes Hilfsmittel ist die aktuelle Tageszeitung |

# Entscheidung zwischen den Stühlen

von Ursula Kraemer

Zur Entscheidung gelangen mit Pro- und Contra-Stimmen

## Ziel

- Entscheidungsprozesse verdeutlichen
- konkrete Probleme lösen
- Pro und Contra abwägen
- Argumente sammeln
- Paraphrasieren üben
- den verbalen Ausdruck stärken
- Überzeugungsfähigkeit trainieren
- Aspekte eines Themas beleuchten

## Beschreibung

Die Gruppe einigt sich auf ein „kleines" Problem, das eine Entscheidung erforderlich macht. Es sollte etwas sein, bei dem sich Vor- und Nachteile einfach diskutieren lassen.

Ein Gruppenmitglied setzt sich vor die Gruppe und übernimmt die neutrale Position. Rechts dahinter nimmt ein anderer Spieler auf der „Pro"-Position Platz. Von hier aus versucht er, die neutrale Person zu einem **„Ja"** zu überreden. Links dahinter setzt sich jemand, der ein **„Nein"** zum Ziel hat. Die Pro- und Contra-Stimmen dürfen nicht miteinander reden, nicht diskutieren, sie tragen einzig und allein der neutralen Position ihre Argumente vor.

Die in der Mitte sitzende Person soll anhand dieser Argumente zu einer Entscheidung kommen. Sie soll die vorgetragenen Argumente mit eigenen Worten wiederholen und so sicherstellen, dass sie die Ausführungen richtig verstanden hat.

Die beiden „Stimmen" können auch von Teilnehmern aus dem Plenum unterstützt werden. Diese setzen sich – je nach Argumentationsrichtung – hinter die entsprechende Stimme.

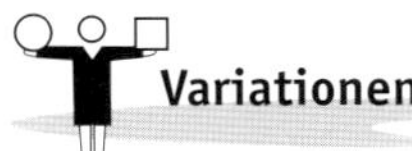

## Variationen

Dieses Spiel kann auch eingesetzt werden, wenn ein Gruppenmitglied ein echtes Problem zu bearbeiten hat. Wichtig ist dann, dass dieses Gruppenmitglied die freie Wahl der Entscheidung hat und sich nicht dafür rechtfertigen muss.

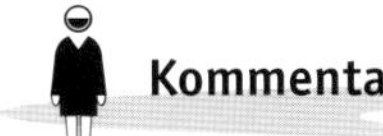

## Kommentar

keiner

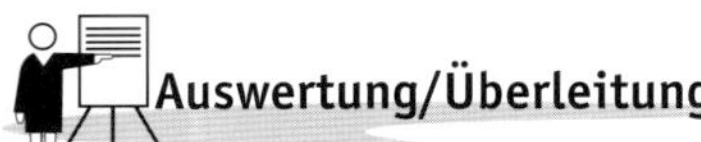

## Auswertung/Überleitung

- *„Wie kam es zur Entscheidung?"*
- *„Wie überzeugend waren die vorgetragenen Argumente?"*
- *„Wie stehen Sie zum Ergebnis?"*
- *„Wie fühlten Sie sich in Ihrer Rolle?"*
- *„Wie gut ist das Paraphrasieren gelungen?"*
- *„Was wurde nicht angesprochen?"*

## Einsatzmöglichkeiten

- Verhandlungs- und Argumentationstrainings
- Seminare zur Persönlichkeitsstärkung und -entwicklung
- Coachingseminare
- Gruppencoachings
- bei inneren und äußeren Konflikten
- vor (schweren) Entscheidungen

## Querverweise

Grundidee entnommen aus: Wolfgang JOKISCH, Steiner Spielkartei, Elemente zur Entfaltung von Kreativität, Spiel und schöpferischer Arbeit in Gruppen, Ökotopia Verlag, Münster 1996.

## technische Hinweise

**Gruppierung** 6–20 Teilnehmer

**Material** keines

**Dauer** 30 Minuten ohne Auswertung

**Vorbereitung** keine

# Fünf-Stühle-Rotation

von Andreas Väth

In kleiner Gruppe werden beim Kennenlernen erste Kommunikationsaspekte deutlich

## Ziel

- Die Gruppe lernt sich oftmals von einer anderen Seite kennen.
- Wahrnehmung für die vier Ebenen der Kommunikation wird geschärft.
- Erster Schritt zur Professionalisierung der eigenen Gesprächsführung.

## Beschreibung

Die Teilnehmer setzen sich ein einem Kreis (5 Stühle) zusammen. Die Rollen werden auf fünf Spieler verteilt, bei mehr Teilnehmern werden Plätze doppelt besetzt (zwei Stühle nebeneinander, jeweils einer hat Pause):

1. Der erste Spieler erzählt eine Geschichte, die ihm passiert ist.
2. Der zweite gibt die Fakten wieder, die er aufgenommen hat („Tagesschau").
3. Der dritte fasst die Gefühle zusammen, die er herausgehört hat.
4. Der vierte spricht über die Wünsche, die er aus der Geschichte heraus wahrgenommen hat.
5. Der fünfte spricht über seine Hypothesen zur Beziehungsqualität der in der Geschichte genannten (oder nicht genannten) Personen.

Anschließend entscheidet der Erzähler, bei welcher Schilderung er sich am besten aufgehoben gefühlt hat (ohne Begründung). Danach rotieren die Spieler jeweils um einen Platz im Uhrzeigersinn, die Rollen bleiben konstant bei den jeweiligen Plätzen. Wenn jeder einmal auf jedem Stuhl gesessen hat, ist die Übung beendet.

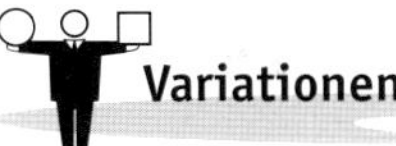

## Variationen

Bei fortgeschrittener oder kritischer Teamentwicklung: Der Moderator gibt dem Erzähler ein Thema z.B. aus der bisherigen Entwicklung dieser Gruppe heraus vor, die der Erzähler anschließend aus *seinem* Blickwinkel wiedergibt. Hierbei braucht der Moderator viel Fingerspitzengefühl, welches Thema z.B. für die Gruppenmitglieder als „spannend" erlebt wurde, jedoch den Erzähler (wie auch ein mögliches Teammitglied) nicht in Bedrängnis bringt.

Besteht die Gruppe aus Teilnehmern unterschiedlicher Unternehmensbereiche, kann man die Teilnehmer wahlweise nach Teams/Abteilungen oder auch gemischt rotieren lassen. Das hängt von der Zielsetzung der Veranstaltung ab.

## Kommentar

- Die meisten Entscheidungsträger haben wenig Erfahrung damit, sowohl ihre eigenen Gefühls-, Wunsch- oder Beziehungswahrnehmungen als auch die ihrer Gesprächspartner auf zielführende Weise in ein Gespräch einzubringen. Eine individuelle und zugewandte Hilfestellung ist daher bei eventuellen Formulierungsschwierigkeiten wichtig.
- Hilfreiches Feedback und Ergänzungen werden von Führungskräften auf Augenhöhe besonders geschätzt, da sie mit diesem Blickwinkel auf ihre eigene Gesprächsführung als Vorgesetzte nicht vertraut sind.

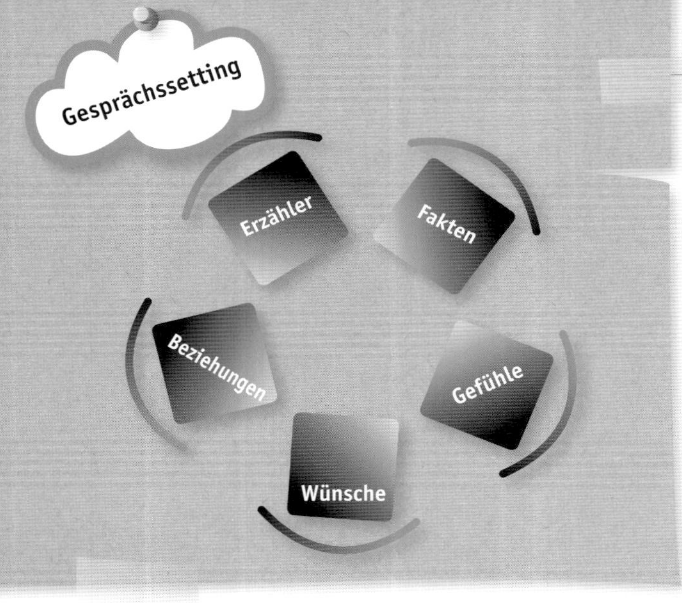

## Auswertung/Überleitung

Eine „Auswertung" nimmt jeder für sich vor. Der Moderator macht nach jeder Runde gegebenenfalls noch Ergänzungen aus seiner Sicht, was auf welchem Stuhl eventuell noch wahrgenommen, aber nicht ausgesprochen wurde. Hierbei ist viel Einfühlungsvermögen gefragt.

Die Übung ist auch als Einstieg in eine Organisationsentwicklung sehr gut anwendbar. Hieran ließe sich sinnvoll die Zielfindung der Veranstaltung anschließen. Mögliche Anknüpfungen für Trainings: z.B. ein Rollenspiel als Einstieg in Fragetechniken (Chef/Mitarbeiter).

## Einsatzmöglichkeiten

- maximal 10 Teilnehmer (= jede Rolle mit zwei Stühlen zweimal besetzt), danach Gruppe teilen
- passt für jedes Team, unabhängig von der Zusammensetzung

## Querverweise

Beruht auf dem Vier-Ohren-Modell nach Friedemann Schulz von Thun. Weiterentwickelt durch den Autor speziell für Entscheidungsträger in Wirtschaft und Verwaltung.

## technische Hinweise

**Gruppierung** 5-Stern mit Stühlen aufbauen (siehe Abb.)

**Material** Rollenanweisung für jeden Spieler

**Dauer** ca. 45 Minuten bei 5–8 Spielen

**Vorbereitung** 5 Minuten Erläuterung der Regie durch den Moderator

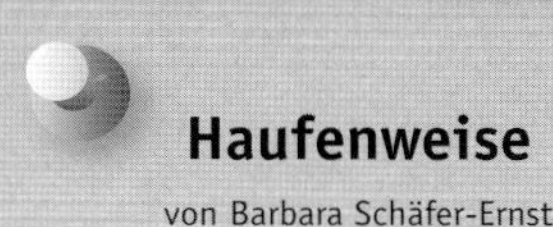

# Haufenweise

von Barbara Schäfer-Ernst

Abfrage zum Thema durch Ablegen von Gegenständen in vorgegebene Kategorien

## Ziel

Ziel ist es, eine schnelle Teilnehmerabfrage von Meinungen, Vorlieben oder Lernwünschen durchzuführen.

## Beschreibung

Auf einer Fläche (Plakat auf Tisch oder Boden) werden Kategorien (z. B. Themen, Lernschritte, Seminarinhalte) dargestellt und die Teilnehmenden aufgefordert, ihre Meinung, ihre Vorliebe oder Lernwünsche durch Hinlegen eines Gegenstandes zur Kategorie auszudrücken. Einige Beispiele:

**1. Darstellung eines Seminarablaufs**

- Frage: Welche Themen interessieren am meisten?
- Inszenierung: Wanderweg/Spaziergang, Reise
- Darstellung der Kategorien: als Aussichtspunkte, Rastplätze, Sehenswürdigkeiten
- Gegenstände: Kieselsteine, Edelsteine (als Schätze zum Bergen), Blüten, Diarahmen

**2. Abfrage der Qualität der Zusammenarbeit**

- Frage: Wo ist Sand im Getriebe? Wo läuft es wie geschmiert?
- Inszenierung: Maschine, Produktionsanlage
- Darstellung der Kategorien: als Verbindungsstücke oder Bauteile
- Gegenstände: Schrauben/Muttern, Sandsäckchen, Ölfläschchen

**3. Transfersicherung**

- Frage: Was ist nun zu tun? Was nehmen Sie sich vor?
- Inszenierung: Straßennetz
- Darstellung der Kategorien: als Wegweiser, Ampeln, Kreuzungen, Zebrastreifen, Tankstellen
- Gegenstände: Mini-Autos, Ampelkärtchen, Mini-Pylonen

Bei fünf Kategorien sollten jedem Teilnehmenden maximal drei Gegenstände zur Verfügung stehen, bei 20 Kategorien acht Gegenstände.

Wichtig ist der Hinweis, wie die Gegenstände auf dem Spielfeld angehäuft oder verteilt werden sollen (z. B. maximal drei auf jede Kategorie). Schnellste Variante ist „den Liebling legen“, dabei wird lediglich ein Gegenstand je Teilnehmendem abgelegt.

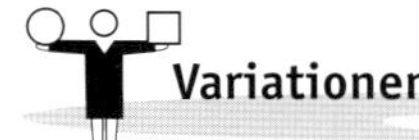

## Variationen

Die Inszenierung kann auch als Parcour erfolgen. Dieses Vorgehen eignet sich insbesondere bei Großgruppen oder wenn Diskussionen zu den Kategorien gewünscht sind. In diesem Fall sollten die Kategorien ausführlicher dargestellt und mehr Zeit eingerechnet werden. Je größer die räumliche Inszenierung ist, desto größer dürfen auch die Gegenstände ausfallen.

## Kommentar

Je stimmiger und hochwertiger Inszenierung und Gegenstände zu Thema und Zielgruppe sind, desto besser wird die Methode akzeptiert. Achtung: Auch „kleine Haufen" bedürfen der Wertschätzung. Nach dem Aufbau und vor der Methodenvorstellung die Szenerie mit einem Tuch abdecken. Wichtig: Die Gegenstände sollten nicht zu leicht sein (wie aufgeblasene Luftballons) oder wegrollen können (wie Kugeln oder Bälle).

## Auswertung/Überleitung

Aufforderung an die Teilnehmenden, das Ergebnis visuell aufzunehmen. Anschließend wird das Ergebnis unter dem Aspekt aufgegriffen, wie sich dieses auf das weitere Vorgehen auswirkt.

## Einsatzmöglichkeiten

jede Art der Abfrage, die sich in Kategorien aufteilen lässt

## Querverweise

Die Methode ist als „Haufenweise" bekannt und in verschiedener Literatur aufgeführt.

## technische Hinweise

**Gruppierung** von Klein- bis Großgruppen geeignet

**Material**
- Symbole, Gegenstände oder Karten für die Kategorien (evtl. eingearbeitet in ein Motiv)
- Gegenstände zum Ablegen

**Dauer** weniger als 10 Minuten bei Kleingruppe, bis 30 Minuten bei Großgruppe

**Vorbereitung**
- Vorbereitung der Kategorien
- Inszenierung des Motivs mit den Kategorien auf Tischen oder auf dem Boden
- Verteilen der Gegenstände zum Ablegen

# IPC – Go west

von Michael Luther

Unterschiedliche Denkrichtungen, die bei der Bearbeitung von Aufgaben eine Rolle spielen, werden verdeutlicht

## Ziel

- Spielerisch in Kontakt kommen mit vier Denkrichtungen des Ideen- und Lösungsprozesses,
- deren Besonderheiten erkennen und die eigene/n Präferenz/en nach dem InnovationsPotential-Compass (IPC) bewusst machen.

## Beschreibung

Basis für die folgenden Übungen ist der InnovationsPotential-Compass (IPC) mit vier unterschiedlichen Orientierungen:

1. **Aufklärer (Forscher, Stratege):** orientiert sich an Richtungen, ist lösungsorientiert und zielstrebig, braucht Fakten und Zugang zu Informationen. *Motto:* Zuerst den Kompass einordnen.
2. **Visionär (Träumer, Künstler):** orientiert sich an Möglichkeiten, ist ideensprühend und querdenkend, braucht Raum, Zeit und Erlaubnis zu „spinnen". *Motto:* Alles ist möglich!
3. **Controller (Kritiker, Richter):** orientiert sich an Verbesserungen, ist analytisch, strukturiert, gründlich und kritisch, braucht Zeit und Raum zur Auswertung und Optimierung. *Motto:* Lasst uns vernünftig sein – und in Ruhe überlegen (bitte keine Schnellschüsse).
4. **Umsetzer (Finisher, Krieger):** orientiert sich an Ergebnissen, ist praktisch und tatkräftig veranlagt, braucht handfeste Ergebnisse – und das Gefühl, dass andere sein Tempo mitgehen können. *Motto:* Zeit ist Geld – lasst uns loslegen!

**Aktionsformen:**

1. **Go west:** In der Mitte des Raums liegt ein stilisierter Kompass (z. B. auf ein Chart gezeichnet), der die vier unterschiedlichen Denk-Himmelsrichtungen anzeigt. In vier Ecken befindet sich je eine Flipchart, auf der die jeweilige Überschrift und evtl. weitere passende Symbole aufgemalt sind. Die Gruppe geht nacheinander in alle vier Ecken und sammelt gemeinsam Aussagen zu den vier Denkrichtungen.

2. **Vier Asse:** Der Moderator erklärt in der Mitte kurz die vier unterschiedlichen Denkrichtungen. Jeder Teilnehmer ordnet sich der Denkrichtung zu, die dem Gefühl nach seiner Präferenz entspricht und geht gemeinsam mit den „Gleichgesinnten" in eine der vier Ecken. Dort gestaltet jede Kleingruppe ein Plakat, das sie hinterher den anderen vorstellt. Leitfragen können sein: Wer sind wir? Was tun wir? Was sind unsere Stärken? Was ist unser Beitrag zum Gesamtprozess?

3. **Showdown:** Aufteilung wie bei Punkt 2; anschließend erhalten die Gruppen je 30 Sekunden Zeit, den anderen Gruppen einmal richtig „die Meinung zu sagen": a) Was finden wir an den anderen Denkstilen schlecht? Nach einer kurzen (Beruhigungs-)Pause folgt b): Was finden wir gut an der anderen „Denke"?

4. **Act as if:** Aufteilung wie in Punkt 2; doch jede Gruppe entwickelt etwas „Typisches“, wobei der Fantasie keine Grenzen gesetzt sind (z. B. ein Rollenspiel, ein Gedicht, ein Plakat/Poster, einen Dialog).

5. **Pair up:** Start wie bei Punkt 1; dann Paare bilden und sich über die eigenen Präferenzen austauschen. Direkt im Anschluss kann eine Auswertung stattfinden, indem die Gruppe mit dem Moderator/Spielleiter von Plakat zu Plakat wandert und die Ergebnisse sichtet.

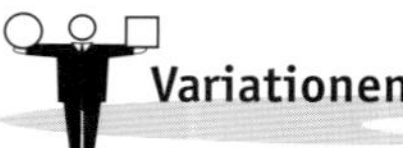

## Variationen

Je nach Schwerpunkt, Zeit und/oder Ausrichtung einzelne Aktionsformen kombinieren oder weglassen.

## Kommentar

Die Übung kann als Interaktionsübung hervorragend dazu dienen, Teilnehmer zum intensiven Austausch über ihre Art und Weise zu bewegen, wie sie bevorzugt Probleme lösen oder an Aufgaben herangehen. Anmerkung: Alle vier Denkpräferenzen sind gleichermaßen wertvoll und notwendig für den Problemlösungs- und Innovationsprozess. Da Menschen „von Haus aus“ meist eine Denkweise bevorzugen, geht es um die Anerkennung und Nutzung der anderen, weniger vertrauten Geisteshaltungen.

**Wichtig:** Darauf achten, dass die Übungen/Spiele in einer konstruktiven Atmosphäre ablaufen, im Sinne von: Für den Erfolg (einer Aufgabe/eines Projektes) brauchen wir alle vier Denkrichtungen.
**Hinweis:** Spiel Nr. 3 kann laut werden! Als Moderator eventuell auf einen Stuhl steigen, um bemerkt zu werden.

## Auswertung/Überleitung

Die Interaktionsübung kann unmittelbar vor einer zu lösenden Aufgabe, einem Projekt, einer Problemlösungs-Situation zum Einsatz kommen – oder auch „just for fun“ zum Entdecken persönlicher Denkpräferenzen genutzt werden.

Eine Feedback-Auswertung kann ggf. zwischengeschaltet werden; neben der Wahrnehmung individueller Präferenzen sollte als Gesamtergebnis immer deutlich werden: Alle vier Denkrichtungen sind nötig und wichtig!

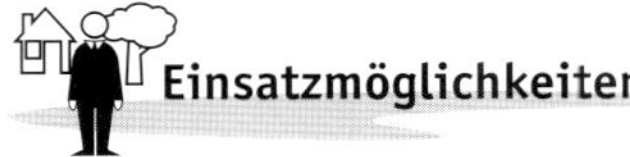

## Einsatzmöglichkeiten

Die Bandbreite an Einsatzmöglichkeiten reicht vom Einsatz als Energizer „zwischendurch" (Wie denke ich? Wie denken die anderen? Wie denken wir?) bis hin zum Einbau der Übung unmittelbar vor einer realen Team- oder Projektsituation mit entsprechender Feedback-Auswertung.

Bestens geeignet zur Projekt-/Aufgabenbearbeitung und Lösungsentwicklung wie auch zum spielerischen Bekanntmachen mit verschiedenen Geisteshaltungen und Denkrichtungen – die im Alltag häufig „unverstanden" aufeinanderprallen (negativ), aber alle im Verlauf einer erfolgreichen Aufgabenbearbeitung notwendig sind (positiv).

## Querverweise

Weitere kreative Übungen in Michael LUTHER/Jutta GRÜNDONNER: Königsweg Kreativität. Junfermann, Paderborn 1998.

## technische Hinweise

**Gruppierung** beliebig; ab vier Teilnehmer aufwärts

**Material**
- Flipcharts/Wandplakate
- Stifte für die Teilnehmer
- ggf. weiteres Material (für Symbolik, Rollenspiele) sowie Blanko-Verbrauchsmaterial bereithalten

**Dauer** 12–30 Minuten oder länger (je nach Vorgabe)

**Vorbereitung**
- Aufgabenstellung auf Plakat oder Wolke schreiben
- vier Plakate mit Überschriften vorbereiten und verteilen

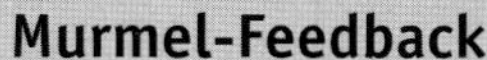

# Murmel-Feedback

von Tobias Linke

Einen Tag lang werden in der Gruppe Murmeln als Form des Feedbacks weitergegeben

## Ziel

- auf spielerische Weise an das Thema Feedback heranführen
- die Wirkung von positivem Feedback erleben
- Sensibilisierung für das Verhalten von anderen

## Beschreibung

Zu Seminarbeginn bekommt jeder Teilnehmer drei Murmeln. Diese Murmeln soll jeder immer griffbereit bei sich tragen. Die Seminarleitung legt mit der Gruppe fest, wofür es den Tag über Murmeln geben kann:

- gute Ideen
- aufmerksames Verhalten
- hilfreiche Unterhaltungen
- geistreiche Kommentare
- Unterstützung eines positiven Gruppenklimas etc.

Je nach Seminarinhalt oder -anlass können das ganz unterschiedliche Kriterien sein. In jedem Fall geht es jedoch um positive Rückmeldungen, um das positive Feedback-Geben zu trainieren. Es können daher niemandem Murmeln weggenommen werden!

Sobald sich im Laufe des Tages jemand eine Murmel verdient hat, wird diese unmittelbar überreicht. Das geschieht situationsabhängig unter vier Augen oder offen in der Runde – allerdings immer mit einer kurzen Begründung, warum diese Person sich diese Murmel verdient hat.

Das Ziel ist nicht, am Ende des Tages resp. Seminars die meisten Murmeln gesammelt zu haben – vielmehr sollen die Murmeln unter den Teilnehmern im Umlauf bleiben. Die Teilnehmer haben die Murmeln immer bei sich und werden so stets an das Feedback-Geben erinnert. Je nach Bedarf kann die Seminarleitung an die Murmeln erinnern.

Am Ende des Tages/Seminars sollte der Umgang mit den Murmeln bzw. der Umgang mit Feedback thematisiert werden.

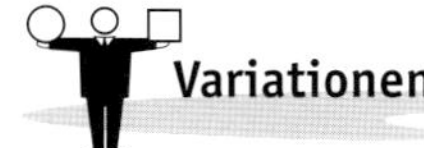

## Variationen

keine

## Kommentar

Durch das Überreichen einer Murmel fällt es vielen Teilnehmern leichter, aktiv Feedback einzusetzen. Die Murmel ist etwas „Greifbares" und unterstützt auf diese Weise das Geben und Annehmen von Feedback. Wir erleben immer wieder, dass diese Methode über das Seminar hinaus in Unternehmen oder Gruppen in ähnlicher Form weitergeführt wird.

## Querverweise

keine

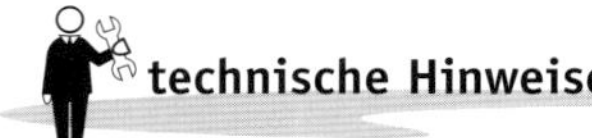

## technische Hinweise

| | |
|---|---|
| **Gruppierung** | ab 4 Teilnehmern |
| **Material** | 3 Glasmurmeln pro Teilnehmer |
| **Dauer** | Seminardauer – und darüber hinaus |
| **Vorbereitung** | Glasmurmeln besorgen |

## Auswertung/Überleitung

Am Ende des Seminars sollte nicht die Menge der Murmeln pro Teilnehmer thematisiert, sondern vielmehr auf auf den Umgang mit Feedback eingegangen werden.

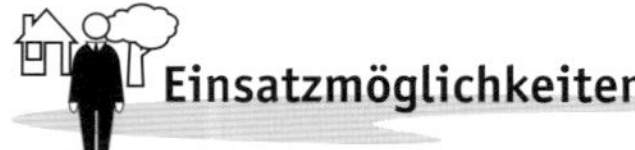

## Einsatzmöglichkeiten

Seminar, Outdoortraining

# Rollenwechsel

von Matthias Eisenhuth

Der Moderator visualisiert seine Rolle parallel zur Moderationsarbeit mit der Gruppe

## Ziel

- ein Bewusstsein für Rollen-/Teilrollen schärfen und deren Einfluss auf das Prozessgeschehen verdeutlichen
- die verschiedenen Teilrollen klar voneinander abgrenzen und
- sauber ausführen

## Beschreibung

Ein Besprechungsleiter ist oft stark gefordert, da seine Rolle während einer Veranstaltung mehrere Teilrollen umfasst, was das Risiko von Rollenkonflikten in sich birgt. Sobald er beispielsweise eigene Interessen oder Interessen des Unternehmens vertreten muss, kann er nicht mehr durchweg die Rolle eines neutralen Moderators einnehmen. Dieses wiederum ist aber dringend erforderlich, wenn er verschiedene Standpunkte gegenüberstellt.

Wie wirkt ein Besprechungsleiter, der mehrere Rollen auszufüllen hat, also glaubwürdig? Es hängt immer davon ab, wie deutlich und transparent es ihm gelingt, den Rollenwechsel zu gestalten.

Das Thema wird vereinbart bzw. ist durch die Einladung vorgegeben worden. Je nach Situation kann das ein praxisrelevantes Thema oder auch ein kreatives (Spaßthema) sein, z. B.: „Wie reduzieren wir die $CO_2$-Produktion auf deutschen Toiletten?“

Der Moderator führt „regulär“ durch den gesamten Prozess von der Begrüßung der Teilnehmer über die Maßnahmenplanung bis hin zur Verabschiedung. Nebenbei macht er jedoch an einer Pinnwand seine jeweilige Rolle deutlich (siehe Abb. nächste Seite): Die Visualisierung zeigt durch Umhängen der Bürste, dass jeweils ein Rollenwechsel stattgefunden hat: Mal ist die Leitung Moderator, mal Chef, mal Vorgesetzter, Projektleiter, Verkäufer oder Experte …

## Variationen

- Der Startschuss und der Abpfiff wird mithilfe des Soundfiles „Toilettenspülung“ gegeben.
- Am Ende der Veranstaltung als Feedback für die Leitung: Wie haben Sie welche Rolle erlebt?

## Kommentar

Lockert eine potenziell von Misserfolgen geprägte Trainingssituation durch humorvollen Kontext auf.

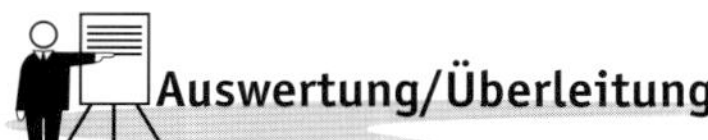

## Auswertung/Überleitung

- An welchen Stellen ist der Rollenwechsel gelungen, an welchen noch nicht?
- Welches Verhalten hat zum gelungenen Rollenwechsel geführt?
- Was macht den Rollenwechsel schwer/leicht?

## Einsatzmöglichkeiten

- Moderationstraining
- Training Besprechungsleitung
- Das Spiel kann auch auf alle anderen Situationen angewandt werden, in denen Rollenwechsel vorkommen.

## Querverweise

Soundfile Toilettenspülung unter www.soundarchiv.com/geräusche

## technische Hinweise

| | |
|---|---|
| **Gruppierung** | ab 4 Teilnehmern aufwärts |
| **Material** | Pinnwand, eventuell Soundfile/Laptop |
| **Dauer** | 20–90 Minuten |
| **Vorbereitung** | Pinnwand vorbereiten |

# Schnapp den Hut

von Gabriele Braemer

Im Gespräch den Hut des Gesprächspartners ergattern und gleichzeitig in gutem Kontakt zum anderen bleiben

## Ziel

- Aufmerksamkeitsfokussierung während eines Gespräches bewusst machen sowie ihre Auswirkung auf Beziehung und Gesprächsergebnis
- Rapport zum Gegenüber entwickeln, eine gute Beziehung schaffen

## Beschreibung

Der Trainer legt eine Auswahl an Hüten bereit und bittet die Teilnehmer, sich jeweils einen Hut auszuwählen. Die Teilnehmer setzen sich zu zweit zusammen.

**1. Runde:** Der Trainer leitet die Übung ein: *„Ich bitte euch jetzt, in den nächsten drei Minuten ein Gespräch miteinander zu führen (z. B. über ein tagesaktuelles Thema). Dazu setzt bitte die Hüte auf! Aufgabe ist es, während des Gesprächs zu versuchen, dem anderen den Hut wegzunehmen."*

Nach drei Minuten unterbricht der Trainer die Gespräche für eine erste Auswertungsrunde, z. B.: *„Was ist euch aufgefallen – an euch selbst, am anderen? Was wisst ihr noch über die Inhalte des Gesprächs, die Körpersprache eures Gegenübers? Wo lag eure Aufmerksamkeit?"*

**2. Runde:** Es wird ein weiteres Gespräch zu einem interessanten Thema geführt. Das Ziel ist wieder, den Hut des anderen zu bekommen und gleichzeitig Kontakt zum anderen aufzubauen bzw. zu halten.

Nach drei Minuten findet eine erneute Auswertung und der Transfer in die Praxis statt, z. B.: *„Was ist euch aufgefallen? Was habt ihr verändert? Wem ist es gelungen, den Hut des anderen zu bekommen? Wodurch war dies möglich? Was bedeutet dies für Gespräche in eurem Arbeitsalltag?"*

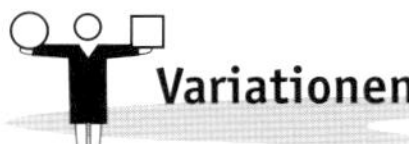

## Variationen

keine

## Kommentar

Die Hüte (möglichst „schräge" Modelle vom Grabbeltisch) sorgen für Gelächter und Spaß.

Die Reaktionen/Antworten der Teilnehmer gehen häufig in die Richtung:

- Man konzentriert sich eher darauf, dem anderen den Hut wegzunehmen, als das Gespräch inhaltlich zu verfolgen oder sich mit dem Gesprächspartner zu befassen.
- Die Teilnehmer erleben sich als verkrampft, „auf der Lauer", nicht „bei der Sache", es wird weniger auf Zwischentöne geachtet.
- Den Hut abzunehmen bzw. auszutauschen gelingt eher, wenn eine gute Beziehung und Vertrauen in den anderen entsteht. Dann kann ich mich auch mehr auf die Inhalte konzentrieren und achte nicht nur auf eigene Ziele.

- Auf Gesprächspartner und -inhalt zu achten macht mich flexibler in meinem Handeln. Ich finde dann eher heraus, welche Ziele und Interessen der andere verfolgt.

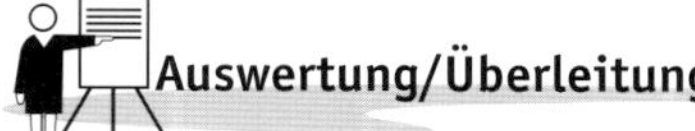

## Auswertung/Überleitung

Geeignet als Vorübung für Themen der Kommunikation und Gesprächsführung, z. B.: Das „Was" und das „Wie" im Feedback.

Schafft Sensibilisierung für und Überleitungen auf Themen wie Beziehungsgestaltung, Einstellung im Gespräch und Möglichkeiten der Umdeutung (Perspektivwechsel) z. B. in Konflikten.

## Einsatzmöglichkeiten

- in Kommunikations- und Konfliktmanagement-Seminaren
- in Coaching-Ausbildungen (Thema Aufmerksamkeitsfokussierung)

## Querverweise

Kennengelernt während meiner eigenen Ausbildung zum systemischen Coach bei der ISCO AG, Berlin.

## technische Hinweise

**Gruppierung** zu zweit, 6–16 Teilnehmer, bei ungeraden Zahlen in Dreiergruppen jeweils mit Beobachter

**Material** witzige Hüte/einer pro Teilnehmer

**Dauer** ca. 20 Minuten inkl. Auswertung

**Vorbereitung** Hüte besorgen

# Spitfire

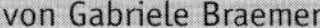

von Gabriele Braemer

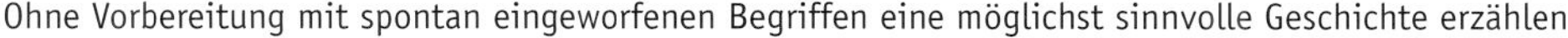

Ohne Vorbereitung mit spontan eingeworfenen Begriffen eine möglichst sinnvolle Geschichte erzählen

## Ziel

- den inneren Bildern und Assoziationen vertrauen
- das Naheliegende sagen
- Schnelligkeit trainieren
- den inneren Zensor ausschalten

## Beschreibung

Die Trainerin kündigt die Übung mit folgenden Worten an: *„Ihr habt jetzt die Aufgabe, eine Geschichte zu erzählen, deren Inhalt nicht nur von euch selbst bestimmt wird, sondern auch von euren Partnern. Dabei gibt es weder die Möglichkeit, sich abzustimmen noch sich vorzubereiten. Wichtig ist, jetzt nicht besonders originell sein zu wollen, sondern den inneren Bildern zu folgen und sie spontan auszusprechen. Je schneller eure Reaktion ist, desto weniger genial muss sie sein.“*

- Die Teilnehmer stellen sich zu dritt zusammen, der Erzähler steht in der Mitte.
- In der Kleingruppe wird eine Themenüberschrift überlegt (z. B. „Nachts in Salzgitter“, „Erlebnis mit meinem neurotischen Hund“, „Die Steinlaus“, „Das ungeliebte Wesen“ o. Ä. – siehe Abb. nächste Seite)
- Person 1 fängt ohne Vorbereitung an, eine Geschichte dazu zu erzählen.
- Person 2 und 3 werfen abwechselnd Begriffe ein, die nichts mit dem Thema zu tun haben.
- Person 1 baut den jeweiligen Begriff unvermittelt und sinnvoll in die Geschichte ein und erzählt weiter.
- Die Trainerin unterbricht nach ca. 3–4 Minuten und gibt das Signal zum Wechsel, bis alle einmal als Person 1 eine Geschichte erzählt haben.
- Wenn alle Teilnehmer einmal als Erzähler an der Reihe waren, findet eine erste Auswertung in der Kleingruppe statt.

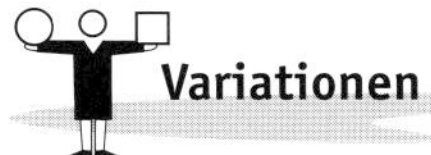

## Variationen

Zu zweit arbeiten:

- Person 1 spricht über ein Thema,
- Person 2 kann anordnen:
  a) „Schmücke die Geschichte aus!“ (mehr Details, Hintergründe nennen)
  b) „Geh vorwärts!“ (neuen Aspekt einbringen)

## Kommentar

Wichtig ist der Hinweis, dass Person 2 und 3 abwechselnd die nächsten Begriffe erst dann einbringen, wenn Person 1 den zuvor genannten Begriff in die Geschichte integriert hat.

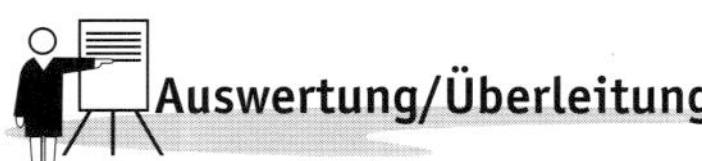

## Auswertung/Überleitung

Auswertung 1 in der Kleingruppe:

- *„Wie ist es mir ergangen als Person 1?"*
- *„Was ist mir als Person 2 oder 3 aufgefallen?"*

Auswertung 2 im Plenum:

- *„Was fiel leicht? Was war schwierig?"*
- *„Was ist wichtig, um spontan sein zu können?"* (Zum Beispiel: die eigene Einstellung, Bilder nicht bewerten, keine Angst vor „Fehlern" haben, auf Bilder konzentrieren, kein Anspruch auf Perfektion oder besondere Originalität haben etc.)

## Einsatzmöglichkeiten

- in Kreativitäts- und Präsentationstrainings
- bei Vorbereitung auf das freie Sprechen
- in Situationen, in denen selbst gemachter Druck oder Angst vor Niederlagen uns lähmt, kreativ und spontan zu handeln (Lust zum Scheitern entwickeln)

## Querverweise

Entdeckt auf einer Fortbildung bei Dr. Noni Höfner zum Thema „Provokativer Stil im Coaching" in München.

## technische Hinweise

| | |
|---|---|
| **Gruppierung** | 6–30 Teilehmer, jeweils in Dreiergruppen |
| **Material** | keines |
| **Dauer** | ca. 30–40 Minuten (9–12 Minuten für die Übung, ca. 5 Minuten Auswertung in der Kleingruppe, 20 Minuten Auswertung im Plenum) |
| **Vorbereitung** | keine |

# Tool Repeater

von Silke Riesner

Verfestigung von Kommunikationstools mit einem Losverfahren

## Ziel

- aktivierende Wiederholung von gelernten Tools (z. B. Fragearten, Einwand-Antworten, Fachwissen)
- Auffrischung von Wissen/bereits Gelerntem
- Spaß und Spannung
- Interaktion in der Gruppe

## Beschreibung

Die Teilnehmergruppe wird nach dem Zufallsprinzip in zwei Teams aufgeteilt, welche nach vorne kommen und sich jeweils rechts und links vom Trainer in einer Reihe postieren.

Als Trainer/in geben Sie folgende Anweisung: *„Team A und Team B werden nun in einem fachlichen Wettstreit gegeneinander antreten! Es geht um das Thema ‚Fragetechniken', mit dem wir uns beim letzten Mal/gestern/heute Vormittag schon ausführlich beschäftigt haben. Nun gilt es, das Gelernte zu zeigen! Jedes Team hat das Ziel, gemeinsam möglichst viele Punkte zu sammeln …*

*Hier vorne in der Loskiste habe ich unsere acht Fragetechniken, und zwar jeweils den Titel einer Fragetechnik auf einem Zettel notiert: Informationsfragen, Hypothetische Fragen, Zirkuläre Fragen, Definitionsfragen, Unterscheidungsfragen etc.*

*Die erste Runde beginnt mit Team A. Ich ziehe die erste Fragetechnik und innerhalb einer Minute müssen Sie reihum möglichst viele passende Beispiele in wörtlicher Rede zu genau dieser Technik nennen. Also pro Person ein Beispiel – dann ist die nächste Person an der Reihe.*

*Team B zählt währenddessen die Anzahl der Nennungen und passt genau auf, dass die gegebenen Antworten auch ‚richtig' sind. Wenn jemand an der Reihe ist und keine Antwort weiß, sagt er ‚Weiter!' und das nächste Mitglied ist am Zuge. Nach jeder Runde werden die erzielten Punkte pro Team auf dem Flipchart notiert. Es kommt also auf Wissen und auf Schnelligkeit an. Alles klar? Los geht's …"*

Die erste Runde beginnt mit dem Ziehen einer Fragetechnik und endet nach einer Minute mit einem akustischen Signal. Bei 6–8 Personen pro Team kommt jedes Mitglied in einer Runde ca. 3- bis 5-mal zum Zuge. Im Laufe einer Runde werden die Antworten immer flüssiger, da sich ein Team nach kurzer Anlaufzeit schnell einspielt.

Die Runde wird gemeinsam ausgewertet (*„Wie viele richtige Nennungen können wir notieren?"*). Meist ergibt sich eine sehr dynamische Diskussion der beiden Teams, da das „gegnerische Team" besonders engagiert auf der Suche nach „falschen" Nennungen ist – welche es natürlich zu begründen gilt.

Die zweite Runde geht mit Team B und einer neuen Fragetechnik aus dem Lostopf weiter. Dieses Prinzip wird im Wechsel fortgesetzt, bis keine Fragetechnik mehr übrig ist. Dabei ist darauf zu achten, dass in jeder neuen Runde bei demjenigen Teammitglied begonnen wird, bei dem die vorherige Runde gestoppt wurde.

Am Schluss werden die Teamergebnisse addiert und beide Teams mit einem kleinen Gewinn versehen. Häufig liegen die Ergebnisse sehr dicht beieinander.

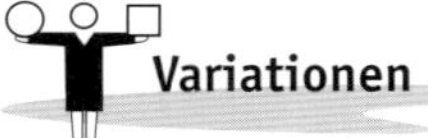

## Variationen

Man kann diese Übung bei allen Fachinhalten einsetzen, bei denen zu verschiedenen Kategorien mehrere Nennungen bzw. konkrete Beispiele möglich sind.

- **Thema Einwandbehandlung:** Kategorien sind z. B. Vorwegnahmetechnik, Relationstechnik, Technik der begrenzten Zustimmung, Nachteil-Vorteil-Technik, Referenz-Technik, Zurückstelltechnik etc.
  Dazu pro Runde jeweils Beispiele in wörtlicher Rede nennen lassen.

- **Thema Arbeitssicherheit:** Was ist zu beachten bei Brandschutz, Ladungssicherung, Gefahrgut, Umgang mit Elektrizität, Laser- und Röntgenstrahlung, Chlorgas, Lärm, Unfällen, der persönlichen Schutzausrüstung etc.?
  Dazu pro Runde jeweils Beispiele in wörtlicher Rede nennen lassen.

## Kommentar

Bei dieser Übung kommt es auf die zügige Durchführung an. Die Teams finden häufig nach kurzer Zeit sehr kreative Varianten, wie ein- und dieselbe Grundidee mehrfach „ausgeschlachtet" werden kann.

Manchmal gehen die Teams zu kritisch/ernst beim Anerkennen von Punkten miteinander um. Ein augenzwinkernder Hinweis, dass man sich generell entscheiden müsse, ob man „immer sehr streng sein" wolle (also auch das eigene Team betreffend) oder tendenziell auch „dreiviertelperfekte Nennungen" akzeptieren wolle, führt dann meist zu einer etwas großzügigeren Auslegung der Übung.

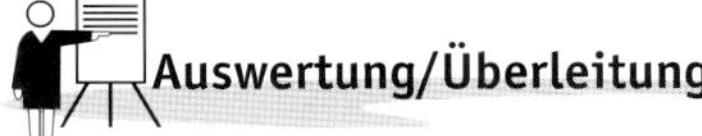

## Auswertung/Überleitung

Da diese Übung als Repeater dient, ist eine Auswertung in der Regel nicht nötig. Wenn Sie als Trainer/in feststellen, dass sich bestimmte Fehler gehäuft haben, sollten Sie diese Inhalte nochmals kurz für das ganze Plenum erläutern.

## Einsatzmöglichkeiten

- Führungstrainings
- Verkaufstrainings
- generell alle Trainings, bei denen Fachinhalte vermittelt werden, die sich in verschiedene Kategorien mit dazu passenden Beispielen aufteilen lassen

## Querverweise

keine

## technische Hinweise

**Gruppierung** Gesamtgruppe in zwei Unterteams; ca. 6–20 Personen

**Material**
- Loskiste mit Beispielzetteln (siehe Abb. links)
- Stoppuhr
- akustisches Signal
- Flipchart zum Punkteaufschreiben
- kleine Gewinne

**Dauer** ca. 15 Minuten

**Vorbereitung** einmalige Vorbereitung der Beispielzettel

# Yes or No?

von Silke Riesner

Durch Positionierung im Raum erarbeitet die Gruppe ein Fachthema

## Ziel

- Einstieg in ein neues Themenfeld
- Sensibilisierung für ein Thema
- Neugier und Diskussionslust wecken
- Spaß und Interaktion

## Beschreibung

Durch einen Tesakreppstreifen oder ein farbiges Seil wird eine freie Fläche im Seminarraum in zwei Hälften geteilt. In die eine Hälfte wird eine „Ja"-Karte auf den Boden gelegt, in die andere Hälfte eine „Nein"-Karte (siehe Abb. nächste Seite).

Das Thema (hier: „Konflikte") wird anmoderiert: *„Ich werde Ihnen gleich verschiedene kurze Situationen vorlesen. Bitte entscheiden Sie spontan, ob es sich dabei Ihrer Meinung nach um einen „Konflikt" handelt oder nicht.*

*Wenn Sie der Meinung sind, ‚Ja, es handelt sich ganz eindeutig um einen Konflikt', stellen Sie sich bitte in die ‚Ja-Hälfte'. Wenn Sie der Meinung sind ‚Nein, es handelt sich zweifelsfrei um keinen Konflikt', stellen Sie sich bitte in die ‚Nein-Hälfte'. Wenn Sie unschlüssig sind, stellen Sie sich auf den Kreppstreifen/das Seil. Wenn sich alle positioniert haben, werde ich einige von Ihnen um eine kurze Begründung bitten."*

Der Gruppe werden nacheinander sechs bis maximal zehn kurze, zum Thema passende Beispielsituationen vorgelesen. So, wie es ihrem Gefühl entspricht, positionieren sich die Teilnehmer.

Zu jeder Situation können Sie einige der Teilnehmer nach einer kurzen Begründung fragen. Es wird jedoch noch nicht „aufgelöst", ob es sich im Sinne der Fachdefinition um einen Konflikt handelt.

**Beispiele für Situationen:**

- Der Bereichsleiter Herr Huber erwartet, dass sein Mitarbeiter Herr Müller eine gerade begonnene Arbeit für eine andere Arbeit liegen lässt. Herr Müller hält die gerade begonnene Arbeit jedoch für die wichtigere und müsste noch einmal ganz von vorne damit anfangen, wenn er sie jetzt unterbricht. Konflikt: Ja oder Nein?
- Die beiden Kollegen Marcel und Daniel betreiben als Hobby „Kickboxen". Beim Training verletzen sich beide gegenseitig leicht, aber keiner will aufhören. Konflikt: Ja oder Nein?
- Eine Führungskraft möchte ihren Mitarbeitern ein neues Organisationskonzept schmackhaft machen. Die Mitarbeiter setzen sich dagegen heftig zur Wehr. Konflikt: Ja oder Nein?
- Henning sieht Paul als Konkurrenten und enthält ihm wichtige Informationen aus einem Kundengespräch vor. Im Nachgang wird Paul dieser Umstand bewusst – als er sich bei dem Kunden bereits durch Unwissenheit blamiert hat. Konflikt: Ja oder Nein?

**Konfliktdefinition**

*Ein sozialer Konflikt liegt vor, wenn wenigstens ein ‚Aktor' (eine Person, Gruppe, Partei ...) den Umgang mit einer Differenz so erlebt, dass er durch das Handeln eines anderen ‚Aktors' dabei beeinträchtigt wird, seine eigenen Vorstellungen, Gefühle oder Absichten zu leben oder zu verwirklichen.* (nach F. Glasl)

- Endlich Feierabend: Der Vertriebsfahrer Mike freut sich sehr darauf, zu Hause sofort seine neue Hardrock-CD abzuspielen. Seine Frau Sandra hört gerade innig versunken Schmusepop. Konflikt: Ja oder Nein?
- Weihnachtsfeier im Betrieb. Verschiedene Bereiche treten bei einem Tombola-Quiz gegeneinander an. Die Mitarbeiter aus der Zentrale sind sehr ehrgeizig und wollen unbedingt gewinnen. Konflikt: Ja oder Nein?
- Der Mitarbeiter Herr Schröder und seine langjährige Kollegin Frau Hübner mögen die neue Führungskraft nicht. Deswegen geben sie ihr auch einige wichtige Informationen nicht weiter. Konflikt: Ja oder Nein?
- Meeting – und immer dasselbe: Die beiden Kollegen Müller und Schulze sind dafür bekannt (dafür kann das Team die Hand ins Feuer legen), dass sie grundsätzlich unterschiedlicher Meinung sind. Egal, um was es geht. Die Sitzungen werden dadurch endlos in die Länge gezogen. Konflikt: Ja oder Nein?
- Herr Clemens freut sich sehr auf das Gespräch mit seinem Vorgesetzten – ist er doch sicher, dass er die freudige Nachricht bekommen wird, für das neue Projekt die Leitungsfunktion übernehmen zu können. Vom Vorgesetzten wird ihm allerdings mitgeteilt, dass ein anderer Kollege für diesen Einsatz vorgesehen ist. Konflikt: Ja oder Nein?
- Hochsommer, 18 Uhr – und immer noch 27 Grad im Schatten! Herr Friedrich muss noch eine Präsentation für das Meeting morgen vorbereiten – auf der anderen Seite soll heute der letzte heiße Tag sein und im Biergarten trifft sich der Freundeskreis. Konflikt: Ja oder Nein?
- Jedes Jahr dasselbe: Drei Teammitglieder wollen gleichzeitig in den Sommerferien Urlaub nehmen. Es können betriebsbedingt aber nicht mehr als zwei Mitarbeiter gleichzeitig abwesend sein. Eine gütliche Einigung ist nicht möglich, nun soll der Chef entscheiden. Konflikt: Ja oder Nein?

Bei relativ eindeutigen Situationen gruppiert sich die gesamte Gruppe meist in einem Feld. Bei eher uneindeutigen Situationen gibt es in der Regel jeweils Stimmen für beide Positionen. Daraus können sich lebhafte Diskussionen ergeben.

Nachdem die Beispielsituationen „andiskutiert" worden sind, wird als nächster Schritt eine Begriffsdefinition für „Konflikt" am Flipchart präsentiert (siehe Hinweis unter „Material").

Anschließend werden im Plenumsgespräch alle Situationen noch einmal kurz daraufhin abgeklopft, ob es sich nun um Konflikte handelt oder nicht. Durch die vorangegangene interaktive Übung entwickeln die Teilnehmer ein lebendiges Interesse an der „Begriffsklärung".

## Variationen

In großen Gruppen (mehr als 15 Teilnehmer) können sich eng zusammenstehende Kleingruppen miteinander austauschen, ehe die Meinungen im Plenum gesammelt werden.

Die Methode kann für fast jede Art der Definitionserarbeitung eingesetzt werden, zum Beispiel:

- Im Führungstraining zum Thema „Zielvereinbarungen": mehrere Beispiele für „gute" und „schlechte" Zielformulierungen entwickeln, passend zum Tagesgeschäft der Teilnehmer. Im Einzelnen zur Entscheidung stellen unter der Frage: Ist das ein „smartes" Ziel? Ja oder Nein?
- Im Kommunikationstraining zum Thema „Feedback-Regeln": einige „gute" und „schlechte" Beispiele entwickeln, passend zum Tagesgeschäft der Teilnehmer. Im Einzelnen zur Entscheidung stellen unter der Frage: Ist das konstruktives Feedback? Ja oder Nein?
- Im Seminar Arbeitsrecht zum Thema „Reisezeit als Arbeitszeit": Mehrere „richtige" und „falsche" Beispiele entwickeln. Im Einzelnen zur Entscheidung stellen unter der Frage: Ist das Arbeitszeit? Ja oder Nein?

## Kommentar

Nach jeder Situation, auch bei kleinen Gruppen, immer nur einige Protagonisten nach ihrer Begründung fragen. Es ist darauf zu achten, dass im Laufe der gesamten Übung jede Person mindestens einmal angesprochen wird.

Manche Situationen lassen sich nicht völlig eindeutig klären – hier kommt es auf die Begleitumstände, den Gesamtkontext usw. an.

## Auswertung/Überleitung

- *„Woran können wir einen Konflikt erkennen?"*
- *„Warum ist es (z. B. für uns als Führungskräfte) wichtig, einen Konflikt von einer Meinungsverschiedenheit unterscheiden zu können?"*

Anknüpfend erfolgt die weitere Themenbearbeitung (z. B.: Konfliktarten, Verhaltensstrategien bei einem Konflikt, Gesprächsführung etc.)

## Einsatzmöglichkeiten

- Konflikttraining
- Kommunikationstraining
- Führungsseminare
- Alle Seminare, bei denen eine Fachdefinition interaktiv erarbeitet werden soll. Die Definition muss Kriterien enthalten, nach denen „passende" und „unpassende" Beispiele entwickelt werden können.

## Querverweise

Die Idee zu dieser Übung stammt aus dem Buch von Kurt FALLER u. a.: Konflikte selber lösen. Mediation für Schule und Jugendarbeit, Mülheim an der Ruhr 1996. Unter dem Titel „Meinungsbarometer" werden dort mehrere Beispiele für die Arbeit mit Kindern und Jugendlichen aufgeführt.

## technische Hinweise

**Gruppierung** ab 3 Personen; in der Gesamtgruppe

**Material**

- Tesakrepp oder Seil
- Moderationskarte „Ja" und „Nein"
- Vorbereitete Beispielsituationen zum Vorlesen
- Vorbereitete Definition auf Flipchart (z. B. aus Friedrich GLASL: Konfliktmanagement. Ein Handbuch für Führungskräfte, Beraterinnen und Berater, Bern 2004, 8. Auflage)

**Dauer** je nach Anzahl der Beispielsituationen 25–35 Minuten

**Vorbereitung** einmalige Vorbereitung der Beispielsituationen, passend zur Zielgruppe

# Zwischendurch auflockern

## Kapitel VI

1 **30 Quadrate**
Carsten Steinert — Seite 215

2 **A, B, C, D-Aufgabenmix**
Harald Groß — Seite 217

3 **Bei den Kannibalen**
Anja Juhr — Seite 221

4 **Der Dreifach-Energizer**
Bernd Scherer — Seite 223

5 **Dreiecke**
Dietmar Prudix — Seite 225

6 **Es werde Licht**
Anja Juhr — Seite 227

7 **Gruerzi**
Michael Luther — Seite 229

8 **Gruppenknobeln**
Donald Harbich — Seite 231

9 **Kreuz-Schnitt**
Dietmar Prudix — Seite 233

10 **Oben, unten, rechts, links**
Helgo Bretschneider — Seite 235

11 **Rätselhafte Dreiecke**
Armin Rohm — Seite 239

12 **Sit 'n' Move**
Christian Hohlweck — Seite 241

13 **Verflixter Groschen**
Johannes Sauer — Seite 243

14 **Vokalfrei**
Miriam Breitsameter — Seite 245

15 **Wecker fürs Gehirn**
Monika Kalnins — Seite 247

Spiel steht bei vielen für die Leichtigkeit, das muntere Zwischendurch, die kleinen Aufheiterer, wenn es anstrengend war, oder das Zurückkehren nach einer Pause. Und genau da entwickeln sich die Potenziale von spielerischen Aktivitäten auch am besten. Im letzten Kapitel präsentieren 14 Autoren/innen ihre Muntermacher – immer jedoch mit der Möglichkeit, das mit dem Seminarthema zu verknüpfen.

**Carsten Steinert** eröffnet mit einem Klassiker, den „30 Quadraten" – wo immer Sie ein Flipchart entdecken, ist das ein kurzweiliges Vergnügen. Einen wesentlich bewegteren Einstieg verschafft **Harald Groß** seiner Gruppe. Beim Lösen des „A, B, C, D-Aufgabenmix" bedarf es vieler Kompetenzen gleichzeitig und letztendlich: Mut! Den haben auch vier Missionare bewiesen – allerdings erst einmal vergeblich. Doch wie sie zu retten sind, erfahren Sie, wenn Sie **Anja Juhrs** Rätselaufgabe „Bei den Kannibalen" Ihrer eigenen Gruppe präsentieren.

Die Zahl „Drei" zieht sich durch die nächsten drei Übungen: **Bernd Scherer** aktiviert durch den „dreifachen Energizer" und empfiehlt das vor allem in Situationen, die von Anspannung oder Eintönigkeit geprägt sind. „Dreiecke" liegen den Teilnehmern von **Dietmar Prudix** vor und sollen sich zu einem Viereck verbinden. Das ist genauso kniffelig wie das Betätigen von drei Schaltern bei **Anja Juhr**. „Es werde Licht" werden aber Ihre Teilnehmer denken, bevor sie bei beiden Rätseln auf die Lösung kommen. Praktisch: Gruppengröße und Sitzordnung spielen bei diesen Aufgaben keine Rolle.

Als Hallo-Wach-Aufmunterer bezeichnet **Michael Luther** sein Spiel „Gruerzi" – dass er recht hat, merken Sie spätestens, wenn Sie es in einer Gruppe eingesetzt haben. Noch bewegter geht es bei **Donald Harbich** zu: „Gruppenknobeln" ist humorvoll und ein Spiel, das jederzeit aus dem Ärmel parat ist. Genauso schnell, aber mit weniger Action ist „Kreuz-Schnitt" einsatzbereit – **Dietmar Prudix** empfiehlt diese Knobelei für kleine Teams innerhalb der Gruppe.

„Auf jeden Fall gibt es viel zu lachen ..." verspricht uns **Helgo Bretschneider** mit dem Spiel „Oben, unten, rechts, links" und dennoch bedarf es eines hohen Maßes an Aufmerksamkeit und genauer Wahrnehmung. Diese Qualitäten sind auch bei den „Rätselhaften Dreiecken" von **Armin Rohm** gefragt. Jedoch wird es hier wesentlich ruhiger zugehen. Seminare und Workshops sind oft genug vom Sitzen geprägt – Auflockerung durch Spiele belebt nicht nur, sondern erzeugt auch Beweglichkeit in Positionen. Wer „Sit 'n' Move" von **Christian Hohlweck** einsetzt, schafft in jedem Fall Raum für Beweglichkeit. Und auch bei **Johannes Sauer** kommen Ihre Teilnehmer in Bewegung: Etwas gemäßigter zwar als beim Spiel zuvor – aber dennoch in ihrer Aufmerksamkeit mehrfach gefordert. Sonst ist der „Verflixte Groschen" nicht zu finden ...

„Sparen und dennoch Spaß haben", könnte das Motto von **Miriam Breitsameter** bei „Vokalfrei" lauten. Die Vokale werden bei ihren Fachbegriffen eingespart und schon beginnt ein aufmunternder Wettstreit. Gespart wird auch bei **Monika Kalnins** – allerdings nur (trainerfreundlich) am Material. Ansonsten ist ihr „Wecker fürs Gehirn" ein stimulierender Einstieg in Arbeitsphasen.

# 30 Quadrate

von Carsten Steinert

Die Anzahl der Quadrate in einer Zeichnung wird von Einzelnen und der Gruppe ermittelt

## Ziel

- Aufmerksamkeit der Gruppe gewinnen
- Nutzen und Synergieeffekte von Teamarbeit verdeutlichen

## Beschreibung

Die in der Abbildung dargestellte Figur (siehe nächste Seite) wurde auf einem Flipchartbogen vorgezeichnet und umgeblättert. Sie erläutern den Teilnehmern: *„Ich habe hier am Flipchart – für Sie aktuell noch verdeckt – eine Figur gezeichnet, die nur aus Quadraten besteht. Ich werde sie gleich für einen kurzen Moment aufdecken. Dann notieren Sie sich bitte auf einer Moderationskarte, wie viele unterschiedliche Quadrate Sie insgesamt erkennen können. Bitte tauschen Sie sich nicht mit dem Nachbarn aus und zeichnen Sie die Figur auch nicht ab."*

Die Zeichnung wird nun für ca. 15–20 Sekunden aufgedeckt. Danach bitten Sie die Teilnehmer, die Anzahl der erkannten Quadrate auf eine Moderationskarte zu notieren und heften dann alle Karten in einer Reihe an die Pinnwand. Anschließend bilden Sie in einer groben Schätzung aus allen Karten den Durchschnitt und notieren diesen deutlich lesbar am Ende der Reihe.

Nun wenden Sie sich wieder den Teilnehmern zu: *„Ich werde Ihnen gleich die Figur nochmals für einige Sekunden aufdecken und bitte Sie, sich diesmal mit Ihrem Nachbarn in Partnerarbeit darüber auszutauschen, wie viele Quadrate Sie beide zusammen erkennen können. Schreiben Sie dazu bitte wieder – dieses mal je Zweiergruppe – die Anzahl der erkannten Quadrate auf Moderationskarten."*

Die Figur wird nun erneut für ca. 15 Sekunden aufgedeckt. Sie heften die Karten unter die erste Reihe und bilden wieder den Durchschnitt, welcher in der Regel über dem des ersten Durchgangs liegt.

Sie wiederholen den Vorgang mit sukzessiv größer werdenden Gruppen, bis die richtige Anzahl an Quadraten (insgesamt 30 Stück) von den meisten Gruppen bzw. der Gesamtgruppe erkannt wurde. Danach beginnen Sie mit der Reflexion (siehe „Auswertung/Überleitung").

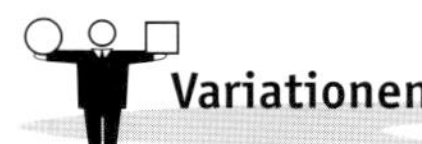

## Variationen

Anstelle der Kartenabfrage können Sie die Teilnehmer auch direkt nach der Anzahl fragen und diese am Flipchart notieren. (Dieses Vorgehen kann allerdings Teilnehmer, die eigentlich eine geringere Anzahl an Quadraten entdeckt haben, dazu verleiten, dass sie sich der Meinung desjenigen anschließen, der eine höhere Anzahl erkannt hat. Das Gesamtergebnis wird so etwas verfälscht und der Gesamteffekt abgeschwächt.)

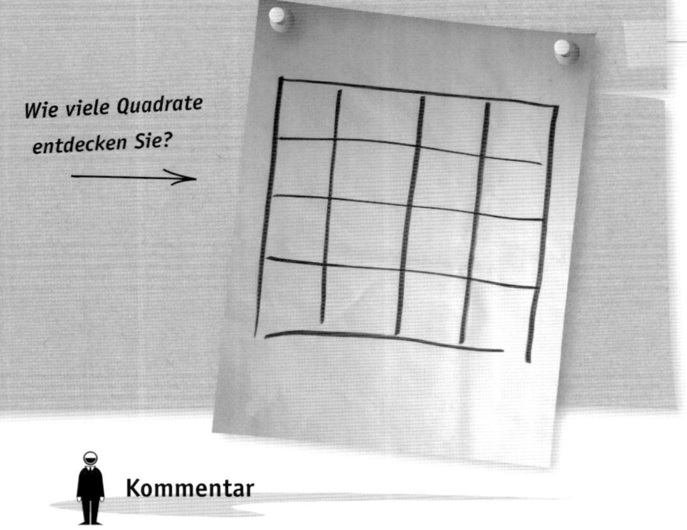


## Kommentar

Den Teilnehmern wird durch diese Übung verdeutlicht, dass bei bestimmten Aufgabenstellungen die Gruppenleistung über der Summe der Individualleistungen liegt (1 + 1 > 2). Insgesamt sind 30 Quadrate zu erkennen: 16 kleine Quadrate, 9 Quadrate bestehend aus jeweils 4 kleinen Quadraten, 4 Quadrate bestehend aus jeweils 9 kleinen Quadraten und ein großes Quadrat bestehend aus den insgesamt 16 kleinen Quadraten.

Wichtig ist darauf zu achten, dass Sie die Figur am Anfang nicht zu lange aufdecken und die Teilnehmer sich die Figur nicht abzeichnen, da sonst der Effekt nicht erkennbar wird. In welchen Schritten Sie die Gruppen von Durchgang zu Durchgang vergrößern, hängt von der jeweiligen Situation ab. Die Erfahrung zeigt jedoch, dass nach spätestens drei Durchgängen die Mehrzahl der Gruppen die richtige Anzahl an Quadraten herausgefunden hat.

## Auswertung/Überleitung

Nach der letzten Runde beginnen Sie mit der Reflexion. Bitten Sie zuvor noch einmal einen Teilnehmer am Flipchart, alle 30 Quadrate zu zeigen.

Sie verweisen nun auf den jeweiligen Durchschnitt, welcher in der Regel in jeder Runde gestiegen ist. Die Gruppenleistung liegt also über der Summe der Individualleistungen. Das verdeutlichen Sie den Teilnehmern nochmals und leiten danach zur eigentlichen Thematik, z. B. Verbesserung der Zusammenarbeit etc. über.

## Einsatzmöglichkeiten

als Einstieg in Präsentationen, Seminare, Trainings etc., bei denen Teamarbeit von Bedeutung ist

## Querverweise

keine

## technische Hinweise

| | |
|---|---|
| **Gruppierung** | mind. 2–3 und max. 15–20 Teilnehmer |
| **Material** | Flipchart, Moderationskarten, Pinnwand |
| **Dauer** | 10–15 Minuten |
| **Vorbereitung** | Materialien besorgen, Figur auf Flipchart zeichnen |

# A, B, C, D-Aufgabenmix

von Harald Groß

Verschiedenartige Gegenstände werden auf unterschiedliche Weise bewegt und koordiniert

## Ziel

- wach und aktiv bleiben
- gemeinsam eine knifflige Aufgabe lösen
- Spaß haben

## Beschreibung

Die Teilnehmenden stellen sich in einem Kreis auf. Sie erläutern: *„In Ihrem Alltag gibt es immer wieder verschiedene und neue Aufgaben. Das ist bei der Arbeit, aber auch in der Freizeit so. Und bei unserem Experiment wird es gleich auch so sein. Mal sehen, wie gut Sie mit den verschiedenen Aufgaben klarkommen.*

*Wir starten mit **A wie Alltagsaufgaben**."* Mit einem wirklich alltäglichen Gegenstand, zum Beispiel einer Klebebandrolle (siehe Abb. nächste Seite), sprechen Sie die Person an, die rechts neben Ihnen steht:

*„Wenn ich Ihnen gleich diesen Alltagsgegenstand überreiche, sind Sie garantiert nicht überrascht. Es ist ja ein ganz normaler Gegenstand. Er ist auch verbunden mit einer ganz alltäglichen Aufgabe. Bitte nehmen Sie den Gegenstand an und geben Sie ihn ohne größere Aufmerksamkeit an Ihren rechten Nachbarn weiter. So läuft die Alltagsaufgabe von Hand zu Hand, ohne dass wir uns groß darum kümmern müssen."*

Der Gegenstand geht einmal durch den Kreis. Wenn er wieder bei Ihnen angekommen ist, sagen Sie: *„Das ist schön. Das Leben besteht allerdings nicht nur aus Alltagsaufgaben.*

*Es gibt auch **B wie besondere Aufgaben**. Besondere Aufgaben kommen aus einer bestimmten Richtung und fliegen in eine bestimmte Richtung. So auch bei uns. Eine oder einer von Ihnen wird die besondere Aufgabe gleich erhalten. Ich werde Sie mit Namen ansprechen, damit Sie wissen, dass besondere Arbeit kommt. Sie nehmen die besondere Aufgabe – den Ball – bitte an. Dann suchen Sie sich flott eine Person, die die besondere Aufgabe noch nicht hatte. Damit sich der auserkorene Mensch auf die besondere Aufgabe einstellen kann, nennen Sie seinen Namen und werfen ihm die besondere Aufgabe in Form des Balls zu. Das geht so lange, bis alle in unserer Runde die besondere Aufgabe einmal hatten und sie am Ende wieder bei mir landet. Aber Achtung: Bitte merken Sie sich, woher die besondere Aufgabe kam und wohin Sie sie weitergegeben haben."*

Wenn der Ball wieder bei Ihnen angekommen ist, schicken Sie die besondere Aufgabe zum Üben ein weiteres Mal auf den Weg. Wieder soll der Ball die gleiche Bahn durch die Gruppe ziehen. Bei größeren Gruppen können Sie auf derselben Spur noch ein, zwei Bälle zusätzlich durchlaufen lassen. Wenn diese Bahn sitzt, fahren Sie fort: *„Das klappt nun prima mit der besonderen Aufgabe. Im wahren Leben ist es aber so, dass die verschiedenen Aufgaben nicht getrennt kommen, sondern häufig zeitgleich. So ist es auch hier. Wir werden die besondere Aufgabe nun mit der Alltags-*

*aufgabe kombinieren. Sind Sie bereit?"* Nun geben Sie beide Gegenstände ins Spiel. Bei Gruppen mit mehr als 10 Teilnehmern können Sie ruhig zwei oder drei Bälle auf der besonderen Spur laufen lassen. Sobald die Kombination gut läuft und alle Aufgaben wieder bei Ihnen angekommen sind, erklären Sie: *„Das läuft sehr gut. Allerdings ist es im normalen Leben ja so, dass es nicht immer so konzentriert zugeht.*

*Ab und zu kommen auch **C wie Chaos-Aufgaben** ins Spiel. Auch mit denen werden wir nun zu tun haben. Vertreten werden die Chaos-Aufgaben von diesem Chaos-Stofftier. Mit ihm müssen Sie immer rechnen. Aus allen Richtungen kann es geflogen kommen und Sie überraschen. Vielleicht mitten in der Bearbeitung der Alltagsaufgabe ... Wichtig ist, dass das Chaos-Stofftier immer in der Luft und immer in Bewegung bleibt."*

Nun geben Sie nacheinander alle drei Aufgaben ins Spiel. Die Alltagsaufgabe nach rechts, die besondere Aufgabe auf die feste Spur, und das Chaos-Stofftier werfen Sie schwungvoll einem Teilnehmer zu. Jetzt hat die Gruppe gut zu tun! Nach ein, zwei Runden behalten Sie die Gegenstände, die bei Ihnen ankommen, bei sich – solange, bis der letzte bei Ihnen eintrifft. An dieser Stelle können Sie das Spiel beenden. Vielleicht kündigen Sie aber auch einen nächsten Schritt an: *„Mit den drei Aufgaben sind Sie prima klargekommen. Mal sehen, wie es Ihnen ergeht, wenn wir später noch **D wie delikate Aufgaben** hinzufügen. Jetzt aber geht es erst mal mit dem Seminarprogramm weiter."*

Ein paar Stunden später oder am nächsten Tag können Sie den roten Faden wieder aufnehmen. Bitten Sie die Teilnehmer wieder, sich im Kreis aufzustellen. Und zwar am besten so, wie die Gruppe beim ersten Teil des Spiels stand. Wenn noch alle Teilnehmer der ersten Runde da sind, können Sie die drei Aufgaben – Alltagsaufgabe, besondere Aufgabe und Chaos-Aufgabe – mit einem Durchlauf wieder flott in Erinnerung rufen. Fehlen Teilnehmer oder sind neue hinzugekommen, müssen letztere eingeweiht werden. Und eine neue besondere Spur muss gelegt und trainiert werden. Wenn die drei Aufgaben wieder gut laufen, sammeln sie die Gegenstände bei sich und erklären: *„Jetzt wird es ein wenig delikat.*

*Denn wir bekommen es mit **D wie delikaten Aufgaben** zu tun.*
*Die kommen in Gestalt von einem rohen Ei."* Die Teilnehmer werden rätseln, ob es tatsächlich ein rohes Ei ist, das Sie hier auf die Bahn schicken wollen. Bitten Sie die Spieler, Ringe und Schmuck abzunehmen – das könnte dem Ei zum Verhängnis werden. Natürlich haben Sie darauf geachtet, dass das Ei im schlimmsten Fall tatsächlich ohne gravierende Folgen auf den Boden fallen kann. Und natürlich haben Sie im Hintergrund einen vollen Wischeimer und ein paar Tücher vorbereitet. Aber

vielleicht wird das alles gar nicht nötig sein, denn häufig gelingt es den Gruppen sehr gut, die delikate Ware sicher zu befördern.

*„Wir machen es zunächst so. Im Spiel ist erst mal nur die Alltagsaufgabe. Das rohe Ei – die delikate Ware – läuft auf der Spur der besonderen Aufgabe. Ich schlage vor, dass wir das Chaos-Stofftier zunächst beiseitelassen."*

Das kommt den meisten Gruppen sehr entgegen, denn jetzt gilt es, volle Aufmerksamkeit auf die zerbrechliche Ware zu richten, bis das Ei wieder sicher beim Moderator landet. Manche Gruppen sind stolz und erleichtert, wenn insbesondere die Sache mit der delikaten Aufgabe bewältigt ist. Dann ist es gut, das Spiel zu beenden. Andere Gruppen fordern noch einen nächsten Schwierigkeitsgrad ein. Für sie ist klar, dass auch das Chaos-Stofftier in Kombination mit dem delikaten Ei ins Spiel kommen muss. Was jeweils passt, werden Sie gut entscheiden können, wenn Sie die Reaktionen der Gruppe beobachten.

## Variationen

Alltagsaufgaben, besondere Aufgaben, Chaosaufgaben und delikate Aufgaben können in unterschiedlichen Formen kombiniert werden.

## Kommentar

Diese Munterbrechung wurde in unzähligen Kursen zum „Hit". Wie ein roter Faden zieht sich die Geschichte um die verschiedenen Aufgaben durchs Seminarprogramm: zunächst nur die A- und B-Aufgaben, dann in Kombination mit der Chaos-Aufgabe und zuletzt das Ganze mit dem zerbrechlichen Ei. Auf diese Weise lässt sich ein schöner Spannungsbogen kreieren. Es fängt ganz einfach an – und steigert sich von Mal zu Mal.

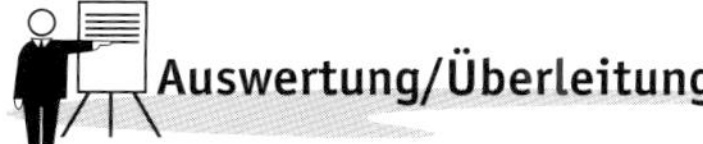

## Auswertung/Überleitung

Den einzelnen Schritten können Sie auch jeweils eine kleine Auswertung anschließen:

- *„Wie ist es Ihnen mit den vielen Aufgaben ergangen?"*
- *„Was war für Sie als Einzelne, was für Sie als Team wichtig?"*

Das kann insbesondere in Kursen, in denen es um die Zusammenarbeit der Teilnehmenden geht, wichtig und sehr gewinnbringend sein. Für das Spiel an sich ist es aber nicht zwingend nötig. Hier geht es vor allem um eine kurze Abwechslung, um anschließend wieder mit frischer Energie konzentriert im Programm weiterarbeiten zu können.

## Einsatzmöglichkeiten

- Auflockerung zwischendurch
- Seminare zu Team- und Projektarbeit

## Querverweise

Noch mehr aktivierende Wege für zwischendurch finden Sie in den Büchern von Harald GROSS: Munterrichtsmethoden sowie Munterbrechungen, erschienen im Schilling Verlag, Berlin.

## technische Hinweise

**Gruppierung** 8 bis 20 Teilnehmerinnen und Teilnehmer

**Material**
- ein beliebiger kleiner Alltagsgegenstand (z. B. eine Klebebandrolle)
- 1–3 Jonglierbälle
- ein weiches Stofftier
- für die Variante mit den delikaten Aufgaben: 2 rohe Eier, Eimer mit Wasser und Tücher zum Aufwischen

**Dauer** 5, 10 oder 15 Minuten; je nachdem, wie viele Aufgaben Sie ins Spiel bringen

**Vorbereitung** bei der Variante mit den delikaten Aufgaben: Fußboden muss wischbar sein, kein Teppichboden!

# Bei den Kannibalen

von Anja Juhr

Vier unglückliche Missionare sollen gerettet werden

## Ziel

- Denkapparat in Gang bringen
- Problemlösungskompetenz fördern
- Auflockerung (z. B. nach einer Pause)

## Beschreibung

Die vier Missionare werden groß auf Flipchart oder Pinnwand gezeichnet (siehe Abb. nächste Seite) oder als Figuren aufgestellt. Dazu erzählt die Trainerin folgende Geschichte:

*„Bei den vier abgebildeten Menschen handelt es sich um vier Missionare, die im Urwald unterwegs waren, um Eingeborenenstämme zu finden und zu missionieren. Unglücklicherweise sind sie von Kannibalen gefangen genommen und bis zum Hals in Sand eingegraben worden: drei auf der einen Seite einer Mauer, der vierte auf der anderen.*

*Danach wurden ihnen Hüte aufgesetzt (zwei schwarze und zwei weiße) und sie bekamen eine Chance, sich zu retten: Wenn einer der vier sagen könnte, welche Farbe der Hut hat, den er selbst auf dem Kopf trägt, würden alle vier freigelassen. Das einzige Handicap dabei: Die vier dürfen nicht miteinander reden!*

*Die Frage ist nun: Wer kann sagen, welchen Hut er selbst auf dem Kopf hat und warum kann gerade er das sagen?"*

Die Gruppe bekommt nun Zeit für die Lösung der Aufgabe. Sollte sich nach einigen Minuten keine Lösungsfindung abzeichnen, kann der Trainer den richtigen Missionar benennen, die Gruppe muss dann herausfinden, warum gerade dieser seinen eigenen Hut benennen konnte.

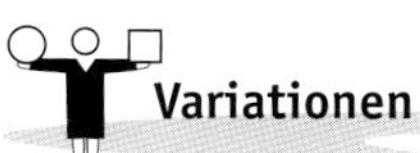

## Variationen

- Partner- oder teamweise grübeln lassen
- Eine andere, auf die Zielgruppe ausgerichtete Story kreieren, z. B.: Vier Manager haben ein Projekt vergeigt ...

## Kommentar

Folgende Fakten müssen gegebenenfalls noch einmal deutlich wiederholt und klargestellt werden:

- Die Missionare wissen, dass es zwei schwarze und zwei weiße Hüte gibt.
- Sie dürfen nicht miteinander reden.
- Sie können den eigenen Hut nicht herunterschütteln oder nach oben schielen etc.

## Auswertung/Überleitung

Lösung: Der mittlere der drei Missionare links von der Mauer kann sagen, dass er einen weißen Hut auf hat. Dazu muss er nur einige Zeit abwarten. Äußert sich der hinter ihm Eingegrabene nicht, bedeutet dies, dass der sich offensichtlich nicht sicher sein kann (da er vor sich ja zwei verschiedenfarbige Hüte sieht). Mit diesem Wissen kann sich der mittlere Missionar erschließen, dass er selbst einen weißen Hut tragen muss.

Kurzer Hinweis, dass man in der Lösungsfindung manchmal zu kompliziert denkt ...

## Einsatzmöglichkeiten

Warm-up nach der Mittags- oder Kaffeepause

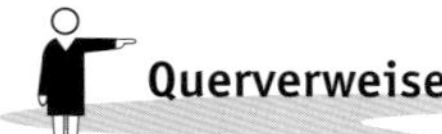

## Querverweise

keine

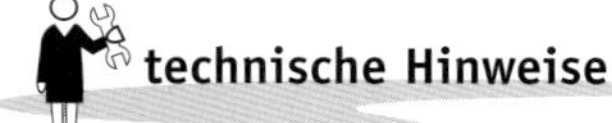

## technische Hinweise

**Gruppierung** beliebig viele Teilnehmer

**Material** Whiteboard/Flipchart o. Ä. und einen Stift

**Dauer** je nach Pfiffigkeit der Teilnehmer max. 5–10 Minuten

**Vorbereitung** keine

# Der Dreifach-Energizer

von Bernd Scherer

Neue Energie durch bewusste Atmung, Dehnung – und fokussierte Bewegung

## Ziel

- das Denken entlasten
- Muskelverspannungen auflösen
- neue Energie sammeln
- Konzentration verbessern

## Beschreibung

Sie stehen im schulterbreiten Stand, die Arme und Hände hängen locker an der Seite herunter. Schauen Sie geradeaus und suchen Sie sich einen festen Punkt, auf den Sie sich konzentrieren. Sie sollten unter Ihren Füßen den Boden spüren, der Sie trägt.

Beginnen Sie jetzt, durch die Nase einzuatmen, und falten Sie die Hände vor Ihrem Bauch mit den Handflächen nach oben. Heben Sie die gefalteten Hände bis in Kinnhöhe, wobei die Handflächen immer Ihnen zugewandt sind.

Beginnen Sie nun, durch den Mund auszuatmen, und senken Sie die noch immer gefalteten Hände in einer Kreisbewegung wieder bis in Bauchhöhe. Wichtig ist, dass die Handflächen während der Abwärtsbewegung nach unten zeigen. Nun atmen Sie wieder ein und heben gleichzeitig die immer noch gefalteten Hände in einer runden Bewegung bis über den Kopf. Während der Aufwärtsbewegung zeigen die Handflächen vom Körper weg und sind zum Schluss nach oben gerichtet. Atmen Sie nun ruhig durch den Mund aus, lösen Sie die Finger und führen Sie die Hände in einer seitlichen Kreisbewegung nach unten, bis Sie wieder in Ihrer Ausgangsposition stehen (siehe Abb. nächste Seite).

Achten Sie bitte auf den Fluss Ihrer Atmung. Je bewusster Sie atmen, desto nachhaltiger ist die Übung.

## Variationen

Diese Übung kann auch sitzend durchgeführt werden.

## Kommentar

Dieser Power-Circel zeigt auf eine einfache Art und Weise die Kunst der ganzheitlichen Energiegewinnung. Er beruht auf einer sehr alten Kunst, die noch vor einigen Jahrzehnten streng geheim gehalten wurde („Die acht Schätze der Shaolin-Mönche“ und die asiatischen Formen des Chi Gung/Qi Gong).

In meiner Arbeit passe ich diese überlieferten Techniken den Bedürfnissen des modernen Menschen an. Seit Jahrtausenden profitieren Menschen von deren positiver Wirkung.

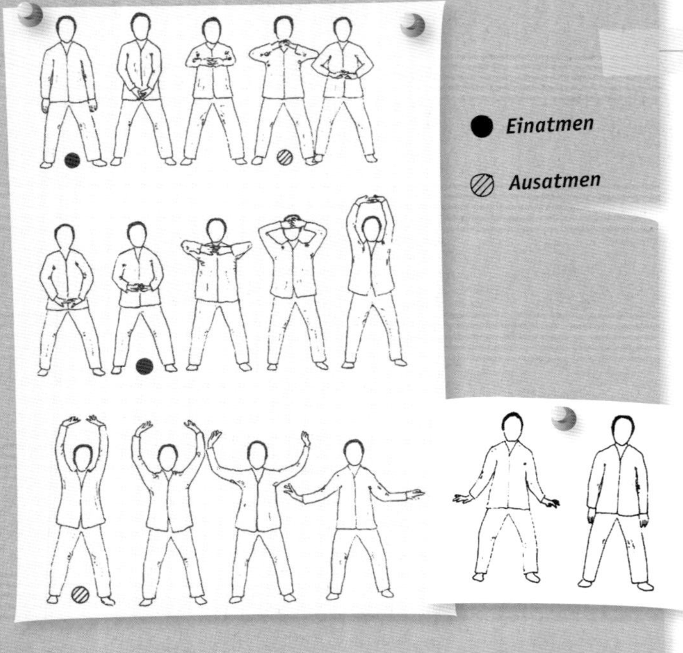


## Auswertung/Überleitung

Der tägliche Aufwand von max. 5–10 Minuten wird sich auf Ihr gesamtes Wohlbefinden und auf Ihre Wirkung gegenüber Ihren Kommunikationspartnern positiv auswirken.

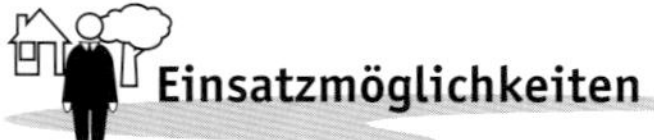

## Einsatzmöglichkeiten

- jederzeit im Seminar
- vor Vorträgen
- vor wichtigen Meetings
- bei Stoffwechselproblemen durch zu langes Sitzen etc.
- bei Stress und Anspannung
- als täglicher Begleiter für alle Lebensbereiche

## Querverweise

keine

## technische Hinweise

**Gruppierung** individuell

**Material** keines

**Dauer** max. 5–10 Minuten, je nach Bedarf

**Vorbereitung** keine

# Dreiecke

von Dietmar Prudix

Im Team ein Viereck aus Dreiecken zusammensetzen

## Ziel

Erkenntnis, dass komplex aussehende Problemstellungen manchmal einfach und überraschend zu lösen sind

## Beschreibung

Die Gruppe wird in Teams von 2–4 Personen geteilt. Jede Gruppe erhält einen Bogen mit vier Dreiecken, alternativ können die Dreiecke auch auf einem Flipchart vorgezeichnet werden. Der Seminarleiter eröffnet mit den Worten: *„Bitte bilden Sie aus diesen vier Dreiecken ein Viereck. Die Gruppe, die die Lösung zuerst findet, hat gewonnen."*

Die Lösung wird auf einem Flipchart aufgezeichnet (siehe Abb. nächste Seite).

## Variationen

Die Gruppen können unterschiedlich aufgeteilt werden.

## Kommentar

Diese Übung kann unkompliziert eingestreut werden.

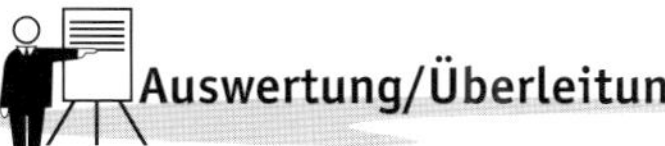

## Auswertung/Überleitung

Diese Übung eignet sich als Überleitung zu den Themen Kreativität, Komplexität, Lösungen, Kommunikation.

- *„Kennen Sie überraschende neue Aufgabenstellungen auch aus Ihrem beruflichen Umfeld?"*
- *„Wie gehen Sie idealerweise an diese Herausforderung heran?"*
- *„Ist es hilfreich, Figuren auszuschneiden und oder andere figürliche Darstellungen zu nehmen?"*
- *„Ab wann war der Lösungsweg erfolgreich?"*
- *„Gab es Absprachen? Ist Führung beobachtet worden?"*
- *„Wie läuft diese Abstimmung im ‚richtigen Leben'?"*
- *„Was (Kontext, Unterstützung, ‚Klima' ...) benötigen Sie oder ist hilfreich, um solche Aufgabenstellungen effektiv zu lösen?"*

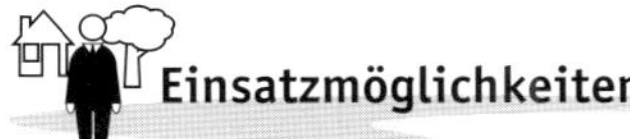

## Einsatzmöglichkeiten

Der Seminarleiter kann diese Übung einstreuen, wenn die Diskussion stockt oder sich die Teilnehmer schwer tun, im Kontext weiterzukommen. Diese Übung kann auch gut eingesetzt werden, wenn das Thema Kreativität oder Problemlösung besprochen wird.

## Querverweise

keine

## technische Hinweise

| | |
|---|---|
| **Gruppierung** | Von Plenum bis zu 2er-Gruppen ist alles möglich und sollte jeweils der aktuellen Seminarsituation angepasst werden. |
| **Material** | Flipchart und/oder DIN-A4-Vordrucke |
| **Dauer** | ca. 15 Minuten |
| **Vorbereitung** | Kopien bzw. Schablonen erstellen |

# Es werde Licht

von Anja Juhr

Nur die Wahl des richtigen Schalters bringt Licht ins Dunkel

## Ziel

- Denkapparat in Gang bringen
- Problemlösekompetenz fördern
- Auflockerung (z. B. nach einer Pause)

## Beschreibung

Die Abbildung des Hauses (siehe nächste Seite) wird ans Whiteboard oder Flipchart gezeichnet und folgende Geschichte dazu erzählt: *„Stellen Sie sich vor, Sie befinden sich in einem Haus. Im Erdgeschoss gibt es drei Schalter, im ersten Stock hängt eine Glühbirne. Sie haben jetzt die Aufgabe herauszufinden, welcher der drei Schalter die Glühbirne an- und ausschaltet. Sie dürfen alle Schalter beliebig oft betätigen, allerdings nur ein einziges Mal nach oben gehen, um nachzusehen, ob die Glühbirne brennt.“*

Die Gruppe erhält Zeit zum Nachdenken. Bei Bedarf/auf Nachfrage können folgende Fakten ausgeschlossen werden:

- Es gibt keine zweite Person, die hilft.
- Das Licht scheint nicht ins Erdgeschoss durch.
- Das Haus darf nicht verlassen werden, um von außen nach dem Licht zu sehen.

Sollte sich nach einigen Minuten keine Lösungsfindung abzeichnen, kann der Trainer einen Tipp geben (z. B.: *„Was erzeugt eine Glühbirne außer Licht noch?“*)

## Variationen

- Partner- oder teamweise grübeln lassen
- Eine neue, auf die Zielgruppe ausgerichtete Story kreieren, z. B.: Stromsparen ist auch hier in der Niederlassung oberstes Gebot ...

## Kommentar

keiner

## Auswertung/Überleitung

Lösung: Man schaltet den ersten Schalter an und wartet eine Weile. Dann schaltet man den ersten Schalter wieder aus und den zweiten an. Danach geht man nach oben: Brennt die Glühbirne, ist es der zweite Schalter. Ist die Glühbirne aus, fasst man sie an: Sollte Sie warm sein, ist es der erste Schalter, ist sie kalt, ist es der dritte Schalter.

Kurzer Hinweis, dass man in der Lösungsfindung manchmal zu kompliziert denkt.

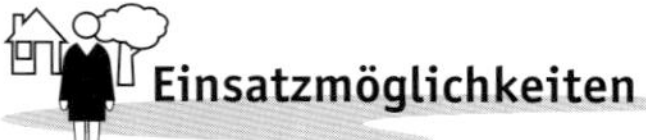

## Einsatzmöglichkeiten

Warm-up nach der Mittags- oder Kaffeepause

## Querverweise

keine

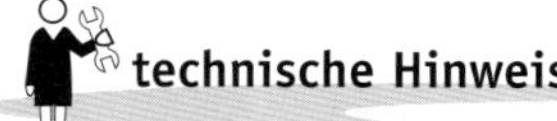

## technische Hinweise

| | |
|---|---|
| **Gruppierung** | beliebig viele Teilnehmer |
| **Material** | Whiteboard/Flipchart o. Ä. und ein Stift |
| **Dauer** | je nach Pfiffigkeit der Teilnehmer max. 5–10 Minuten |
| **Vorbereitung** | keine |

# Gruerzi

von Michael Luther

Vorstellen mit originellen Worten und Bewegungen

## Ziel

- Kopf und Körper aktivieren
- Teilnehmer vor einer Einheit/Stunde schnell in einen wachen und angeregten Zustand versetzen
- gegenseitiges Kennenlernen
- Namen auf eine aktive, ungewöhnliche und einprägsame Weise austauschen

## Beschreibung

Zwei Partner stehen sich gegenüber. Person A beginnt und stellt sich mit Vornamen verbal und simultan durch Körperbewegungen vor. Dabei sind allerdings folgende Anforderungen zu erfüllen:

- **verbal:** Den eigenen Vornamen buchstabieren (z. B. M-I-C-H-A-E-L) – aber nicht mit „M, I, C, …", auch nicht mit dem Telefonalphabet („Anton, Berta, Cäsar …"), sondern mit ausgefallenen Substantiven, wie z. B. „Mondbasis – Igelstacheln – Champignonaufzucht – Hochhausfahrstuhl – Adlerfedern – Edelsteinpoliturmittel – Laternenpfahlbegrünung" (siehe Abb. nächste Seite)
- **körperlich:** Gleichzeitig zu jedem Wort, dass mit einem Vokal beginnt (a, e ,i ,o ,u), die Arme zweimal kräftig nach oben strecken und zu jedem, mit einem Konsonanten beginnenden Wort (alle anderen Buchstaben des Alphabets) mit den Armen zweimal kreisen.

B spricht die Wörter laut nach und macht gleichzeitig die Bewegungen dazu mit. Danach werden die Rollen getauscht und Person B stellt ihren Namen vor …

Sobald beide Partner fertig sind, lösen sich die Paare auf und suchen sich einen neuen Partner.

## Variationen

- Anstelle der Substantive können auch nur positive Eigenschaftswörter (Adjektive/Adverbien) genannt werden (z. B. für M-I-C-H-A-E-L: „mutig – ideenreich – charmant – humorvoll – abenteuerlustig – elektrisierend – lustweckend"). Bitte darauf achten, dass wirklich nur **positiv** besetzte Wörter gewählt werden.
- Zum Ausgleichen von ungeraden Teilnehmerzahlen lässt sich die Übung auch mit einer Dreiergruppe durchführen (A zu B, B zu C, C zu A).

## Kommentar

Der Moderator sollte zur Verdeutlichung die Übung erklären und einmal mit einem Partner anhand des eigenen Namens demonstrieren. Dabei bitte darauf achten, dass der Demo-Partner die Worte mitspricht und die Bewegungen nachmacht.

Mondbasis
Igelstacheln
Champignonaufzucht
Hochhausfahrstuhl
Adlerfedern
Edelsteinpoliturmittel
Laternenpfahlbegrünung

## Auswertung/Überleitung

- Beziehung herstellen zum Thema „Aktivierung unterschiedlicher Hirnareale"
- Als Kennenlernübung kann sich ein nachfolgender Namenskreis anschließen
- Die Adjektiv-Variante bietet sich an für eine Auswertung in Bezug auf Themen wie
  - Kommunikation/Kommunikationsverhalten
  - Sprach-/Denkschatz (positiv besetzte Wörter)
  - positiver Fokus
  - Perspektivwechsel u. Ä.

## Einsatzmöglichkeiten

- für jede Art von Seminar-/Workshop-Einstieg als kurzer Energizer
- kleine Aufwärmübung oder „Hallo-wach"-Aufmunterer
- als Einleitung in eine Input- oder Aktivationseinheit
- in der Kennenlernphase

## Querverweise

Weitere kreative Übungen in Michael LUTHER/Jutta GRÜNDONNER: Königsweg Kreativität. Junfermann, Paderborn 1998.

## technische Hinweise

| | |
|---|---|
| **Gruppierung** | paarweise im Stehen |
| **Material** | keines |
| **Dauer** | 5–10 Minuten |
| **Vorbereitung** | keine |

# Gruppenknobeln

von Donald Harbich

Teamduell mit pantomimischen Elementen

## Ziel

- aktivieren
- sich auf Ungewohntes einlassen/aus sich herausgehen
- schnelle Entscheidungen treffen/strategisch denken
- Spaß und Leichtigkeit erleben

## Beschreibung

Die Teilnehmer bilden zwei Gruppen, die sich in zwei Reihen im Abstand von drei Metern gegenüberstehen und sich anschauen. Der Trainer demonstriert die Figuren und erklärt die Übung und die Regeln. Es gibt drei Figuren: Drache, Ritter, Prinzessin.

- **Der Drache**, der sich mit weit aufgerissenem Maul auf die Prinzessin stürzt und sie frisst. Der Trainer demonstriert dies mit weit geöffneten Armen und dem Ausruf „Huaaa!".
- **Die Prinzessin**, die den Ritter verführt. Der Trainer macht Tippelschritte nach vorne und legt die Arme eng an den Körper.
- **Der Ritter**, der den Drachen mit seinem Schwert besiegt. Der Trainer legt eine Hand galant auf den Rücken, die andere führt einen Schwerthieb aus – begleitet von einem deutlichen „Huiii".

Nach der Demonstration der Charaktere folgt die Beratungsphase: Die Gruppen stecken die Köpfe zusammen und entscheiden sich für eine Figur. Dafür haben sie 15–20 Sekunden Zeit. Der Trainer zählt *„1 – 2 – 3"*: Bei *„1"* stellen sich die Teilnehmer in ihrer Reihe auf, bei *„2"* wird sich kurz konzentriert und bei *„3"* wird die jeweilige Figur von allen Gruppenmitgliedern gleichzeitig ausgeführt (siehe Abb. nächste Seite).

Je nachdem, welche Figuren aufeinander treffen, wird gewertet:

- Der Drache frisst die Prinzessin (Die Gruppe, die den Drachen dargestellt hat, bekommt einen Punkt).
- Die Prinzessin verführt den Ritter (Die Gruppe „Prinzessin" bekommt einen Punkt).
- Der Ritter besiegt den Drachen (Die Gruppe „Ritter" bekommt einen Punkt).
- Treffen zwei gleiche Figuren aufeinander, ziehen sich die Gruppen erneut zur Beratung zurück.

Das Spiel kann solange gespielt werden, bis eine Gruppe drei Punkte hat.

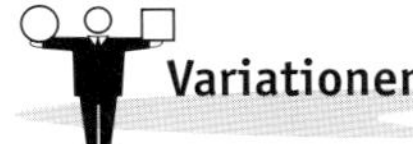

## Variationen

- Bei mehrtägigen Seminaren kann das Spiel täglich, z. B. nach der Mittagspause, gespielt werden (Wichtig: Immer in gleichen Gruppen).
- Anstelle von Drache, Prinzessin, Ritter können auch andere Kombinationen gewählt (z. B.: Azubi – Meister – Vorstand) und dazu passende Bewegungen entwickelt werden.

## Auswertung/Überleitung

- *„Wie war die Kommunikation in der Gruppe?"*
- *„Hat nur einer die Strategie bestimmt oder waren alle beteiligt?"*
- *„Was hat die Gruppe erfolgreich gemacht?"*
- *„Was wollen wir beim nächsten Mal verändern?"*

… oder einfach ohne Auswertung zum Spaß!

## Einsatzmöglichkeiten

- Aktivierung nach längeren Pausen
- im Rhetorik- oder Präsentationstraining, um Lockerheit und Leichtigkeit zu erzeugen
- wenn es um intuitive Entscheidungen geht

## Querverweise

keine

## technische Hinweise

| | |
|---|---|
| **Gruppierung** | beliebig |
| **Material** | keines |
| **Dauer** | 5–10 Minuten |
| **Vorbereitung** | keine |

## Kommentar

macht allen Gruppen Spaß

# Kreuz-Schnitt

von Dietmar Prudix

Im Team wird aus einem gefalteten Blatt Papier ein Kreuz geschnitten

## Ziel

Erkenntnis, dass komplex aussehende Problemstellungen manchmal einfach und überraschend zu lösen sind

## Beschreibung

Die Gruppe wird in Teams von 2–4 Personen geteilt. Der Seminarleiter eröffnet mit den Worten: *„Wie muss man ein Blatt Papier zusammenfalten, damit durch einen geraden Schnitt die Figur eines Kreuzes entsteht. Die Gruppe, die die Lösung zuerst bringt, hat gewonnen."*

Die Lösung wird vor der Gruppe mit einem DIN-A4-Bogen gezeigt. Der Weg zur Lösung (siehe auch Abb. nächste Seite):

- Figur 1: Falten Sie den oberen Bereich des Papiers so oft, bis Sie die abgebildeten Linien als Knicke auf dem Papier erkennen.
- Figur 2: An den beiden Kanten der waagerechten Linie wird das Papier rechts und links nach vorne gezogen. Sie treffen sich dann in der Mitte entlang der senkrechten Linie.
- Figur 3 und 4: Diese Figur (die an ein Haus erinnert) wird senkrecht halbiert.
- Figur 5: Entlang der Linie mit Kreuzen wird ein Schnitt geführt.
- Figur 6: Ein schmaler Streifen bleibt.
- Figur 7: Die auseinandergefaltete Figur zeigt das Kreuz.

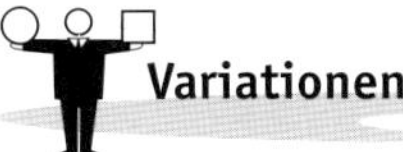

## Variationen

keine

## Kommentar

Diese Übung kann schnell eingesetzt werden.

## Auswertung/Überleitung

Das Spiel eignet sich als Überleitung zu Themen wie Kreativität, Komplexität, Lösungen, Kommunikation. Auswertungsfragen können sein:

- *„Kennen Sie überraschende neue Aufgabenstellungen auch aus Ihrem beruflichen Umfeld?"*
- *„Wie gehen Sie idealerweise an diese Herausforderung heran?"*
- *„Ist es hilfreich, Figuren auszuschneiden und/oder sich an anderen figürlichen Darstellungen zu orientieren?"*
- *„Ab wann war der Lösungsweg erfolgreich?"*
- *„Gab es Absprachen? Ist Führung beobachtet worden?"*
- *„Wie läuft die Abstimmung der Gruppe im ‚richtigen Leben'?"*
- *„Was (Kontext, Unterstützung, „Klima"...) benötigen Sie oder ist hilfreich, um solche Aufgabenstellungen effektiv zu lösen?"*

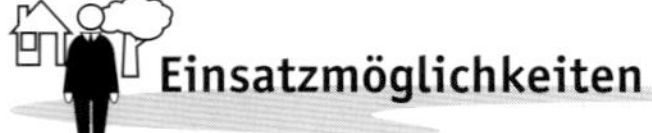

## Einsatzmöglichkeiten

Der Seminarleiter kann diese Übung einstreuen, wenn die Diskussion stockt oder sich die Teilnehmer schwer tun, im Kontext weiterzukommen. Kreuz-Schnitt passt natürlich auch, wenn die Themen Kreativität, Komplexität, Kommunikation oder Problemlösung besprochen werden.

## Querverweise

keine

## technische Hinweise

**Gruppierung** Von Plenum bis 2er-Gruppen ist alles möglich.

**Material**
- Flipchart
- DIN-A4-Papier
- Scheren

**Dauer** ca. 15 Minuten

**Vorbereitung** keine

# Oben, unten, rechts, links

von Helgo Bretschneider

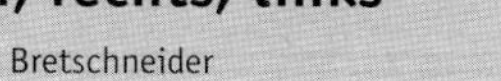

Bewegungen müssen trotz verwirrender Angaben richtig ausgeführt werden

## Ziel

Die Teilnehmer/innen werden ohne großen Aufwand in eine gute und wache Stimmung versetzt.

## Beschreibung

Ein Flipchart wird mit den vier Buchstaben O = oben, U = unten, L = links, R = rechts beschriftet (siehe Abb. nächste Seite).

Der Trainer erläutert den ersten Schritt: *„Ich zeige gleich auf einen der Buchstaben und Sie machen dazu bitte jeweils die passende Bewegung. Bei ‚O' zeigen Sie mit Ihrem Arm nach oben. Bei ‚L' zeigen Sie mit dem linken Arm nach links, bei ‚R' mit dem rechten nach rechts. Wichtig ist, dass Sie bei links bzw. rechts den jeweils richtigen Arm benutzen. Bei oben oder unten ist es egal, welchen Arm Sie benutzen."*

Die Durchführung des ersten Schritts gelingt den meisten Teilnehmern auf Anhieb. Vereinzelt wird mit dem falschen Arm (z. B. dem rechten Arm nach links) gezeigt. Hier kurz darauf aufmerksam machen und die Übung solange wiederholen, bis alle Teilnehmer diesen Schritt perfekt beherrschen. Das Ganze sollte recht zügig gehen. Zum Abschluss ganz schnell die Richtungen wechseln. Dies führt zu einer zusätzlichen Aufheiterung. Die Teilnehmer finden die Übung bis zu diesem Punkt sehr einfach und fühlen sich eher ein wenig unterfordert. Geben Sie ein Abschlusslob mit Augenzwinkern: *„Das klappt ja wirklich sehr gut."*

Der zweite Schritt wird eingeführt: *„Jetzt kommt eine kleine Erweiterung. Sie machen zunächst das Gleiche wie bisher. Zusätzlich sagen Sie laut, was Sie gerade zeigen. Wenn Sie beispielsweise nach oben zeigen, sagen Sie auch gleichzeitig das Wort ‚oben'."*

Die Durchführung des zweiten Schritts funktioniert im Normalfall fehlerlos. Die Stimmung ist locker und lustig. Die Teilnehmer bekommen eher ein Überlegenheitsgefühl, dass diese Übung für sie offensichtlich zu einfach ist. Abschlusslob mit Augenzwinkern: *„Sie sind ja wirklich sehr begabt, das merke ich schon den ganzen Tag."*

Eine weitere Steigerung bringt nun Schritt 3: *„Jetzt kommt noch eine kleine Erweiterung. Sie sagen weiterhin das, worauf ich zeige, Sie zeigen aber selbst das Gegenteil."*

An dieser Stelle kommt meist ein kleines Durcheinander auf. Die Teilnehmer murmeln, schauen sich um, machen fragende Gesichter oder fragen direkt, ob Sie die Anweisung nochmals wiederholen können. *„Gerne, wenn ich zum Beispiel den Stift an das ‚O' halte, sagen Sie ‚oben', zeigen aber gleichzeitig nach unten."*

Dies ist der unterhaltsamste Teil des Spiels. Persönlich habe ich noch nie erlebt, dass alle Teilnehmer die Übung sofort richtig machen. Eher entsteht ein kleines Chaos, weil die Arme in verschiedenste Richtungen gehen und auch die gesprochenen Richtungsangaben sehr unterschiedlich sind. Die größte Verwirrung ergibt sich erfahrungsgemäß, wenn man sofort mit dem Stift auf links zeigt!

Gegebenenfalls wiederholen Sie nach den ersten, nicht so erfolgreichen Versuchen nochmals die Anweisung. Möglicherweise funktioniert es nach einigen schnell wechselnden Ansagen besser, manchmal aber auch nicht! Auf jeden Fall gibt es viel zu lachen.

Eine Entlastung ist dann Schritt 4: *„Jetzt kommt die Auflösung. Offensichtlich sind unsere Gehirne doch etwas überfordert, beide Anweisungen, die sich ja nach den gelernten Zuordnungen widersprechen, gleichzeitig zu koordinieren. Deshalb versuchen Sie jetzt doch mal Folgendes: Sie machen die Dinge bewusst hintereinander. Also erst sagen Sie z. B. oben und dann, nach einer Pause, zeigen Sie nach unten. Das Interessante ist: Wenn Sie es bewusst hintereinander machen, ist die Pause kaum noch bemerkbar."*

Jetzt gelingt es den meisten Teilnehmern wieder, die Anweisung richtig zu befolgen. Die Übung endet nach einigen nicht zu schnellen Durchläufen, ohne detailliert über den Hintergrund und Sinn dieser Übung zu diskutieren.

Beispielhafte Abschlussbemerkung mit Augenzwinkern: *„Jetzt sind Sie wieder fit für die nächste Übung. Das können Sie ja auch mal im Büro machen, wenn Sie müde sind oder sich nicht gut konzentrieren können."*

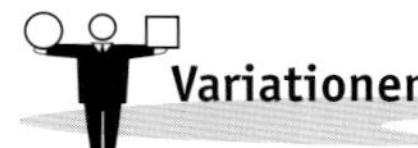

## Variationen

keine

## Kommentar

Das Format wird am besten angenommen, wenn dem Spiel vorher nicht zu hohe Bedeutung beigemessen wird. Eine gute Begründung ist z. B.: *„Wenn ich das richtig sehe, sind Sie im Moment etwas schlapp, ich mache Sie jetzt mal wieder fit."*

Einigen Mitspielern gelingt es bis zum Schluss nicht, die Übung richtig auszuführen. Achtung: Hier darf kein peinliches Gefühl zurückbleiben! Gegebenenfalls bringen Sie eine versöhnende Erklärung: *„Unser Gehirn ist so konditioniert, dass zu den angesagten Richtungen auch die gelernte Handbewegung automatisch durchgeführt wird. Das ist ganz normal."*

## Auswertung/Überleitung

Der Übergang ist fließend. Es braucht keine Auswertung des Spiels. Danach kann eine Seminareinheit (Theorie, inhaltliche Übung etc.) folgen, die mehr Konzentration erfordert.

## Einsatzmöglichkeiten

Während eines Seminartages, wenn bereits eine vertrauensvolle Lernatmosphäre vorhanden ist, die Teilnehmer müde oder angestrengt wirken, eine Pause jedoch vom Zeitablauf nicht sinnvoll ist. Typisch: Das „Verdauungskoma" nach dem Mittagessen. Das Spiel lässt sich in solchen Situationen jederzeit (nach Bedarf) und mit kleinem Zeitbudget durchführen.

## Querverweise

keine

## technische Hinweise

| | |
|---|---|
| **Gruppierung** | ganze Gruppe |
| **Material** | Flipchart und Stift |
| **Dauer** | ca. 5 Minuten |
| **Vorbereitung** | keine |

# Rätselhafte Dreiecke

von Armin Rohm

Zwei theoretisch identische Figuren unterscheiden sich auf merkwürdige Weise

## Ziel

- Wahrnehmungs- und Beurteilungsfehler demonstrieren
- analytisches Denken trainieren
- sensibilisieren für die „unerwünschten Nebenwirkungen" von Veränderungen

## Beschreibung

Der Trainer legt eine Folie auf (siehe Abb. nächste Seite) und erklärt die Aufgabe: *„Auf dem Bild sehen Sie zwei Figuren (Dreiecke), die sich jeweils aus vier Einzelteilen zusammensetzen. Die verwendeten Einzelteile sind in beiden Dreiecken absolut identisch. Die Teile wurden lediglich neu geordnet. Wie also kommt das Loch in die untere Figur?"*

Die Teilnehmer bilden Kleingruppen und versuchen, das Rätsel zu lösen. Hat eine Gruppe die richtige Erklärung gefunden, beendet der Trainer die Gruppenarbeit und die erfolgreiche Gruppe erläutert die Lösung im Plenum:

*„Die beiden Dreiecke in der Figur sind sich nur scheinbar ähnlich, denn sie haben eine unterschiedliche Neigung:*

- *Die Neigung des Dreiecks oben rechts in der oberen Figur berechnet sich: 2/5 = 0,400*
- *Die Neigung des Dreiecks links in der oberen Figur berechnet sich: 3/8 = 0,375*
- *Die Neigung des Dreiecks als Gesamtfigur berechnet sich: 5/13 = 0,385*

*Die Neigungen sind zwar ähnlich, aber eben nicht identisch. Tatsächlich sind die beiden Gesamtfiguren gar keine echten Dreiecke, sondern – für das Auge kaum erkennbare – Vierecke.*

- *Bei der oberen Figur täuscht der dicke (leicht konkave) Strich der Hypotenuse darüber hinweg, dass sich am Übergang der beiden Dreiecke eigentlich eine weitere Ecke befindet.*
- *Bei der unteren Figur täuscht der dicke (leicht konvexe) Strich der Hypotenuse ebenfalls darüber hinweg, dass sich am Übergang der beiden Dreiecke eigentlich eine weitere Ecke befindet.*

*Würde man den Punkt oben rechts und den Punkt unten links jeweils mit einer dünnen Linie verbinden, so ergibt sich in der oberen Figur ein leichter Hohlraum zwischen den beiden Dreiecken und der Linie.*
*Würde man das auch mit der unteren Figur machen, so würde die Linie einen kleinen Teil der Inhalte der beiden Dreiecke abschneiden. Dieser Unterschied macht in der Summe genau den Inhalt eines Kästchens aus!"*

## Variationen

Die Übung kann als Einzelarbeit oder mit allen Teilnehmern gemeinsam im Plenum durchgeführt werden.

## Kommentar

Vor der Einteilung der Gruppen sollte der Trainer klären, ob jemand die Übung und deren Lösung bereits kennt. Falls ja, wird der Person (oder den Personen) die Rolle des Beobachters zugewiesen. Sie beobachtet die Strategien und Verhaltensweisen in den Gruppen und gibt anschließend Feedback (Was war hilfreich? Was hat die Lösung eher behindert?).

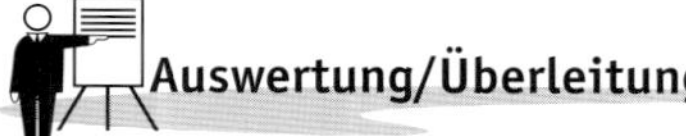

## Auswertung/Überleitung

Ein Bezug zum Thema des Trainings/Workshops kann hergestellt werden. Geht es z. B. gerade um die Reorganisation eines Unternehmens könnte der Trainer fragen:

- *„Was können Sie aus dieser Übung für die bevorstehende Neuordnung Ihres Unternehmens lernen?"*
- *„Welche Gefahren und Fallstricke sollten Sie im Blick behalten?"*
- *„Welche Fähigkeiten brauchen Sie, um das Vorhaben zum Erfolg zu führen?"*

## Einsatzmöglichkeiten

- Problemlösung
- als Metapher für die Tücken von Veränderungsprozessen (Die Teile eines Systems lassen sich oftmals nicht einfach neu ordnen. Das Ergebnis ist nicht selten ein lückenhaftes oder beschädigtes System.)
- zur geistigen Aktivierung nach einer Pause
- in Trainings und Change-Workshops

## Querverweise

Gefunden im Internet, z. B. unter:
http://www.mathekiste.de/neuv3/nocheinprob.htm

## technische Hinweise

| | |
|---|---|
| **Gruppierung** | beliebig |
| **Material** | Folie und/oder Arbeitsblatt |
| **Dauer** | 15 Minuten |
| **Vorbereitung** | Arbeitsblatt und/oder Folie erstellen |

# Sit 'n' Move

von Christian Hohlweck

Ein Ball wandert staffelartig über ausgestreckte Arme und Beine

## Ziel

- aktivieren
- Atmosphäre lockern
- Spaß, Lachen

## Beschreibung

Der Trainer kündigt eine kurze Aktivierung im Sitzen an. Bevor er die Regeln erklärt, wird zunächst die erforderliche Sitzordnung hergestellt: Eine Gruppe von mindestens 10 bis ca. 30 Personen wird in zwei gleich große Gruppen eingeteilt, die sich in zwei Stuhlreihen mit zugewandten Gesichtern gegenübersitzen. Die beiden Teamreihen müssen soweit auseinander sitzen, dass bei ausgestreckten Beinen aller Mitspieler immer noch eine Gasse von 1–2 Metern zwischen den Gruppen frei bleibt. (Am schnellsten lässt sich diese Ausgangsposition aus einem Stuhlkreis herstellen, indem man den Stuhlkreis einfach in der Mitte teilt und sich beide Teilnehmerhälften in je eine Reihe gegenübersetzen.)

Nun erklärt der Trainer, wie die Ballstafette funktioniert: Zunächst muss der Ball vom Ersten bis zum Letzten in der Reihe auf den ausgestreckten Unterarmen transportiert bzw. balanciert weitergegeben werden. Die Haltung ist hier ähnlich wie das „Baggern" beim Volleyball – man kann mit den Händen also nicht mehr greifen. Der Ball darf weder eingeklemmt werden, noch dürfen sich die Hände voneinander lösen.

Beim Rückweg muss der Ball vom letzten Spieler zum ersten zurückgegeben werden. Dazu muss er den Ball zunächst einmal von den gestreckten Armen auf seine gestreckten Beine rollen lassen. Hierbei helfen in der Regel die angezogenen Fußspitzen – so rollt der Ball nicht herunter. Dann wandert der Ball über die ausgestreckten Beine der Mitspieler zurück zum Ausgangsspieler der Staffel. Dabei darf der Ball nicht zwischen den Beinen eingeklemmt und auch nicht von Armen oder Händen berührt werden. Wer große Schwierigkeiten hat, die Beine nach vorne zu strecken, darf seine Beine allerdings von unten mit den Armen etwas stützen.

Verliert eine Mannschaft den Ball, klemmt ein Spieler den Ball mit Armen oder Beinen ein oder nimmt die Hände zuhilfe – egal an welcher Stelle –, muss das Team wieder von vorne anfangen. Das passiert durchaus mehrmals – und genau das macht den Spaß an der Sache aus!

Es gewinnt die Mannschaft, der es als erste gelingt, den Ball einmal fehlerfrei durchlaufen zu lassen.

Zum Start des Spiels legt der Trainer die beiden Bälle jeweils gleichzeitig auf die ausgestreckten Unterarme des ersten Spielers. Genauso legt er den Ball beim Neustart nach Fehlern auch bei einzelnen Gruppen auf.

Für den Trainer kann es hilfreich sein, zwei Schiedsrichter zu bestimmen oder jedes Team einen Schiedsrichter wählen zu lassen. Die Schiedsrichter achten auf die korrekte Ballweitergabe und holen heruntergefallene Bälle herbei, die der Trainer dann wieder auflegen kann.

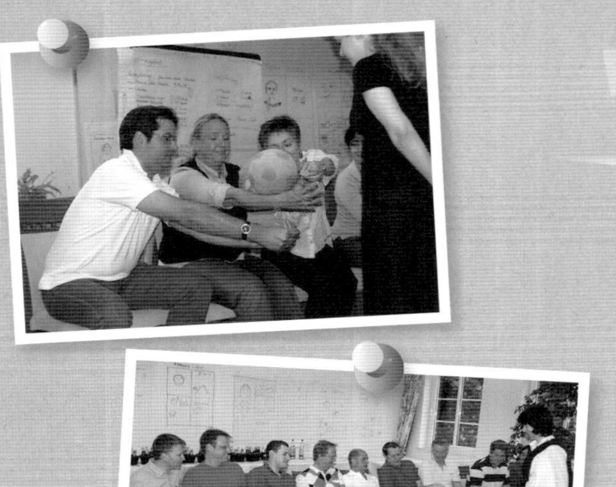

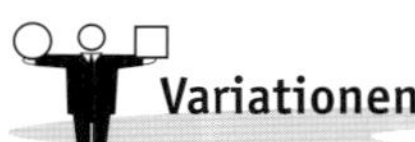

## Variationen

- Im bestehenden Stuhlkreis spielen – was sich leichter anhört, die Ballweitergabe aber eher erschwert.
- Die Anzahl der Durchläufe kann erhöht werden – die Teams bekommen dadurch Gelegenheit zur Optimierung.
- Es können pro Team auch zwei Bälle nacheinander weitergegeben werden.
- Es können Durchläufe mit unterschiedlich großen und schweren Bällen gemacht werden.

## Kommentar

- Das Spiel ist schnell erklärt, führt immer zu Spaß und Aktivierung.
- Vor dem Wettbewerb mache ich immer einen Testdurchlauf.
- Wechsel der Spieler innerhalb eines Teams lasse ich zu.

## Auswertung/Überleitung

Eine direkte Auswertung wäre eher kontraproduktiv. Spätere Rückbezüge, Pointen oder Hinweise in Richtung auf „Arbeitsorganisation", „Teamarbeit", „Umgang mit Regeln" etc. könnten sich aber anbieten.

## Einsatzmöglichkeiten

vielfältig – zur Auflockerung in Seminaren und Workshops

## Querverweise

Kennengelernt vor rund zehn Jahren bei einem geschätzten Kollegen: Jürgen Schumacher.

## technische Hinweise

**Gruppierung** zwei Gruppen von 5 bis zu 20 Personen
**Material** zwei mittelgroße Bälle (aus Stoff oder Schaumgummi, auch Fuß-, Volley-, Basketbälle)
**Dauer** 10 Minuten
**Vorbereitung** Bälle besorgen

# Verflixter Groschen

von Johannes Sauer

Die Suche nach einem Geldstück verdeutlicht, wie unsere Wahrnehmungsfilter arbeiten

## Ziel

- Blickwinkel verändern
- aktive Auseinandersetzung mit dem Thema Wahrnehmung
- Auflockerung der Gruppe

## Beschreibung

Der Trainer führt in das Thema ein: *„Für diese Übung habe ich vor Beginn des Seminars irgendwo in diesem Raum ein Geldstück gut sichtbar hingelegt. Um dieses Geldstück sehen zu können, müssen Sie weder etwas anfassen oder hochheben noch irgendwo drunter kriechen. Es ist von mir an einer gut sichtbaren Stelle platziert worden. Ich bitte Sie, nun aufzustehen und sich auf die Suche zu begeben.*

*Wer das Geldstück gefunden hat, lässt es dort liegen und setzt sich wieder hin. Bitte geben Sie den Personen, die das Geldstück noch nicht gesehen haben, keine Tipps, sondern nutzen Sie die Zeit und beobachten Sie die Suchenden."*

Die Auflösung: Während der Übung hat der Trainer die Arme lässig hinter dem Rücken verschränkt. Die Handinnenflächen sind geöffnet und darauf liegt das Geldstück (siehe Abb. nächste Seite). Dabei sollte sich der Trainer auch im Raum bewegen und verschiedene Dinge anschauen.

Das Verblüffende ist, dass viele Personen, selbst wenn sie hinter dem Trainer stehen und auf seine Hände starren, das Geldstück nicht wahrnehmen. Innerlich gehen sie von einem festen Ort im Raum aus.

Die Übung wird beendet, sobald die meisten sitzen – so wird auch vermieden, dass die letzten sich vorgeführt vorkommen.

## Variationen

Ein anderer Gegenstand wird verwendet (z. B. Schlüssel als Metapher für Schlüsselerlebnis etc.).

## Kommentar

Ich empfehle, hin und wieder grundsätzliche Tipps zu geben:

- *„Das Geldstück befindet sich nicht auf dem Boden!"*
- *„Das Geldstück ist in diesem Teil des Raums."* (d. h.: Ich halte mich nach diesem Hinweis auch nur noch in dieser Raumhälfte auf!)
- *„Das Geldstück befindet sich nicht oberhalb der Augenhöhe!"*

## Auswertung/Überleitung

Diese kurze Übung veranschaulicht sehr deutlich, wie unsere Wahrnehmungsfilter uns einschränken. Mögliche Auswertungsfragen können sein:

- *„Wie sind Sie in die Aufgabe gestartet?"*
- *„Was haben Sie erwartet, wo das Geldstück liegt?"*
- *„Welche Aufgabe hatte ich als Trainer genau gestellt?"*
- *„Was haben die Personen empfunden, als ein Großteil der Teilnehmer schon saß – man selbst aber immer noch nicht wusste, wo das Geldstück liegt."*
- *„Was haben die Personen beobachtet, die wussten, wo das Geldstück liegt?"*

Nach der Auflösung und Auswertung kann man eine zweite Übung anbieten, die das Thema Wahrnehmungsfilter vertieft: *„Bewegen Sie sich im Raum und achten Sie einmal bewusst auf alles, was in diesem Raum rot ist (oder blau, grün etc.)."* Oder: *„..., wo überall Linien vorkommen. – Sie werden überrascht sein!"*

## Einsatzmöglichkeiten

geeignet als Metapher zu allen Inhalten, die das Prinzip der selektiven Wahrnehmung thematisieren – oder auch nur zur Teilnehmeraktivierung und Auflockerung

## Querverweise

Ein altes Kinderspiel stand Pate – bei Erwachsenen funktioniert es verblüffenderweise genauso.

## technische Hinweise

**Gruppierung** beliebig

**Material** eine Euro-Münze

**Dauer** 3–5 Minuten

**Vorbereitung** Geldstück unauffällig griffbereit halten

# Vokalfrei

von Miriam Breitsameter

Begriffe zum Thema werden auf ihre Konsonanten reduziert und erraten

## Ziel

- Wiederholung von Fachbegriffen
- Auflockerung

## Beschreibung

Die Gruppe wird in zwei oder drei Teams aufgeteilt. Die Seminarleitung hat Fachbergriffe vorbereitet und ohne Vokale auf Moderationskarten notiert (siehe Abb. nächste Seite).

- Beispiel: **Seminar zur Moderation**

VSLSRNG = Visualisierung
THNTZTT = Authentizität
MDN = Medien

- Beispiel: **Auflockerung nach der Pause**

SPSS = Speiseeis
BRG = Aubergine
TDB = Autodieb

Diese Karten werden von der Spielleitung nach und nach aufgehängt. Sobald eine Karte hängt, dürfen alle die mögliche Lösung laut rufen. Das Team, das den Begriff zuerst genannt hat, erhält die Karte als „Punkt“.

„Harte Nüsse“ werden an einer Ecke der Pinnwand gesammelt und zum Schluss nochmals durchgesehen.

## Variationen

Jedes Team notiert 5–7 Worte ohne Vokale auf Moderationskarten unterschiedlicher Farbe. Dann wird geraten:

- Blaue Karte: Team Rot und Grün raten.
- Rote Karte: Team Blau und Grün raten.
- Grüne Karte: Team Rot und Blau raten.

## Kommentar

Eine anregende und spannende Wortspielerei zur Auflockerung. Ein zweiter Durchgang wird in der Regel schwieriger und damit interessanter.

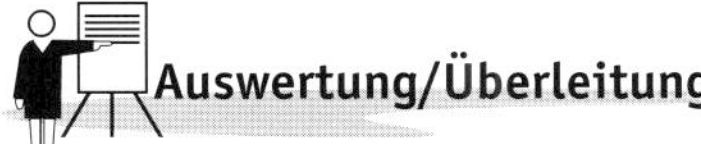

## Auswertung/Überleitung

Nicht erforderlich; gegebenenfalls können Begriffe gewählt werden, die sich als Einstieg in den nächsten Themenabschnitt eignen.

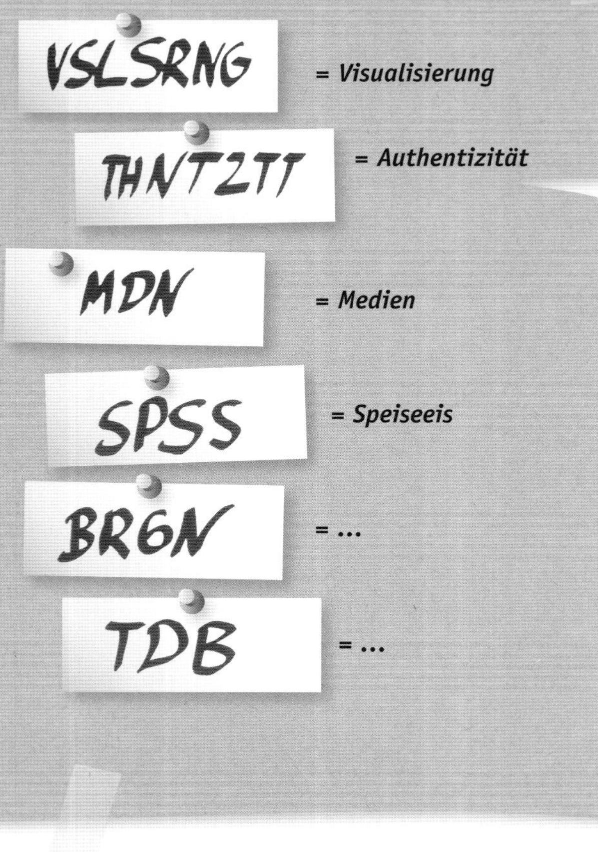


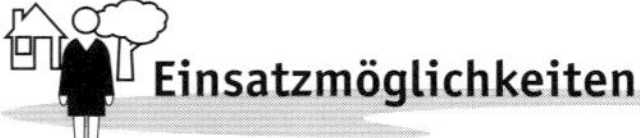

## Einsatzmöglichkeiten

- nach der Pause
- am Ende des Seminartages
- Wiederholung von Fach- oder Schlüsselbegriffen
- als Einstieg in ein Follow-up-Seminar

## Querverweise

keine

## technische Hinweise

**Gruppierung** in Teams

**Material**
- Moderationskarten
- Faserschreiber
- Pinnwand

**Dauer** 5–15 Minuten

**Vorbereitung** Begriffe ausdenken und Konsonanten auf Moderationskarten schreiben

# Wecker fürs Gehirn

von Monika Kalnins

Durch einfache Bewegungs- und Akupressurübungen das Lernen fördern

## Ziel

- „einen klaren Kopf bekommen"
- Konzentrationsförderung
- Aktivierung durch Bewegung
- Auflockerung

## Beschreibung

Die Teilnehmenden benötigen ausreichend Platz, um Arme und Beine frei bewegen zu können, und stehen in folgender Grundstellung:

- Füße hüftbreit auseinander stellen,
- Knie leicht beugen,
- Becken leicht nach vorn schieben,
- Oberkörper über das Brustbein aufrichten.

Nun werden folgende Übungen nacheinander durchgeführt:

- Während die linke Hand den Bauchnabel reibt, streichen der Zeige- und Mittelfinger der rechten Hand an den Lippen entlang und man schaut mit den Augen – ohne den Kopf zu bewegen – nach oben und unten.
- Abwechselnd tippt die linke Hand das rechte Knie und die rechte Hand das linke Knie an. Das Bein wird dabei angehoben.
- Während die linke Hand den Bauchnabel reibt, reiben der Zeige- und Mittelfinger der rechten Hand unter dem Schlüsselbein abwechselnd links und rechts neben dem Brustbein. Die Augen schauen dabei, ohne den Kopf mit zu bewegen, nach rechts und links.
- Abwechselnd tippt die linke Hand mitten auf den rechten Fuß und die rechte Hand mitten auf den linken Fuß. Das Bein wird dabei angehoben.
- Während die linke Hand den Bauchnabel reibt, reibt die rechte Hand hinter dem linken Ohr; nach ca. 20 Sekunden wechselt die rechte Hand zum Bauchnabel und die linke Hand zum rechten Ohr.
- Die linke Hand wird hinter dem Körper zum rechten Fuß (Hacke) geführt, die rechte Hand zum linken Fuß. Fuß und Hand treffen sich hinter dem Körper.
- Mit Daumen und Zeigefinger beider Hände werden die Ohren sanft nach hinten gezogen, um sie auseinanderzufalten. Danach beginnt man ganz oben und gleitet mit einer sanften Massage die Rundung abwärts bis zum Ohrläppchen. (Dreimal wiederholen)
- Der rechte Arm macht eine halbe Kreisbewegung vor dem Körper. Das linke Bein macht gleichzeitig auch eine halbe Kreisbewegung. Dabei wird gehüpft. Anschließend wird das gleiche mit den anderen Seiten wiederholt.
- Mit der linken Hand (Daumen nach oben) wird vor dem Gesichtsfeld eine liegende Acht gezogen. Dabei ist zu beachten, dass die Acht genau auf der Mittelinie des Körpers (ca. in Nasenhöhe) das Kreuz hat. Angefangen wird am Kreuz. Mit einer nach oben gerichteten Bewegung wird die Hand gegen den Uhrzeigersinn zur linken Seite im

Kreis bewegt. Im Mittelkreuz angelangt, fährt die Hand aufwärts zur rechten Seite im Kreis und zum Mittelkreuz zurück. Die Augen folgen der Hand, ohne den Kopf zu bewegen. (Dreimal wiederholen)

- Alles noch einmal wiederholen (wo möglich, mit jeweils einer gewechselten Handzuordnung).
- Zum Schluss laut ausatmen.

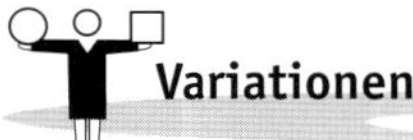

## Variationen

Die Übung kann gekürzt werden, indem Sie einzelne Übungsteile aussparen. Sie sollten bei der Aussparung dann jeweils immer eine Akupressur- und eine Bewegungsübung herausnehmen. Achtung: Die aktivierende Wirkung entfaltet sich bei zu starker Kürzung jedoch nicht optimal.

## Kommentar

Sie sollten darauf achten, dass das gleichmäßige Atmen während der Übung nicht vergessen wird (ggf. vor und/oder während der Übung darauf hinweisen).

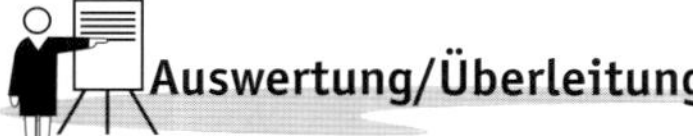

## Auswertung/Überleitung

Je nach Seminar-/Trainings-/Workshop-Thema kann eine kurze Rückmeldung/Reflexion zur Übung von den Teilnehmenden eingeholt werden (Zum Beispiel: *„Wie war die Übung? Welche Wirkung hat die Übung?“*).

Es kann auch als Bemerkung ausreichend sein, dass das Gehirn für die anstehende Arbeitsphase gut vorbereitet wurde und jetzt der Einstieg in das Thema erfolgt.

## Einsatzmöglichkeiten

- in jeder Art von Seminar/Workshop
- nach Pausen als Einstieg in die nächste Arbeitsphase

## Querverweise

Die Einzelübungen haben ihren Ursprung in der Kinesiologie und Edu-Kinesthetik. Weitere Übungen sind unter diesen Stichworten in der Literatur zu finden.

## technische Hinweise

**Gruppierung** beliebig

**Material** keines

**Dauer** ca. 10 Minuten

**Vorbereitung** keine

# Trainerverzeichnis

## der Autorinnen und Autoren

| | | |
|---|---|---|
| **B** | Ulrich Balde | Seite 251 |
| | Martina Blotzki | Seite 251 |
| | Gabriele Braemer | Seite 251 |
| | Miriam Breitsameter (Potratz) | Seite 252 |
| | Helgo Bretschneider | Seite 252 |
| | Hinnerick Broeskamp | Seite 252 |
| | Dr. Tobias Büser | Seite 253 |
| **D** | Thomas Dorsheimer | Seite 253 |
| | Dr. Dorothea Driever-Fehl | Seite 253 |
| **E** | Thomas Eckardt | Seite 254 |
| | Matthias Eisenhuth | Seite 254 |
| | Susanne-Christina Enders | Seite 254 |
| **F** | Adelheid Frost | Seite 255 |
| | Amelie Funcke | Seite 255 |
| | Irmengard Funken | Seite 255 |
| **G** | Karin Glattes | Seite 256 |
| | Harald Groß | Seite 256 |
| | Stefanie Große Boes (Hecker) | Seite 256 |
| **H** | Donald Harbich | Seite 257 |
| | Gesa Heiten | Seite 257 |
| | Rainer Herlt | Seite 257 |
| | Sabine Heß | Seite 258 |
| | Angelika Höcker | Seite 258 |
| | Bernd Höcker | Seite 258 |
| | Ingrid Hödl | Seite 259 |
| | Christian Hohlweck | Seite 259 |
| **J** | Anja Juhr | Seite 259 |
| **K** | Monika Kalnins | Seite 260 |
| | Guenter Kamb | Seite 260 |
| | Bernhard Kaschek | Seite 260 |
| | Zamyat M. Klein | Seite 261 |
| | Ursula Kraemer | Seite 261 |
| | Sabine Kranz-Thien | Seite 261 |
| **L** | Tobias Linke | Seite 262 |
| | Michael Luther | Seite 262 |
| **M** | Michèle Minelli | Seite 262 |
| | Gabriele M. Murry | Seite 263 |
| **N** | Martin Niederhauser | Seite 263 |
| | Ulrich Nijhuis | Seite 263 |
| **P** | Dietmar Prudix | Seite 264 |
| | Verena Pung | Seite 264 |
| **R** | Dr. Hans-Heinrich Reinhardt | Seite 264 |
| | Silke Riesner | Seite 265 |
| | Armin Rohm | Seite 265 |
| **S** | Johannes Sauer | Seite 265 |
| | Barbara Schäfer-Ernst | Seite 266 |
| | Bernd Scherer | Seite 266 |
| | Eric Scherer | Seite 266 |
| | Gert Schilling | Seite 267 |
| | Rudolf A. Schnappauf | Seite 267 |
| | Anette Schöberl | Seite 267 |
| | Eva-Maria Schumacher | Seite 268 |
| | Claudia Simmerl | Seite 268 |
| | Werner Simmerl | Seite 268 |
| | Dr. Eva Sladek | Seite 269 |
| | Prof. Dr. Carsten Steinert | Seite 269 |
| **T** | Svetla Todorova | Seite 269 |
| | Dr. Cornelia Topf | Seite 270 |
| **V** | Dr. Andreas Väth | Seite 270 |
| **W** | Thorsten Wolf | Seite 270 |
| **Z** | Erich Ziegler | Seite 271 |
| | Matthias Zurfluh | Seite 271 |

**Ulrich Balde**

Diplom-Betriebswirt (FH), zert. Coach (ECA) und Mastertrainer für das persolog® Persönlichkeits-Modell, Jahrgang 1963, seit 1994 Trainer, Berater, Coach, seit 2005 geschäftsführender Gesellschafter der DART Consulting GmbH. Ausbildungen in suggestopädischem Lernen, systemischer Teamentwicklung, Moderation, integrativem Coaching, smart change® und Organisationsentwicklung. Fortbildungen insbesondere in Führung, Spielpädagogik und Selbstführung. Mitglied im BDVT, GABAL und Fördermitglied der Wirtschaftsjunioren Deutschland. Ulrich Balde ist heute

- Berater und Coach von Inhabern, Führungskräften, Teams und Schlüsselmitarbeitern
- Trainer mit Schwerpunkt Führung, Persönlichkeits- und Teamentwicklung
- Berater und Moderator in der Organisationsentwicklung nach dem Trigon-Ansatz

DART Consulting GmbH
Ulrich Balde
Bürgermeister-Horlacher-Str. 60
D-67067 Ludwigshafen
Tel.: 0621 511202
Balde@DART-Consulting.de
www.DART-Consulting.de

**Martina Blotzki**

- Jahrgang 1964, eine Tochter
- Training, Coaching, Moderation, Changemanagement bei der Lufthansa AG
- Freiberufliche Trainerin und Coach in den Bereichen Personal- und Führungskräfteentwicklung, Teamentwicklung, Changemanagement und systemische Organisationsentwicklung

Martina Blotzki
Bäckerzeile 3c
D-83512 Wasserburg am Inn
Tel.: 08071 5976967
martina.blotzki@onlinehome.de

**Gabriele Braemer**

Zertifizierte Coach (ECA) und Mastertrainerin für das persolog® Persönlichkeitsmodell, Jahrgang 1956. Seit 1996 Trainerin, Beraterin und Coach, seit 2000 Inhaberin der Beratungsfirma clear entrance®. War lange in der Luftfahrt als Ausbildern von Bordpersonal und Leiterin multikultureller Crews tätig. Ausbildungen in Unternehmenstheater, Organisationsaufstellung, systemischer Organisationsberatung, provokativer Systemarbeit, Gruppendynamik.

- Beratung in Organisationsentwicklung und Changemanagement
- Training und Moderation multikulturelle Führungskräfte- und Teamentwicklung
- Aus- und Weiterbildungen für Trainer und Coachs (kreative Ansätze und szenische Interventionen).

CLEAR ENTRANCE®
Gabriele Braemer
Apothekergang 34
D-22395 Hamburg
Tel.: 040 66904950
contact@clear-entrance.com
www.clear-entrance.com

**Miriam Potratz (geb. Breitsameter)**

Trainerin und Coach für interaktiv und individuell gestaltete Seminare und Workshops. Lerninhalte werden erlebbar und dadurch nachvollziehbar gestaltet, eine hohe Praxisorientierung ermöglicht den Transfer an den Arbeitsplatz. Authentisch, analytisch, wertschätzend, begeisternd. Nach dem Studium der Germanistik und Pädagogik Weiterbildung zur Kommunikationstrainerin und Coach, TMS-Akkreditierung (Team Management System nach Margerison-Mc Cann).

interaktiv training
Miriam Potratz
Köhlershohner Str. 43
53578 Windhagen
Tel.: 02645 971338
Mobil: 0151-40104553
kontakt@interaktiv-training.de

---

**Helgo Bretschneider**

Dipl.-Finanzwirt und Dipl.-Kaufmann. NLP-Trainer (DVNLP) sowie lizenzierter Trainer für Mega Memory, Effizientes Lesen und Biolance-Persönlichkeitsprofil, Lerncoach(NLpaed). Arbeitsschwerpunkte:

- Image IQ: Überzeugend auftreten, „limbisch" wirkungsvoll präsentieren
- Mega Memory: Informationen filtern, strukturieren, spielend leicht merken
- Effizientes Lesen: Textinhalte schneller erfassen und sicher wiedergeben

Impuls-Seminare
Helgo Bretschneider
Selhofer Str. 6a
D-53604 Bad Honnef
Tel.: 02224 986798
Helgo.bretschneider@
impuls-seminare.de
www.impuls-seminare.de

---

**Hinnerick Broeskamp**

begleitet und unterstützt Menschen und Organisationen in Veränderungsprozessen mit kreativ-experimentell, ressourcen- und erlebnisorientierten Verfahren. „intune-performance" steht dabei für intuitives, kommunikatives, zielorientiertes und verantwortlich stimmiges Handeln.

- Schon in früher Kindheit kreativ aktiv in der väterlichen Schmiede.
- Studium (Pädagogik/Psychologie/Soziologie/Musik/Wissenschaftlicher Assistent)
- vier Jahre Leiter des „jungen forum/Ruhrfestspiele". Theater- und Eventmanagement
- 20 Jahre Autor, Regisseur, Musik- und Filmproduzent. Gesellschafter der DE CAMPO FILM
- Ausgezeichnet mit dem „Oskar des Industriefilms", dem „First Place-Gold Camera Award"
- Neugier, Kreativität und Lust auf Neues blieben. Wechsel zur Tätigkeit als Trainer und systemischer Coach mit Fokus auf Bewegungs-, Klang-, Theater- und Aufstellungsarbeit.

INTUNE-PERFORMANCE
STIMMIG HANDELN
Hinnerick Broeskamp
Mauenheimer Str. 50
D-50733 Köln
Tel.: 0221 9775715
Fax: 0221 9775716
info@intune-performance.de
www.intune-performance.de

**Dr. Tobias Büser**

Dr. Tobias Büser, Dipl. Kfm., Dipl. Hdl., mannigfaltige Weiterbildungen, Berater, Trainer, Coach, seit 1992 in Erwachsenenbildung/Training tätig, langjährige Erfahrung als Geschäftsführer. Seit 2011 Inhaber der Dr. Büser Management Akademie, spezialisiert auf nachhaltige Entwicklungsprogramme für Schlüsselpersonen in Unternehmen wie Führungskräfte, Projektmanager, Vertriebsmannschaften und Fachspezialisten. Zudem umfassende Praxis-Begleitung und Steuerung von hochklassigen Beraterteams bei Veränderungen in Unternehmen wie Restrukturierungen, Entwicklung neuer Geschäftsfelder und Post-Merger-Integration. Trainings/Workshops werden kombiniert mit Beratung direkt in der Praxis durch Coachings, Training on the Job sowie Team- und Prozessentwicklung vor Ort. Didaktisch orientieren sich die Entwicklungsmaßnahmen bzw. Trainings an hirngerechtem Lernen.

Dr. Büser
Management Akademie
Marktstr. 10
D-65183 Wiesbaden
Tel.: 0611 34171971
Tobias.Bueser@
bueser-akademie.de
www.bueser-akademie.de

---

**Thomas Dorsheimer**

- Dipl.-Ing.; Dipl.-Wirtschaftsingenieur
- Langjährige Führungserfahrung in High-Tech-Unternehmen im Bereich Sales- und Business-Development
- Branchenerfahrung: Informationstechnologie, Automobilindustrie, Pharma, Banken und Versicherungen, Internet und E-Commerce
- Schwerpunkt: Entwicklung und Einführung von neuen prozess- und umsetzungsorientierten Methoden zur Wissensvermittlung und Kommunikationsverbesserung im Unternehmen

bicini
Thomas Dorsheimer
Speicherseering 6
D-85464 Neufinsing
Tel.: 08121 429743
t.dorsheimer@bicini.de
www.bicini.de

---

**Dr. Dorothea Driever-Fehl**

- „Professional in Business Communication" (zertifiziert v. Michael Grinder) mit Schwerpunkt Körpersprache und nonverbale Kommunikation; zahlreiche weitere Aus- und Fortbildungen
- seit 35 Jahren im Trainingsgeschäft
- bietet Kommunikationstrainings und Coaching zu Gesprächsführung und Präsentation
- Spezialthema: Selbstbewusstsein und Stärke zeigen für Frauen
- alle Trainings auch in englischer Sprache

pluskommunikation
Dr. Dorothea Driever-Fehl
Schweinheimer Str. 36
D-51067 Köln
Tel.: 0221 9690814
info@pluskommunikation.de
www.pluskommunikation.de

**Thomas Eckardt**

Jahrgang 1959, studierte an der Universität in Gießen Wirtschaftswissenschaften und Psychologie. Er verfügt über langjährige Erfahrungen im Bereich Training, Beratung & Coaching für namhafte Unternehmen und ist seit 1989 Leiter des Trainingsinstituts Eckardt & Koop.-Partner in Lahnau. Eckardt hat sich darauf spezialisiert, Veränderungsprozesse zu initiieren und Führungskräften das Know-how moderner Führungstätigkeit zu vermitteln.

Eckardt & Koop.-Partner
Dipl.-Psych. Thomas Eckardt
Bettengraben 9
D-35633 Lahnau
Tel.: 06441 96074
Fax: 06441 96075
info@eckardt-online.de
www.eckardt-training.de

---

**Matthias Eisenhuth**

Matthias Eisenhuth ist seit 1999 als freiberuflicher Trainer und Coach für die Bereiche Mitarbeiterführung, Vertrieb, Prozessberatung sowie Persönlichkeitsentwicklung- und Selbstmanagement tätig. Seine Zielgruppen sind in erster Linie Fach- und Führungsverantwortliche von Automobilherstellern, -händlern und -zulieferern.

Eisenhuth-Training
Matthias Eisenhuth
Im Klapperhof 7-26
D-50667 Köln
Tel.: 0221 3469809
Mobil: 0177 5273158
matthias.eisenhuth@email.de
www.eisenhuth-training.de

---

**Susanne-Christina Enders**

BDVT-geprüfte Trainerin, Flextrain-geprüfte Business-Trainerin, CompTIA CTT+ zertifiziert, KTC Trainer, zertifizierter Trainer „Legendary Service“ Ken Blanchard, Certified Live-Online-Trainer, zertifizierte Trainerin für Stressbewältigung (IEK). Member of the Global Training Team. Schwerpunkte: Neukundenakquisition, Telefontraining, Bedarfsermittlung, Präsentationstraining, Stressbewältigung. Mehr als 15 Jahre Vertriebserfahrung als Gebietsverkaufsleiterin und Key-Account-Managerin bei American Express, Lufthansa AirPlus und Ricoh Deutschland GmbH; Vertriebstrainerin seit 2006. Interessen: ganzheitliches Training, Training und Entwicklung von umsetzbaren, neuen Verkaufstechniken.

Ricoh Deutschland
Susanne-Christina Enders
Vahrenwalderstr. 315
D-30179 Hannover
Mobil: 0151 14277160
Susanne-Christina.Enders@
ricoh.de
www.ricoh.de

**Adelheid Frost**

selbstständige, freiberufliche Trainerin seit 1990 in Industrie, Mittelstandsunternehmen, Kammern, Verbänden, Handel und Dienstleistung mit Schwerpunkt auf den Themen Büro-Kommunikation und Büro-Organisation. Praxiserfahrung:

- Trainerausbildung, NLP, TZI, TA
- acht Jahre Assistenz Leitung Rechenzentrum debis Systemhaus
- zwei Jahre Leitung Textverarbeitungsbüro, Dipl.-Sekretärin
- acht Jahre Vertriebsassistenz BMW, Bürokauffrau
- vier Jahre Jugendpädagogik, Sozialarbeit

Adelheid Frost
Seminare f. Bürokommunikation
Walter-Eucken-Str. 14
D-85716 Unterschleißheim
Tel.: 089 32155947
Fax: 089 32155948
frost.seminare@t-online.de
www.frost-seminare.de

---

**Amelie Funcke**

war lange im Theaterbereich engagiert, realisierte Bühnenprojekte und trat jahrelang als Clown auf. Heute ist sie mit kreativen Seminar- und Veranstaltungskonzepten als Moderatorin, Beraterin und Trainerin für Zielgruppen aus Wirtschaft, Dienstleistung und öffentlichem Dienst tätig. Für Trainer/innen führt sie Workshops zur lebendigen Seminargestaltung mit Spiel- und Theatermethodik durch und berät bei der Entwicklung kreativer Konzepte. Bei managerSeminare veröffentlichte sie das „Rezeptbuch für lebendiges Training", die Methodensammlung „Vorstellbar", die „Moderations-Tools", den Know-How-Guide „Training mit Theater" sowie „Die Fragen-Kollektion".

RUNDUM SEMINARE
Amelie Funcke
Nordstr. 27
D-50733 Köln
Tel.: 0221 7607741
funcke@rundumseminare.de
www.rundumseminare.de

---

**Irmengard Funken**

ist seit 15 Jahren als selbstständige Trainerin, Beraterin, Coach – seit 2002 als Inhaberin von relation~s – unterwegs. relation~s begleitet mit einem Team von 15 Beratern mittelständische Unternehmen wie Konzerne.

Unsere Philosophie: Aus der Praxis. In der Praxis. Für die Praxis. Wir arbeiten ganz nah am Unternehmensalltag, berücksichtigen Rahmenbedingungen, gewährleisten Umsetzbarkeit. Binden aktiv Führungskräfte ein, begleiten den Transfer.

relation~s
Irmengard Funken
Von-Werth-Str. 9-13
D-50670 Köln
Tel.: 0221 29780612
Fax: 0221 29780611
Irmengard.funken@relation-s.de
www.relation-s.de

**Karin Glattes**

Jahrgang 1971, Studium der BWL, Psychologie und Kommunikationswissenschaft, Diplomausbildung zum Wirtschaftscoach, Buchautorin und Gründerin von UnternehmenKunde: Produkt ist gut, Erlebnis ist besser – oder haben Sie Lust auf Preiskampf? Hier dreht sich alles um die „Schatztruhe" Customer Experience Management (KundenErlebnisManagement). Mit Ideencoachings sowie innovativen Trainings- und Beratungsprojekten sorgt UnternehmenKunde kreativ für Kundenbegeisterung und Überraschungseffekte entlang der relevanten Touchpoints der Customer Journey. So wird nicht nur sichtbar, sondern vor allem auch erlebbar, was Sie vom Mitbewerb unterscheidet, und Sie haben mit Ihrem Unternehmen „die Nase" vorn!

UnternehmenKunde
Karin Glattes
Am Rheindorfer Ufer 25
D-53117 Bonn
Tel.: 0221 34091670
k.glattes@unternehmen-kunde.de
www.unternehmen-kunde.de

---

**Harald Groß**

ist Geschäftsführer und Trainer bei der Firma Orbium Seminare Berlin. Er bildet Referenten, Trainer und Moderatoren aus. Lern-, Lehr- und Moderationsmethoden sind seine Leidenschaft, die Entwicklung immer neuer munterer Methoden sein Vergnügen. Neben den „Munterrichtsmethoden" veröffentlichte Harald Groß im Schilling Verlag Berlin die Bände „Munterbrechungen" und „Lernlust statt Paukfrust".

Orbium Seminare Berlin
Harald Groß
Gierkezeile 38
D-12585 Berlin
Tel.: 030 29044617
Fax: 030 29044939
h.gross@orbium.de
www.orbium.de

---

**Stefanie Hecker (vorm. Große Boes)**

Diplom-Geographin und Personalentwicklerin, Trainerin seit 2000. Arbeitsschwerpunkte sind Konfliktmanagement, Teamentwicklungen und Konfliktinterventionen in Industrie, Dienstleistungsbranche und Gesundheitswesen. Spezialgebiet: Zeitmanagement für Kreative. Sie ist Autorin von „Trainer-Kit".

Stefanie Hecker
Kontor für Personalentwicklung
Unter den Eichen 28
D-26122 Oldenburg
Tel.: 0441 18069929
Fax: 0441 18069921
hecker@k-f-p.de
www.k-f-p.de

**Donald Harbich**

- verheiratet, zwei Töchter, über 20 Jahre Erfahrung als Trainer, über 15 Jahre Erfahrung als Coach
- über 20 Jahre Führungs- und Vertriebserfahrung; Master-Coach DVNLP
- USP: Die Kombination aus langjähriger Führungs-, Vertriebs-, und Trainingserfahrung
- Schwerpunkte: Aus- und Weiterbildung von Führungskräften; Verkaufs- und Vertriebstraining, Kommunikation, Konfliktmanagement
- Branchen: Automotive, Elektronik, Industrie, Finanzdienstleistungen, Gesundheit, Einzelhandel
- Dozent an verschiedenen Akademien

Beratung – Training – Coaching
Donald Harbich
Dr.-Faust-Str. 7
D-63571 Gelnhausen
Tel.: 06051 889994
Fax: 06051 889995
info@donaldharbich.de
www.donaldharbich.de
www.seminare-training.de

---

**Gesa Heiten**

Jahrgang 1966, verheiratet, Mutter zweier Kinder und Diplom-Psychologin arbeitet seit dem Jahr 2000 selbstständig im Bereich Führungskräfte-Entwicklung als Coach und als Beraterin. Das Eschwege Institut leitet sie zusammen mit ihrem Mann Holger Heiten. Der Kundenkreis besteht aus Einzelpersonen und Teams, die mit Hilfe initiatischer Instrumente in Krisen begleitet werden. Das Institut bietet eine Ausbildung zum Initiatischen Prozessbegleiter und Fortbildungen an.

Eschwege Institut
Gesa Heiten
Hinter den Höfen 10
D-37276 Meinhard-Neuerode
Tel.: 05651 951360
info@eschwege-institut.de
www.eschwege-institut.de

---

**Rainer Herlt**

- Jahrgang 1955, 13-jährige Tätigkeit als Führungskraft, Trainer und Coach im Vertrieb/Marketing der Boehringer Ingelheim KG
- Systemischer Coach für Organisationsaufstellungen und Voice Dialogue (nach Hal Stone)
- Trainer- und Coachausbildung sowie Ausbildung zum Systemischen Trainer
- NLP-Master-Practitioner und NLP-Zusatzqualifikation Konfliktmanagement
- seit 2000 freier Trainer, Coach und Berater in den Bereichen Führung, Teamentwicklung, Vertrieb und Konfliktmanagement
- Referent für Personal- und Qualitätsmanagement an den Akademien mehrerer Ärztekammern
- Dozent im Bildungszentrum der Flughafen München GmbH

SUCCESSING
Rainer Herlt
Ludwig-Thoma-Str. 13
D-83358 Seebruck
Tel./Fax: 08667 876685
mobil: 0175 5638747
rainerherlt@successing.de
www.successing.de

**Sabine Heß**

Jahrgang 1967, mehr als 25 Jahre Erfahrung als Trainerin, über 15 Jahre als Coach. Inhaberin von BRIDGEHOUSE TrainingsArt. Zertifizierte Trainerin (dta, Dr. Angelika Hamann, BDVT-geprüft). NLP-Coach und Trainerin, LAB-Consultant und Systemische Beraterin (Prof. Fritz Simon), Zertifiziert für 9 Levels of Value Systems, MBTI und Insights. Veröffentlichungen u.a. „Mit Rollen spielen I + II", „Erzählbar". Stationen: Trainerin Berliner Bank und Bankgesellschaft Berlin, Trainingsverantwortliche Bertelsmann Club. Unternehmerin seit 1997. BRIDGEHOUSE Spirit: Leaving people better than you found them. Herzensthema TrainingsArt: Aus- und Weiterbildungsmaßnahmen für Ausbilder, Referenten, Moderatoren, Präsentatoren, Führungskräfte und Trainer.

BRIDGEHOUSE TrainingsArt
Sabine Heß
Auguststraße 85
D-10117 Berlin
Tel.: 030 609832198
s.hess@bridgehouse.de
www.bridgehouse.de
www.sabine-hess.de

**Angelika Höcker**

Trainerin seit 1991, Coach seit 1999, ausgebildet bei der VA-Akademie und bei der TAM • seit 1993 als Trainerin selbstständig • 1995 Mitgründerin von hp trainings, heute flextrain. Mehrfach ausgezeichnet: Deutscher Trainingspreis (BDVT), Citation (ASTD). NLP-Master-Practitioner, Heinze Seminare, systemische Organisationsentwicklerin, WIBK, NLP-Coach, Spektrum Berlin, lizenzierte DISG- und HDI-Trainerin. 2000–2005 Ausbildung in pädagogisch/therapeutischer Psychosynthese in Köln beim Institut für Psychosynthese und Transpersonale Psychologie Harald Reinhardt. 2006 Gewaltfreie Kommunikation bei Marshall Rosenberg, 2007 Improvisationstheater bei Keith Johnstone. 2008 Energy Diagnostic & Treatment Methods Practitioner • Mitgliedschaften: BDVT, ASTD • Arbeitsschwerpunkt: Psychologisches Wissen pragmatisch angewandt – für individuelle und organisatorische Veränderungsprozesse.

flextrain
Angelika Höcker
Gerolsteiner Str. 71
D-50937 Köln
Tel.: 0221 9230814
Fax: 0221 9230815
Angelika.hoecker@flextrain.de
www.flextrain.de

**Bernd Höcker**

trainiert seit 1976 • bildet Trainer aus seit 1988 • berät und coacht seit 2001 als Performance Coach. Mehrfach ausgezeichnet: Deutscher Trainingspreis (BDVT), Citation (ASTD). Ausgebildet in Transaktionsanalyse, Werner Rautenberg, NLP-Master, Heinze Seminare, Organisationsaufstellung, Dr. Horn und Partner, Systemischer Coach und Teamentwickler, ISBW, Gewaltfreie Kommunikation, Marshall Rosenberg.

Mitgliedschaften: BDVT, ASTD, GSA, Erfolgsgemeinschaft, Top-Trainer bei Trainers Excellence. Nach verschiedenen Führungspositionen in namhaften Firmen seit 1992 selbstständig, 1995 Gründung von hp trainings mit Angelika Höcker, heute flextrain. Arbeitsschwerpunkt: Klarheit – Kürze – Wirkung: überzeugend argumentieren in Verkauf, Führung und Präsentation.

flextrain
Bernd Höcker
Gerolsteiner Str. 71
D-50937 Köln
Tel.: 0221 9230814
Fax: 0221 9230815
Bernd.hoecker@flextrain.de
www.flextrain.de

**Ingrid Hödl**

Studium der Publizistik- & Kommunikationswissenschaft in Wien, Master of Advanced Studies (Wirtschaftstraining), Diplomierter Systemischer Coach, NLP-Masterpractitioner. 1996 Gründung der Firma CommConsult. Trainingsschwerpunkte: Rhetorik, Präsentation, Kommunikation, Train-the-Trainer. Autorin des Handbuchs „Wirkungsvolle Rhetorik". Vom Institute for International Research ausgezeichnet als „Trainer of the Year".

CommConsult – Ingrid Hödl
Netzwerk für Training & Coaching
Im Himmelreich 18
A-3270 Scheibbs
Tel: +43 664 4124042
office@commconsult.at
www.commconsult.at

---

**Christian Hohlweck**

begleitet und führt als interne Führungskraft im Konzern, Coach, Organisationsentwickler und Interimsmanager seit über 20 Jahren Menschen, Teams und Organisationen in Lern- und Veränderungsprozessen. Er verfügt über eine breite Branchenerfahrung und beste Referenzen vom Mittelständler bis zum DAX-Konzern, beherrscht eine große Methodenvielfalt und bringt mit seiner glaubwürdigen und lebendigen Art und Humor eine Atmosphäre von Aufbruch, Motivation und Tiefgang in seine Arbeit. Als Moderator von Lernprozessen setzt er auf die Ressourcen der Gruppe und den gegenseitigen Austausch und arbeitet mit den Themen der Teilnehmer. So bringt er Menschen in kurzer Zeit in eine vertraute und kooperative Atmosphäre und ermöglicht konstruktives und lösungsorientiertes Arbeiten.

Management- & Personalentwicklung
Christian Hohlweck
Königsallee 92a
D-40212 Düsseldorf
Tel.: 0211 5403 9955
mail@hohlweck-ope.de
www.hohlweck-ope.de

---

**Anja Juhr**

gelernte Bankkauffrau und Diplom-Pädagogin, ist seit 2003 als freiberufliche Trainerin tätig. Unter dem Label „copiapari" – was soviel bedeutet wie „Fähigkeiten teilen" – hat sie sich auf den Bereich methodisch-didaktische Dozenten- und Trainerqualifikation spezialisiert. Die Bandbreite ihrer Themen reicht von Trainingskonzeption über Kommunikation und Konflikt bis zu Moderations- und Präsentationstechniken.

copiapari
Anja Juhr
Hermannstr. 14
D-16548 Glienicke/Nordbahn
kontakt@copiapari.de
www.copiapari.de

**Monika Kalnins**

Dipl.-Sozialpädagogin, Supervisorin (DGSv), ab 1993 in verschiedenen Beratungsfirmen und Organisationen in der Personalentwicklung tätig, seit 2001 freiberufliche Entwicklungsberatung für Organisationen, Teams und Einzelpersonen durch Coaching, Beratung, Projektbegleitung und Seminarleitung. Im Fokus ihrer Arbeit steht das Ermöglichen und Begleiten von individuellen und organisationalen Lern- und Veränderungsprozessen sowie die Qualitätssicherung, insbesondere im Bereich der Sozialwirtschaft.


Entwicklungsberatung
Monika Kalnins
Klausdorfer Str. 172
D-24161 Altenholz
Tel.: 0431 3898576
m.k@monika-kalnins.de
www.monika-kalnins.de


---

**Guenter Kamb**

arbeitete nach dem Studium zunächst als Sozialpädagoge. Ab 1990 verlagerten sich seine Arbeitsschwerpunkte hin zu Teamentwicklung und Coaching. 1996 wagte er den Schritt in die Selbstständigkeit und ist seitdem Teil des KlarText-Teams.
Fortbildungen in Transaktionsanalyse, systemischer Organisationsberatung, Gruppendynamik und Coaching ergänzen seine fachliche Qualifikation.
Seine fundierte Arbeit beruht auf jahrzehntelanger Erfahrung als Berater in unterschiedlichen Institutionen, von der psychosozialen Beratung, zur kommunalen Sozialarbeit und über die Jugendbildung in der Großstadt bis zur Team- und Organisationsentwicklung in Wirtschaft und Wissenschaft.


KlarText Beratung&Training
Guenter Kamb
Hanns-Fay-Str. 53
D-67433 Neustadt/Weinstr.
Tel.: 06231 13525
mobil: 0171 9339708
g.kamb@klartext-beratung.de
www.klartext-beratung.de


---

**Bernhard Kaschek**

Für unsere Kunden entwickeln wir individuelle, umsetzungsstarke Beratungs- und Trainingskonzepte. Wir erarbeiten z.B. Trainingssysteme, die ganz auf die gegenwärtigen ziel- und strategiespezifischen Anforderungen eines Unternehmens eingehen und damit dauerhaft erfolgreich sind. Darüber hinaus beraten wir mittelständische und Großunternehmen beim Aufbau wirksamer Strategien und setzen mit um. Wir arbeiten auf Deutsch und Englisch; in vielen europäischen Ländern haben wir leistungsstarke Partner. Unsere Einsatzorte? Weltweit.


Thetis-Akademie
training | coaching | consulting
Bernhard Kaschek
Langengarten 7
D-78355 Hohenfels
Tel.: 07557 9297780
bk@thetis-akademie.de
www.thetis-akademie.de

**Zamyat M. Klein**

- 1949 in Köln geboren.
- Trainerin seit über 30 Jahren, Schwerpunkte Train-the-Trainer und Kreativitätstechniken.
- Autorin von „Kreative Geister wecken“, „Das tanzende Kamel“ und „Zauberwelt der Suggestopädie“.
- Bloggerin und Twitterin.
- Gründerin der OAZE - Online-Akademie

ZamyatSeminare
Zamyat M. Klein
Breideneichen 4
D-53797 Lohmar
Tel.: 02206 81767
info@zamyat-seminare.de
www.zamyat-seminare.de
www.oaze-online-akademie.de

---

**Ursula Kraemer**

Mag. rer. soc. – Studium Romanistik, Sport und Sozialwissenschaften an der Universität Tübingen. Seit 1982 Trainerin in den Schwerpunkten Kommunikation, Soziale Kompetenz, Konflikte, Führung und Selbstmanagement. Seit 1996 Coach und Mediatorin in eigener Praxis. Initiatorin von businesscoaching-netz, einem bundesweiten Netzwerk von Coach-Kolleginnen, das erfolgreich Gruppencoachings für berufstätige (Führungs-)Frauen durchführt. Vortragsrednerin und Workshop-Moderatorin. Bloggerin auf www.selbstbewusst-werden.info www.leben50plus.info.

navigo-coaching
Ursula Kraemer
Schienerbergweg 11
D-88048 Friedrichshafen
Tel.: 07541 74494
Fax: 07541 23142
uk@navigo-coaching.de
www.navigo-coaching.de

---

**Sabine Kranz-Thien**

studierte in Hamburg Pädagogik und Betriebswirtschaft. Seit 1989 ist sie im Bereich Personal-/Organisationsentwicklung sowie Changemanagement aktiv. Nach langjähriger leitender Tätigkeit als Führungskräfteentwicklerin im AXA-Konzern berät sie seit 1998 mit ihrem Team Unternehmen bei Reorganisationen und Veränderungen mit Fokus Personal und Führung. Arbeitsschwerpunkte sind die Implementierung von Führungsinstrumenten, Projektarbeit und -beratung sowie der Aufbau von Management- und Leadership-Kompetenzen.

refleXX
Sabine Kranz-Thien
Meiendorfer Str. 58f
D-22145 Hamburg
Tel.: 040 67928713
Fax: 040 67928714
kranz-thien@refleXX-consult.de
www.refleXX-consult.de

**Tobias Linke**

Dipl.-Sozialpädagoge, Hochseilgartentrainer und Ausbilder (ERCA) ist Trainer im Bereich Team- und Outdoortraining. Er bietet Seminare u.a. zu den Themen Team- und Nachwuchsführungskräfte-Entwicklung, Schnittstellenkommunikation und Umgang mit Veränderungen an. Als einer der drei Gesellschafter von dreizueins ist Tobias Linke als Trainer im Kompetenzgarten Iserlohn tätig. Dort konzeptionierte und realisierte dreizueins in Kooperation mit dem Berufsbildungszentrum Iserlohn eine spezielle Trainingsanlage für Persönlichkeits- und Teamentwicklung für Organisationen und Unternehmen.

dreizueins
Training Seminare Incentives
Tobias Linke
Neusser Str. 369
D-50733 Köln
Tel.: 0221 2603447
Fax: 0221 2603448
info@drei-zu-eins.com
www.drei-zu-eins.com

---

**Michael Luther**

ist Innovationslotse, Ideenförderer und Kreativ-Denkexperte. Er hält Vorträge im In- und Ausland über Kreativitätsmanagement und unterstützt Unternehmen dabei, ihre Ideenpotenziale zu aktivieren. Als Autor zahlreicher Fachbücher („Das große Handbuch der Kreativitätsmethoden"), Denktools („IPC-Profiler") und Ideenmedien („Braincards") gibt er Denkanstöße aus der Praxis für die Praxis weiter. Impulse setzt er mit dem Kreative Fitness-Modell, dem preisgekrönten Ideen-TrimmPfad – und mit:

- www.creapedia.com: Die Kreativitätsenzyklopädie
- www.creajour.de: Das Kreativportal
- www.creacademy.com: Die Kreativitätsakademie
- www.ideentrimmpfad.de: Der Fitnessparcours für das Gehirn

Ideaktiv
Menschen und Ideen bewegen
Michael Luther
Wiener Weg 14
D-50858 Köln
Tel.: 0221 2824837
info@ideaktiv.eu
www.ideaktiv.eu

---

**Michèle Minelli**

Eidg. dipl. Ausbildungsleiterin, Kommunikationstrainerin, Mediatorin und Autorin. Mehrjährige Leitungsfunktionen und/oder Lehraufträge in Bildungsinstituten mit den Schwerpunkten Persönlichkeitsentwicklung, Kommunikation, Kompetenzenbilanz, Bewerbungstraining und Creative Writing.

Michèle Minelli
Fronwaldstr. 94/116
CH-8046 Zürich
Tel./Fax: +41 44 3221086
info@mminelli.ch
www.mminelli.ch

**Gabriele M. Murry , Ph.D. (USA)**
ist seit 2001 freiberuflich als Coach und Trainerin tätig und leitet Murry Human Resource Management (HRM) Consulting. Sie ist bei diversen regionalen und überregionalen Unternehmen freiberuflich im HR Consulting mit Schwerpunkten HR Strategy und HR Analytics, aber auch im HR Development tätig. Seit 2002 unterrichtet sie an der Ostbayerischen Technischen Hochschule (OTH) Amberg-Weiden breit gefächerte Personalführungs- und Kommunikationsthemen im Bachelor- wie Master-Studium (beides in deutscher und englischer Sprache).

Murry Consulting
Gabriele M. Murry
Fichtawiesen 2
D-92655 Grafenwöhr
mobil: 0170 540 4202
info@murry-consulting.de
www.murry-consulting.de

---

**Martin Niederhauser**
Jahrgang 1960, Dipl.-Theaterpädagoge an der Hochschule für Musik und Theater, Zürich. Von 1992 bis 2002 Arbeit als Regisseur, Schauspieler und Szenograph (Ausstellungsgestalter). Seit 2003 Inhaber und Geschäftsführer der transfer cross-media training, Lenzburg, mit Schwerpunkt Kommunikations- und Medientraining, Coaching für Menschen in Veränderungsprozessen, Personal Trainer & Coach für exponierte Personen aus Politik und Wirtschaft. Dozent an diversen Fachhochschulen sowie Moderationscoach am Schweizer Fernsehen.

transfer | training &
coaching GmbH
Martin Niederhauser
Seonerstraße 2
CH-5600 Lenzburg
Tel.: +41 62 8929233
tt@transfer-training.ch
www.transfer-training.ch

---

**Ulrich Nijhuis**
Jahrgang 1955; Diplom-Ingenieur Elektrische Energietechnik; Studium der Philosophie und Psychologie; Zusatzausbildungen als Systemischer Coach (BIF), Mediator (MOW) und Supervisor (DGSv). Lehrauftrag an der FHTW-Berlin (Fachhochschule für Technik und Wirtschaft) für Personalwirtschaft und Projektmanagement. Langjähriger Vorsitzender des DIHK-Landesprüfungsausschusses der Personalfachkaufleute. Über zwölf Jahre Berufserfahrung in nationalen und internationalen Großbauprojekten mit entsprechender Führungsverantwortung und über acht Jahre Stabs- und Beratererfahrung im Personalbereich eines Großunternehmens. Auditierter Managementcoach der Volkswagen AG. Seit 2001 selbstständiger Coach und Berater, Mediator und Supervisor in eigener Praxis. Seit 2006 ausschließlich Arbeit als systemischer Therapeut, Coach und Berater.

Dialog Institut
Ulrich Nijhuis
Forster Str. 43
D-10999 Berlin
Tel.: 030 69534494
Fax: 030 69534495
info@dialog-institut.de
www.dialog-institut.de

**Dietmar Prudix**

Während seiner langjährigen Tätigkeit als Leiter Human Ressources in einem internationalen Konzern wurde er als Trainer ausgebildet. Seine Schwerpunkte sind heute Projektmanagement (Level B Senior Projektmanagement und zertifizierter Trainer GPM) und alle Themen rund um Personalführung und Konfliktlösung. Seine Leidenschaft ist das Entwickeln von Seminarspielen. Als Autor zu verschiedenen Themen im Personalbereich wurden Beiträge in Fachmagazinen und Büchern veröffentlicht. Heute ist er in der MBtech Group für die Project Management Academy tätig.

Dietmar Prudix
MBtech Group
Posener Str. 1
D-71065 Sindelfingen
mobil: 0151 58609365
Fax: 0711 30521-36526
dietmar.prudix@mbtech-group.com
www.mbtech-group.com

---

**Verena Pung**

ist Linguistin, Anglistin und Psychologin, M. A. Nach mehreren Jahren als Therapeutin in einer Rehabilitationsklinik ist sie seit 2000 freiberuflich als Organisations- und Kommunikationsberaterin tätig und berät Firmen und Einzelpersonen im Hinblick auf Zeit- und Informationsmanagement, Büroorganisation und Kommunikationsstrategien. Daneben sind Coachings für Führungskräfte ein Tätigkeitsschwerpunkt. Die Verbindung aus Gespräch und praktischem Handeln mit der Grundhaltung der systemischen Beratung steht im Fokus ihrer Arbeit.

Verena Pung
Organisations- und
Kommunikationsberatung
Hüttemannstr. 48
D-44137 Dortmund
Tel.: 0231 1899130
Fax: 0231 1899131
info@vpung.de
www.vpung.de

---

**Dr. Hans-Heinrich Reinhardt**

Abitur • Bundeswehr (OLt d.Res.) • Studium Agrarwissenschaften, Berufspädagogik • wiss. Mitarbeiter am Institut für Strukturforschung, Uni Frankfurt • Promotion, wiss. Mitarbeiter, Lehrbeauftragter am Institut für ländliche Genossenschaftswesen, Uni Gießen • Trainerausbildung • Fachbereichs- und Ressortleiter an Akademie Deutscher Genossenschaften • Zertifikat Betriebspädagogik • Gründung M.U.T. • Entwickler, Referent, Prüfer des Deutschen Golf Verbandes für Bildungsgänge Golfsekretär und Golfbetriebswirt (DGV) • Coach von politischen Mandatsträgern • Autor von über 120 Fachartikeln über Genossenschaftswesen, Personal, Führung, Marketing und Vertrieb • Moderator und Strategieberater (IHK)

Dr. Hans-Heinrich Reinhardt
Wehneberger Str. 31
D-36251 Bad Hersfeld
Tel.: 06621 15113
Fax: 06621 15114
Moderation.Dr.Reinhardt@
t-online.de
http://home.raiffeisen.com/reinhardt

**Silke Riesner**

Diplom-Pädagogin, Systemische Organisationsberaterin und Coach.
Akkreditierte Team Management Trainerin und Beraterin nach Margerison-McCann.
Lizenzierter key4you-Coach (Potenzialanalyse).
Lehrtrainerin am Supervisionszentrum Berlin und an der Fachhochschule Nordwestschweiz.
Seit 2002 geschäftsführende Gesellschafterin von Riesner& Braun Consulting.
Arbeitsfelder: Führungscoachings und -trainings, Systemische Prozessberatung und Moderation, Teamentwicklung, Trainings zu Beratungsmethoden, Ausbildung von Inhouse-Trainern.

Riesner & Braun Consulting
Silke Riesner
Obentrautstr. 69
D-10963 Berlin
Tel.: 030 61283856
Silke.Riesner@rbc-berlin.de
www.rbc-berlin.de

---

**Armin Rohm**

ist seit 1994 als selbstständiger Prozessberater, Coach, Trainer und Buchautor tätig. Seine Arbeitsschwerpunkte sind die Begleitung und Moderation von Change-Prozessen, Teamentwicklung, Konfliktklärung sowie die Konzeption und Durchführung von Programmen zur Führungskräfteentwicklung. Herausgeber der „Change-Tools"-Reihe. Armin Rohm bietet eine zweijährige Weiterbildung zum Systemischen Coach und Prozessberater an.

Armin Rohm
Haselnussweg 9
D-88436 Eberhardzell
Tel.: 07355 934044
Fax: 07355 934045
info@armin-rohm.de
www.armin-rohm.de

---

**Johannes Sauer**

Der Dipl.-Sozialpädagoge Johannes Sauer setzt in seiner Tätigkeit als Dozent und Autor erfrischende Akzente. Seine ganzheitliche Herangehensweise zieht sich wie ein roter Faden durch all seine Projekte. Er ist Spezialist für das Thema Visualisierung und effektvolle Flipchartgestaltung. Seine Zielgruppe sind Trainer, Fach- und Führungskräfte in Unternehmen sowie Dozenten und Professoren an Hochschulen.
Themenschwerpunkte: Entwicklung von Lehr- und Lernkonzepten, Train the Trainer, Visualisierungs- & Präsentationstraining

VISUALISIERUNGSTRAINING
Johannes Sauer
Libauer Straße 16
D-10245 Berlin
info@johannes-sauer.com
www.johannes-sauer.com

**Barbara Schäfer-Ernst**

AromaCoach und Trainerin (seit 1998) mit dem Spezialgebiet Schriftrhetorik und rhetorischer Dialog (nach Ausbildung und Tätigkeit, Studium der Rhetorik und Erwachsenenbildung sowie unterstützenden Aus- und Weiterbildungen).
Als SchreibTrainerin bilde ich DialogKompetenz in der Schriftlichkeit ab: lebendige, praxisnahe und serviceorientierte Seminare und Beratungen zu den bunten Kommunikationsaufgaben unseres Lern- und Arbeitsalltags – von wirkungsvoller Alltagskorrespondenz über Corporate-Wording-Prozesse bis zur gelungenen Beschwerdeklärung – erfolgreich, respektvoll und mit Persönlichkeit.

beratung3dimensional
Barbara Schäfer-Ernst
Hohenzollernstr. 1.1
D-71088 Holzgerlingen
Tel.: 0172 7302446
hallo@beratung3dimensional.de

---

**Bernd Scherer**

Jahrgang 1948, ist Experte für Business- und Lebenscoaching aus tiefster Überzeugung und persönlicher Erfahrung, mit allen Höhen und Tiefen. Der Buchautor und ehemalige Leistungssportler verfügt über eine generalistische Ausbildung, hat über 40 Jahre Vertriebs-, Marketing- und Managementerfahrung. Vom Vertriebs- und Marketingtrainee über die Gebietsverkaufsleitung bis zur Gesamtverkaufsleitung, zuletzt als Vorstand/Verwaltungsrat Sales & Marketing in einem internationalen Unternehmensnetzwerk in Luxemburg. Seit 1997 Head Bernd Scherer Training®. Er ist geprüfter Trainer, Coach u. Berater (BDVT). Spezialgebiete: Beratung Generale (Business, Life & Health), Sales & Marketing Management, Coaching und Training in den Bereichen: Vertrieb, Marketing, Change Management & Health Management (Business-Fitness), Street Defense Coaching.

Bernd Scherer Training®
since 1997
Consulting & Coaching
Van Iseghemlaan 114
B-8400 Oostende
mobil: +32 485454839
bscherertraining@gmail.com
www.bernd-scherer.eu

---

**Eric Scherer**

ist Geschäftsführer der interdisziplinären Zürcher Unternehmensberatung i2s („from idea to solution"). Als studierter Maschinenbauingenieur mit betriebswirtschaftlicher Weiterbildung beschäftigt er sich seit langem mit der Frage, wie man technische und betriebswirtschaftliche Konzepte besser verständlich machen kann. Dadurch sind Spiele zu einem wichtigen Mittel geworden. Er berät namhafte Unternehmen im Mittelstand im Bereich Prozess- und Informationsmanagement und ist Lehrbeauftragter an der ETH Zürich.

intelligent systems solutions
(i2s) GmbH • Eric Scherer
Badenerstr. 808
CH-8048 Zürich
Tel.: +41 44 3605130
Fax: +41 44 3605132
scherer@i2s-consulting.com
www.i2s-consulting.com

**Gert Schilling**

Die Seminare von Dipl.-Ing. Dipl.-Päd. Gert Schilling zeichnen sich durch Lebendigkeit und Anwendbarkeit der Inhalte aus. Zu seinen Spezialthemen schrieb er zahlreiche Leitfäden. Im Schilling Verlag finden Sie praxisnahe Literatur für die berufliche Weiterbildung. Seit 2009 veranstaltet und leitet Gert Schilling den Trainer|Kongress|Berlin – eine jährlich stattfindende Netzwerk- und Fortbildungsmöglichkeit für Trainer, Coaches und Weiterbildner.

Schilling Seminare/Verlag
Dieffenbachstr. 27
D-10967 Berlin
Tel.: 030 69041846
Fax: 030 69041847
mail@gert-schilling.de
www.gert-schilling.de
www.schilling-verlag.de
www.trainer-kongress-berlin.de

---

**Rudolf A. Schnappauf**

Der Experte für Gesprächs- und Verhandlungsführung mit dem WIN3-Erfolgs-Konzept. Firmeninterne Seminare seit 1975 in Führung, Kommunikation, Einkauf, Verkauf, Team- und Persönlichkeitsentwicklung. Seit 1985 selbstständig. Kunden: Bosch, IBM, P&I, Schober, Software AG ... Moderation: Unternehmens-Vision/-Werte/-Leitbild/-Ziele. Coaching von Unternehmern und Managern. Effektive Unternehmensanalyse und Entscheidungsfindung durch System-, Struktur-, Organisations- und Team-Management-Aufstellungen. Autor von über 50 Fachartikeln, 6 CDs und 9 Fachbüchern, darunter *Verkaufspraxis, Professionell verhandeln, Erfolgreich Charismatisch Erfüllt, Liebe Dein Leben, Ziele erreichen – Visionen verwirklichen.*

RAS Training und Beratung
Rudolf A. Schnappauf, Dipl.-WiPäd.
Am Fußgraben 26
D-65597 Hünfelden-Heringen
Tel.: 06438 5400
Schnappauf@RAS-Training.de
www.RAS-Training.de
www.Systemaufstellungen24.de

---

**Anette Schöberl**

- Dipl.-Sportlehrerin, Lehrerin für Textilgestaltung, Englisch, Tanzpädagogin.
- Seit 1986 tätig in der Multiplikatoren-Fortbildung zur Tanzanimation.
- Von 1992-94 wissenschaftliche Mitarbeiterin am Institut für Freizeitwissenschaft der DSHS Köln.
- Zwischen 1994-98 Vorstandsarbeit für die LAG Tanz NRW.
- Seit 2013 Lehrerin an der Sekundarschule Eitorf.
- Autorin der Begleitmaterialien zu den Bewegungs-CDs „Djingalla 1, 2 3“.
- 2007 bis 2015 mehrfache Gewinnerin beim Kreativwettbewerb von „Be Smart – Don't Start“ mit Schwarzlichttheater und Schattentheater oder Antiraucher-Projekten, gespielt von Schülergruppen der Klassen 5 bis 10.

Anette Schöberl
Lohrbergstr. 15
D-53639 Königswinter
Tel.: 02244 7827
anetteschoeberl@web.de
a.schoeberl@
sekundarschule-eitorf.de
www.djingalla.de

**Eva-Maria Schumacher**

Menschen und Organisationen beim konstruktiven Arbeiten, Leben und Lernen zu begleiten ist das Ziel meiner Arbeit. Ich bin Diplom-Pädagogin, Supervisorin sowie NLP-Lehrtrainerin und -Lehrcoach (DVNLP) und arbeite seit 1987 als Trainerin und Coach mit den Schwerpunkten Personalentwicklung, Coaching und Hochschuldidaktik. Ich lerne selbst am meisten, wenn Lernwiderstände auftreten und arbeite nach dem Motto von Virginia Wolff: „Wenn dir das Leben eine Zitrone gibt – mach Limonade draus."

constructif
Eva-Maria Schumacher
Lenneuferstr. 16
D-58119 Hagen
Tel.: 02334 444415
Fax: 02334 444416
schumacher@constructif.de
www.lernen-als-weg.de

---

**Claudia Simmerl**

Jahrgang 1971, ist Diplom-Pädagogin Univ. und Gesellschafterin von Kommunikationstraining Simmerl GbR. Selbstständige Trainerin und Coach seit 1998. Als Lehrtrainerin und Lehrcoach (DVNLP, GNLC, wingwave- und Quattro-Coaching) und Mediatorin umfasst ihr Aufgabengebiet:

- Leitung von NLP-Ausbildungen, Aus- und Weiterbildung von Trainern,
- Ausbildung zum Systemischen Coach, zum wingwave-Coach, zum Quattro-Coach, zum Energetischen Coach
- Seminare im Bereich Kommunikation, Verkauf, Führung, Selbstmanagement, Moderation, Konfliktmanagement und Projektmanagement
- Persönliches Coaching, Weiterbildungs-Coaching und Team-Coaching
- Entwicklung pädagogischer Konzepte und neuer Trainingsideen

Kommunikationstraining
Simmerl GbR
Claudia Simmerl
Vandaliastr. 7
D-96215 Lichtenfels
Tel.: 09571 4333
Fax: 09571 4303
claudia@simmerl.de
www.simmerl.de

---

**Werner Simmerl**

Jahrgang 1949, Gründer und Gesellschafter von Kommunikationstraining Simmerl GbR, Geschäftsführender Gesellschafter der Unternehmensberatung Simmerl GmbH. Trainer seit 1974, selbstständig seit 1986. Gelernter Bankkaufmann und Diplom-Verwaltungswirt (FH), Lehrtrainer und Lehrcoach (DVNLP, GNLC, wingwave- und Quattro-Coaching). Arbeitsschwerpunkte: Aus- u. Weiterbildung von Trainern, Coachs, Beratern u. Führungskräften, visionsorientierte Weiterentwicklung von Organisationen u. Teams, Förderung wirksamer Verkaufsstrategien u. Verhaltensweisen, Coaching von Unternehmen oder Einzelpersonen • Spezialitäten: wirksame Vernetzung von Wissen u. Können aus betriebsw., pädagog. u. psycholog. Bereichen, wertschätzende Anwendung des Neuro-Linguistischen-Programmierens im Business.

Kommunikationstraining
Simmerl GbR
Werner Simmerl
Vandaliastr. 7
D-96215 Lichtenfels
Tel.: 09571 4333
Fax: 09571 4303
werner@simmerl.de
www.simmerl.de

**Dr. Eva Sladek**

Als Diplom-Ökonomin habe ich im Fachbereich Gesellschaftswissenschaften promoviert. Ich arbeite sowohl als Tutorin und Dozentin als auch als Expertin im Auftrag von unterschiedlichen Auftraggebern. Zurzeit bin ich in der Generaldirektion Education and Culture (EAC) in der Europäischen Kommission in Brüssel als Technical-, Content- and Financial-Assessor im Tempus-Programm tätig. Das Spiel „Der Fisch im Haifischbecken" habe ich häufig in Managementseminaren angeboten, in denen ich Problemlösungsstrategien mit ausländischen Managern erarbeitet habe.

Dr. Eva Sladek
Eva.Sladek@t-online.de

---

**Prof. Dr. Carsten Steinert**

lehrt Personalmanagement an der Hochschule Osnabrück. Aufgrund seiner langjährigen Erfahrung als Trainer und Consultant für den Bereich Human Resource Management sowie als Personalmanager eines internationalen Finanzdienstleistungskonzerns verfügt er über eine reichhaltige Expertise in allen Facetten des strategischen und operativen Personalmanagements, einschließlich der Personal- und Organisationsentwicklung.

Institut für Personal & Schlüsselqualifikationen des Managements
Prof. Dr. Carsten Steinert
Caprivistr. 30a
D-49076 Osnabrück
Tel.: 0541 9692191
Carsten.Steinert@ifps-online.de
www.ifps-online.de

---

**Svetla Todorova**

ist ausgebildete Trainerin für politische Bildung. Ihre berufliche Entwicklung startet bei CARE Bulgarien, wo sie an der Implementierung diverser Sozialprojekte für Kinder arbeitet. 2004 macht sie sich selbstständig und wird Mitbegründerin von Easy Consult – ein Trainings- und Beratungsunternehmen in Plovdiv, Bulgarien. 2008 hat sie sich bei Zamyat M. Klein im Bereich Kreative Problemlösungstechniken weiterbilden lassen und spezialisiert sich derzeit auf die Themenbereiche Visuelles Denken und Kreativität.

Easy Consult
Svetla Todorova
Aleko Konstantinov Str. 16
4002 Plovdiv, Bulgarien
Tel.: +359 899 105506
svetla.todorova@easyconsultbg.com
www.easyconsultbg.com

**Dr. Cornelia Topf**
ist ausgewiesene Expertin für Erfolgskommunikation. Die Wirtschaftswissenschaftlerin besetzt die Themen Rhetorik, Präsentation, Verhandlungsführung, Körpersprache, Small Talk und „weibliche Stärken".
Der Erfolg ihrer Vorträge und Seminare auf internationaler Bühne und ihrer mittlerweile ein Dutzend Ratgeber und Bestseller spricht für sich und für ihren lebensnahen, pointierten und mitreißenden Stil. Zahlreiche ihrer Bücher wurden in andere Sprachen übersetzt, z.B. Russisch, Chinesisch, Taiwanesisch und Koreanisch. Sie ist seit über 20 Jahren Executive Coach, Trainerin, Vortragsrednerin und Leiterin von Metatalk, dem renommierten Augsburger Institut für Erfolgskommunikation.

m e t a t a l k
Dr. Cornelia Topf
Weichselweg 1
D-86169 Augsburg
Tel.: 0821 704882
Fax: 0821 706728
c.topf@metatalk-training.de
www.metatalk-training.de

---

**Dr. Andreas Väth**
ist ausgewiesener Experte für Organisationsentwicklungen. Studium der Wirtschaftswissenschaften, Dr. rer. pol. 17 Jahre praktische Führungserfahrung in leitenden Positionen der Wirtschaft. Ausbildungen als Systemischer Unternehmensberater und Organisationsaufsteller (G. Weber, F. Simon, M. Varga v. Kibéd), Coach (D. Drexler, H. Jellouschek), Wirtschaftsmediator (C. Oberpaur) und Reteaming Coach® (W. Geisbauer). Seit 2005 selbstständiger Trainer und Coach. Spezialgebiete: Change-Prozesse und Organisationsentwicklunen, Teambuildings, Executive Trainings, Strategieentwicklung, Einzelcoaching. Leitgedanke: Wertschätzung ist der Anfang von allem. Kunden: mittelständische Familienbetriebe bis börsennotierte Großunternehmen. Branchen: Automotive, Dienstleistungen, Druck, IT, Maschinenbau, öffentlich-rechtliche Unternehmen, Pharma, Verlage, Werkzeugbau, Zulieferindustrie.

Dr. Väth –
Wandel gestalten
Adlerstr. 14
D-73113 Ottenbach
Tel.: 07165 929450
Fax: 07165 929454
info@dr-vaeth.de
www.dr-vaeth@de

---

**Thorsten Wolf**
Jahrgang 1967. Betriebswirt (DAA) mit Schwerpunkt Marketing und Personalentwicklung. Seit 2002 freiberuflicher Trainer, Berater und Coach. Aus Überzeugung und mit Leidenschaft. Qualifikation: Moderation, Konfliktmoderation und Systemische Beratung. Integrales Coaching. Hypnosystemische Konzepte für Beratung und Coaching. Coaching mit MET und EMDR. NLP und Aufstellungsarbeit. Zürcher Ressourcenmodell ZRM®
Arbeitsschwerpunkte: Kompetenzentwicklung, Teamentwicklung, Führungskräftecoaching, Workshopmoderation, Organisationsberatung, Konfliktmediation, Begleitung von Veränderungsprozessen.

Thorsten Wolf
Organisationsberatung
& Coaching
Campestr. 12
D-90419 Nürnberg
Tel.: 0911 390615
dialog@wolf-beratung.org
www.wolf-beratung.org

**Erich Ziegler**

Jahrgang 1958; freiberuflicher Trainer seit 1995 mit den Schwerpunkten Teamentwicklung, Moderation und Trainerfortbildungen; Veröffentlichungen: „Das australische Schwebholz – und weitere 199 Spiele für Seminar und Training", GABAL 2006, und „25 TOP-Spiele für Seminar und Training, Teil 1, Teil 2 und Teil 3", CD-ROMs, Jünger 2009/2010.

Erich Ziegler
Hebbelstr. 52b
D-50968 Köln
Tel.: 0221/8004585
Fax: 03212/3915666
mobil: 0163 8844636
ez@teamentwickler.eu
www.teamentwickler.eu

---

**Matthias Zurfluh**

- Geschäftsführer der Beratungsfirma Z punkt GmbH und Senior Partner der Firma intelligent systems solutions (i2s) GmbH
- Dozent an der Hochschule Luzern für Wirtschaft im Nachdiplomstudiengang: Certificate of Advanced Studies CAS in Internal Communication
- Praxisexperte an der Zürcher Hochschule für angewandte Wissenschaften (ZHAW) für Unternehmenskommunikation
- Experte für Projekt-, Change- und Wissensmanagement, Qualifizierung, Kommunikations- und Moderationskompetenz

Z punkt GmbH
Matthias Zurfluh
Niederlenzer Kirchweg 9
CH-5600 Lenzburg
Tel.: +41 62 8924690
mail@zpunkt.ch
www.zpunkt.ch